“十四五”时期国家重点出版物出版专项规划项目

食品科学前沿研究丛书

谷物基淀粉改性基础与应用

王　艳　辛嘉英　张　娜　编著

科学出版社

北　京

内 容 简 介

本书重点阐述了水稻、小麦、玉米、杂粮等谷物淀粉改性技术及产品研发和应用。书中系统地介绍了水稻、小麦、玉米及其他谷物淀粉的性质、化学组成和结构特点，分类对比了淀粉改性的目的、关键技术和机理，改性产品的种类、特性、应用以及淀粉改性全过程应用到的高效技术和智能化技术，可以为谷物淀粉的高值化、优质化和普适化应用提供理论和应用基础。

本书具有较高的学术价值和实用性，适合作为食品科学与工程、粮食油脂及蛋白质工程等相关专业学生的参考书，也适合相关领域的研究人员阅读参考。

图书在版编目（CIP）数据

谷物基淀粉改性基础与应用/王艳，辛嘉英，张娜编著. -- 北京 : 科学出版社, 2024. 11. --(食品科学前沿研究丛书). -- ISBN 978-7-03-078853-5

Ⅰ. TS236.9

中国国家版本馆 CIP 数据核字第 20245WE755 号

责任编辑：贾　超　孙静惠/责任校对：杜子昂

责任印制：徐晓晨/封面设计：东方人华

科学出版社 出版

北京东黄城根北街 16 号

邮政编码：100717

http://www.sciencep.com

北京天宇星印刷厂印刷

科学出版社发行　各地新华书店经销

*

2024 年 11 月第　一　版　开本：720×1000　1/16

2025 年 1 月第二次印刷　印张：13 1/2

字数：265 000

定价：118.00 元

（如有印装质量问题，我社负责调换）

丛书编委会

前　言

改性淀粉以其可再生性、生物降解性等优越性能，已成为医药、纺织、造纸、食品及精细化工等领域的重要原辅料，市场需求量巨大。利用不同的改性手段改变天然淀粉的结构，从而改善淀粉的某些功能性质或引进新的特性，是拓宽淀粉应用范围的主要途径。

长期以来，淀粉改性技术的研究大多集中在物理法、化学法、酶法以及几种方法的联合，淀粉改性技术的突破较为缓慢，新产品的开发不足，高新技术的引入滞后。因此，本书系统地将淀粉改性技术进行分类概括和分析，有利于相关专业学生和相关领域研究者快速了解淀粉改性领域的发展，以及各项技术的优势、不足和适用特性，并基于此做出更有意义的科学研究。在编著本书时，我们细化其学科基础、基础理论和基本技术，强化贴近学科前沿的新技术、新工艺等在生物催化反应淀粉改性领域的应用。

（1）按照细化分类、内容精练的原则撰写第 1 章，并在写作中强化具体生产技术。

（2）鉴于生物技术手段是淀粉改性领域新型的、极具优势的高新技术，因此增大了这部分内容的比例。

（3）基于国内外该领域研究论文及国外相关专著编著本书，将淀粉领域行业发展的最新成果及时补充到书中。

（4）适当强化了改性淀粉在新型食品开发中应用的内容。通过具体实例阐述了以开发新型食品为需求的改性淀粉研发和产业化生产的基本过程、设计思想和技术要求。

本书是在哈尔滨商业大学博士研究生课程“淀粉化学进展”、硕士研究生课程“谷物化学与加工技术”和“淀粉改性技术”的讲义和研究生综述报告基础上，尽可能收入近二十年来的相关成果与报道。本书由王艳教授（第 4 章、第 5 章）、孙立瑞博士（第 2 章）、刘琳琳博士（第 1 章）、杨杨博士（第 7 章）、王冰博士（第 6 章）和范婧博士（第 3 章）分别编写，由王艳教授撰写本书内容简介和前言，由王艳教授、辛嘉英教授和张娜教授构筑内容体系框架并对全书内容做必要的补充修改。感谢在该领域长期合作的同事和研究生。本书编著者虽然多年从事淀粉改性相关领域的研究和教学工作，但由于水平和时间有限，不妥之处请各位同仁指正。

王 艳

2024 年 3 月

目　　录

第 1 章

谷物基淀粉的结构化学

1.1　玉 米 淀 粉

玉米（*Zea mays*），也称玉蜀黍，是一年生禾本科草本植物，是全世界总产量最高的粮食作物。作为工业原料，玉米比甘薯含有更高的脂肪和蛋白质，玉米作为淀粉生产原料，不但具有种植广泛、货源充足、价格低廉、淀粉含量高、成本低以及收集、储存和加工相对容易的特点，而且副产品利用价值较高，利于开展综合利用。因此，玉米已成为最理想的淀粉生产原料之一[1]。

1.1.1　玉米的化学组成

玉米的化学组成随玉米品种的不同而变化，粉质玉米富含淀粉和脂肪，角质玉米富含蛋白质。一般情况下，玉米的化学成分如表 1.1 所示。

表 1.1　玉米的化学成分（%，质量分数）

成分	范围	平均值	成分	范围	平均值
水分	7～23	15.00	灰分	1.1～3.9	1.30
淀粉	64～78	70.00	纤维	1.8～3.5	3.10
蛋白质	8～14	9.10	糖分	1.5～3.7	2.58
脂肪	3.1～5.7	4.47			

1.1.2　玉米的基本结构

玉米籽粒由皮层、胚乳、胚芽和根冠构成。淀粉主要位于胚乳中。胚乳是玉米籽粒的主要组成部分，占整个籽粒的 80.0%～83.5%（以干基计）。胚乳主要由蛋白质基质包埋的淀粉颗粒和细小蛋白质颗粒组成。玉米的胚乳分角质和粉质两类。成熟的胚乳由大量细胞组成，每个细胞都满载着深埋在蛋白质基质中的淀粉颗粒，整个细胞内容物的外面是纤维细胞壁。

1.1.3　玉米淀粉组成成分

玉米淀粉颗粒中除淀粉分子外，通常含有 10%～20%（质量分数）的水分和少量蛋白质、脂肪类物质、磷和微量无机物，详见表 1.2。

表 1.2　玉米淀粉的主要组成（%，质量分数）

组成	玉米淀粉	蜡质玉米淀粉
淀粉	85.73	86.44
水分（25℃，RH65%）	13	13
类脂物（干基）	0.8	0.2
蛋白质（干基）	0.35	0.25
灰分（干基）	0.1	0.1
磷（干基）	0.02	0.01
淀粉结合磷（干基）	0.015	0.007

1.1.4　玉米淀粉形态

玉米淀粉以颗粒形态储存在植物的各种结构中，淀粉颗粒最初在植物细胞中仅以微小点出现并迅速充满细胞层[2]。淀粉颗粒是由细胞核周围形成的淀粉层组成，这些淀粉层因植物的特征而形成特殊的形状和大小，淀粉的形状随着淀粉品种的不同而呈现差别，颗粒大小也有差别。玉米淀粉颗粒大小是 5～25μm，平均 16μm，相对密度 1.6，玉米淀粉颗粒大小为中等[3]。玉米淀粉颗粒形态见图 1.1。

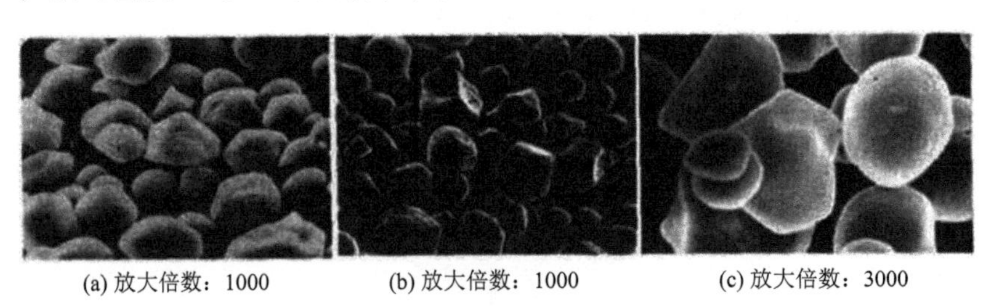

(a) 放大倍数：1000　　(b) 放大倍数：1000　　(c) 放大倍数：3000

图 1.1　玉米淀粉颗粒形态图[2]

玉米淀粉颗粒形状分为圆形和多角形两种，生长在玉米籽粒中上部粉质内胚层部位的淀粉颗粒在生长期间受到的压力小，大多数为圆形。生长在胚芽两侧角质内胚层部位的淀粉颗粒在生长期间受到的压力大，而且被周围蛋白质网包围，形成多角形。粉质胚乳中蛋白质少、水分多、淀粉颗粒大，而角质胚乳中蛋白质多、水分少、淀粉颗粒小。

1.1.5　玉米淀粉的基本结构

玉米淀粉通常由 25%的直链淀粉和 75%的支链淀粉组成，其中支链淀粉是大多数淀粉的主要成分，它的精确结构对淀粉的性质起到关键的作用。支链淀粉是高度分支的，主要由 α-D-吡喃葡萄糖残基通过 α-1,4-糖苷键连接而成，分支点由 5%～6%的 α-1,6-糖苷键组成。支链淀粉结晶区由以双螺旋结构紧密堆积并水平排列的长链组成[4]。

天然淀粉颗粒中一般同时含有直链淀粉和支链淀粉，而且两者的比例相当稳定，如表 1.3 所示，多数谷类淀粉含直链淀粉 20%～30%，比根类淀粉要高，后者仅含 17%～20%的直链淀粉。糯玉米、糯高粱和糯米等不含直链淀粉，全部是支链淀粉，虽然有的品种也含有少量的直链淀粉，但都在 1%以下。只有一种皱皮豌豆的淀粉含有 66%的直链淀粉，除此之外，天然淀粉的直链淀粉含量不会很高，人工培育的高直链玉米品种的淀粉中直链淀粉可高达 80%。文献报道的淀粉中直链、支链淀粉含量常不一致，这是因为不同品种、不同成熟度和同一品种的不同样品间都存在差别（表 1.3）。一般水稻中的粳米要比籼米的直链淀粉含量高，而未成熟的玉米含有较多较小的淀粉颗粒，仅含 5%～7%的直链淀粉。

表 1.3　常见淀粉直链、支链淀粉含量（%）

淀粉种类	直链淀粉含量	支链淀粉含量
玉米淀粉	26	74
蜡质玉米淀粉	＜1	＞99
高直链玉米淀粉	50～80	20～50
大麦淀粉	22	78
小麦淀粉	25	75
大米淀粉	19	81
糯米淀粉	0	100
高粱淀粉	27	73
马铃薯淀粉	～20	80
木薯淀粉	17	83
甘薯淀粉	18	82
豌豆（光滑）淀粉	35	65
豌豆（皱皮）淀粉	66	34

1.1.6　玉米淀粉的物化性质

玉米能提供品质优良的淀粉，在许多需要特殊黏度和质构的食品工业中应用广泛。淀粉的功能与其组成成分的分子质量、大小和结构有很大关系。由于直链淀粉和支链淀粉的分子质量分布和分子结构上有显著差别，其糊化特性、老化特性、黏弹性和流变特性也有所不同[5]。

1. 玉米淀粉物理性质

1）玉米淀粉平衡水分

淀粉分子内部含有的水分称为结合水分，淀粉的结合水分是33%。由于淀粉分子的羟基（—OH）能与水分子结合成氢键，呈现结合状态，具有吸湿能力，所以淀粉分子虽然含有大量的水分，却不表现出潮湿现象。淀粉在存放过程中随着空气湿度的变化，可以吸收或释放水分，水分达到一定值时达到平衡，淀粉此时的水分称为平衡水分，玉米淀粉平衡水分是12%。

2）玉米淀粉吸水性

淀粉是在水的介质中进行生物合成的，和淀粉颗粒结合的大部分水分存在于凝胶相内或微晶表面。表1.4是玉米淀粉吸水后颗粒的膨胀度。

表1.4　玉米淀粉吸水后颗粒膨胀度（%）

相对湿度	玉米淀粉		蜡质玉米淀粉	
	吸收	解吸	吸收	解吸
8	—	1.5	1.5	1.8
20	1.9	1.9	5.2	4.5
31	2.6	2.5	7.0	6.4
43	3.3	3.3	9.1	8.9
58	4.1	4.1	10.7	10.6
75	5.4	5.5	13.5	13.3
85	—	6.6	15.9	15.3
93	7.3	—	18.5	18.8
100	9.1	—	22.7	—

3）玉米淀粉溶解性

玉米淀粉不溶于冷水。在60～80℃热水中，直链淀粉呈胶体溶液，支链淀粉不溶。

4）玉米淀粉胶体性质

用高速离心机处理玉米淀粉乳，证明淀粉乳主要由重相和轻相组成，重相是淀粉，沉淀常数是 6000s，轻相沉淀常数是 4s，玉米淀粉的沉淀常数变化很大。

2. 玉米淀粉化学性质

1）玉米淀粉与碘反应

淀粉能吸附碘，使碘吸收可见光的波长向短波长方向移动，棕色的碘液变成蓝色。同理，支链淀粉和糊精也能吸附碘，但吸附程度不同，呈现的颜色也不同。碘的淀粉液在加热时蓝色消失，是由于加热后分子动能增大从而引起解吸。碘与淀粉生成蓝色物质证明了碘和淀粉的显色除吸附原因外主要是生成包合物。直链淀粉是由葡萄糖分子缩合而成螺旋状的长长的螺旋体，每个葡萄糖单元都仍有羟基暴露在螺旋外。碘分子与这些羟基作用使碘分子嵌入淀粉螺旋体的轴心部位，这不是碘与淀粉之间形成了化学键，而是由于糖淀粉螺旋状结构的中空穴部分恰好能容纳碘分子，二者之间借助于范德瓦耳斯力形成一种蓝色的包合物。碘与淀粉的这种作用称为包合作用，生成物称为包合物。

2）玉米淀粉糊化特性

将淀粉乳加热到一定温度（＞55℃）时淀粉颗粒吸水膨胀，结晶束具有弹性，仍保持颗粒结构。随着温度上升，淀粉颗粒吸收水分更多，体积膨胀更大，达到一定温度时高度膨胀的淀粉颗粒之间互相接触变成半透明黏稠状，成为淀粉糊，完成了由淀粉乳转变成淀粉糊的过程。这种淀粉颗粒在水中被加热，水分迅速渗透到淀粉颗粒内部，使淀粉颗粒膨胀、晶体结构消失的现象称为糊化。

糊化分为三个阶段。①可逆吸水阶段：H_2O 分子进入外晶质部分，体积稍微膨胀，冷却干燥可复原，双折射现象不消失。②不可逆吸水阶段：H_2O 分子进入微晶质阶段，不可逆大量吸水，结晶“溶解”。③淀粉粒解体阶段：淀粉分子完全进入溶液。

淀粉发生糊化的温度称为糊化温度。淀粉乳糊化后透明度增高，颗粒偏光十字消失，黏度显著增加。淀粉颗粒偏光十字消失、颗粒开始消失时的温度是糊化开始的温度，约 98%的淀粉颗粒偏光十字消失时的温度是糊化完成温度。玉米淀粉膨胀开始温度为 50℃，糊化开始温度为 62℃，糊化完成温度为 72℃。淀粉糊化黏度用布拉本德（Brabender）黏度仪检验。几种玉米淀粉糊化特性见表 1.5。

表 1.5　几种玉米淀粉糊化特性

特征	玉米淀粉	蜡质玉米淀粉	直链玉米淀粉
糊化温度/℃	62～67～72	63～68～72	67～80～92
布拉本德糊化温度（8%）/℃	75～80	65～70	90～95
布拉本德峰值黏度（8%）/BU	700	1100	—
膨胀力（95P）/（g/g）	24	64	6
临界浓度（95P）/%	4.4	1.6	20.0

3）玉米淀粉老化特性

淀粉溶液放置一段时间后，在室温条件下冷却，部分淀粉逐渐凝聚，变得不透明，最后形成不溶解的凝结沉淀，称为老化。淀粉在干燥状态也能老化，用醇类沉淀湿态的淀粉很容易老化。老化也称陈化，俗称返生。

老化过程的实质是在糊化过程中已经溶解膨胀的淀粉分子重新排列组合，形成一种类似天然淀粉结构的物质。淀粉老化的过程是不可逆的，老化后的淀粉口感变差，消化率降低。淀粉的老化首先与淀粉的组成密切相关，含直链淀粉多的淀粉易老化，不易糊化，分子量中等的直链淀粉最易老化，含支链淀粉多的淀粉易糊化，不易老化。玉米淀粉易老化。储存温度与淀粉老化速度有关，淀粉老化最适温度是 2～10℃，＞60℃或＜-20℃不易老化。缓慢冷却有利于老化，快速冷却可防止老化。糊化液浓度在 30%～60%时最容易老化。淀粉含水 30%～60%时易老化，含水小于 10%时不易老化。

1.1.7　玉米淀粉的生产

生产玉米淀粉的方法有干法和湿法两种。干法是不用大量的温水浸泡，主要靠磨碎、筛分、风选的方法，分离去除胚芽和纤维得到低脂肪的玉米粉。湿磨法加工（湿法）是指采用物理的方法将玉米籽粒的各主要成分分离出来获取相应产品的过程。由于干法所得产品中蛋白质和脂肪较多，产品纯度较低，因此，目前生产玉米淀粉多采用湿磨法加工，这种加工方法可获得 5 种成分——淀粉、胚芽、可溶性蛋白质、皮渣（纤维）、麸皮。其中淀粉的比例最大，因此习惯上称淀粉为主产品，其余产品为副产品。

1.2 小麦淀粉

小麦是全世界主要的粮食作物，也是世界上栽培最早的作物之一。我国是小麦的起源中心之一，小麦的分布很广，北起寒温带的黑龙江，南至热带的海南岛，西达干旱的新疆，东至湿润的沿海诸岛；从平原到海拔四千多米的西藏高原，到处都有小麦种植。小麦不仅是主要的粮食作物，也可以用来生产淀粉。国外小麦淀粉生产主要集中在澳大利亚、美国及欧洲的荷兰、法国、英国等，其加工工艺及设备代表着当今世界小麦淀粉工业的发展方向。小麦淀粉的加工方法有两类：一类是以小麦粉为原料进行加工；另一类是以小麦为原料进行加工，而应用于工业生产的为前一类[6]。

小麦作为日常主食，可以做成面条、馒头、烙饼等多种形式的食物，是人们日常饮食中不可或缺的一部分。小麦籽粒中含有蛋白质、脂质、粗纤维和淀粉等营养物质，其中淀粉含量最为丰富，是人体营养和能量的主要来源。小麦淀粉是一种天然的高分子多糖化合物，在小麦籽粒中总淀粉含量约占65%，由直链淀粉和支链淀粉组成，在加工食品中可用作增稠剂、稳定剂和脂肪替代品等。同时，小麦淀粉还广泛应用于纺织、造纸、化妆品等工业中，可以生产胶黏剂和增稠剂等很多工业所需产品，因此，小麦淀粉在整个小麦加工行业是非常重要的。

1.2.1 小麦淀粉的化学组成

小麦淀粉含14%水分、0.4%蛋白质、0.6%～0.8%脂肪酸，主要为棕榈酸、亚油酸、油酸等，还有0.1%磷脂。谷类淀粉含有脂类化合物，对淀粉物理性质有影响。脂类化合物与直链淀粉分子结合成络合结构，对淀粉颗粒糊化、膨胀和溶解有抑制作用。

1.2.2 小麦淀粉的基本结构

1. 小麦淀粉的颗粒结构

淀粉可看作是在去壳小麦粒的胚乳内离散的颗粒，它嵌在蛋白质基质中。小麦胚乳包含两种主要类型的颗粒：较大的一种呈扁豆形状，这样的颗粒大多长为20～35μm（A型）；较小的一种呈球状，直径2～8μm（B型）。A型淀粉颗粒占淀粉总质量的70%～80%，而B型淀粉不到10%[6-8]。通过扫描电镜观察小麦淀粉的颗粒形态，发现大多数小麦淀粉颗粒形态呈圆形或者椭圆形，少数为无规则形状（图1.2）。小麦淀粉的颗粒形态对小麦淀粉的功能性质有一定的影响，因此颗粒形态一直是小麦淀粉研究领域必不可少的分析指标[9]。

2. 小麦淀粉的分子结构

小麦淀粉与其他谷物淀粉和块茎类淀粉一样，主要由支链淀粉和较低含量的直链淀粉构成。小麦淀粉由 19%～26%直链淀粉和 74%～81%支链淀粉构成，前者有 50～300 个葡萄糖基，后者有 300～500 个葡萄糖基。

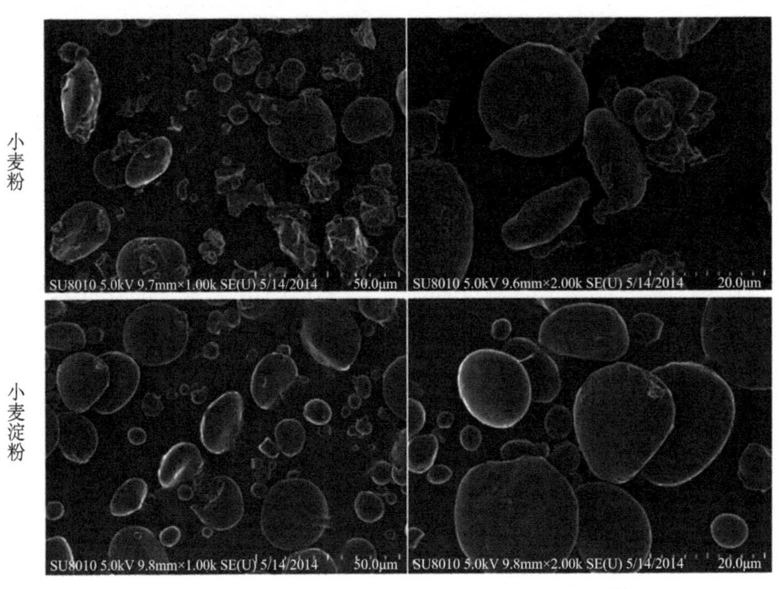

图 1.2　小麦粉和小麦淀粉颗粒的扫描电镜图[8]

1.2.3　小麦淀粉的物化性质

1. 小麦淀粉的溶解度和膨胀度

淀粉的溶解度和膨胀度与小麦淀粉中直链淀粉、支链淀粉、蛋白质、脂质等成分的含量和颗粒大小有一定的关系。溶解度可以体现淀粉颗粒与水分子的相互作用力的大小情况。

2. 小麦淀粉的透明度

在淀粉基食品加工和生产应用中，对淀粉糊的透明度有一定要求，淀粉糊透明度也是影响食品品质的一个重要因素，反映淀粉与水结合能力的强弱，淀粉糊化后其分子重新排列相互缔合的程度是影响淀粉糊透明度的重要因素，用透光率表示淀粉透明度的程度，淀粉透光率越大表明淀粉透明度越好。

3. 小麦淀粉的淀粉老化

小麦淀粉的老化通常被认为具有不好的影响，因为它主要会导致小麦淀粉含量高的食品老化，这可能使食品的保质期缩短，影响小麦淀粉类食品的感官评定和储存品质。然而，就食品的质构和营养特性而言，淀粉老化对于某些淀粉类食品是可取的，如早餐谷物、米粉的生产等。

4. 小麦淀粉的糊化特性

糊化性质可以通过布拉本德黏度仪进行测定，它以一个选定的速度加热搅拌淀粉悬浮液，保持淀粉糊接近沸腾，然后冷却淀粉糊到一个选定的温度，所有过程伴随着对淀粉悬浮液恒定速度的搅拌和黏度的测量。图 1.3 显示了小麦淀粉的糊化特征曲线。布拉本德黏度仪提供的参数是：①糊化的温度；②峰值黏度（BU）；③维持强度；④断裂值（峰值黏度−维持强度）；⑤最终黏度值（在冷却阶段末尾读的值）；⑥回值（最终黏度值−维持强度）。另一个用来测定糊特性的仪器是快速黏度分析仪，它适用于较少量的样品。

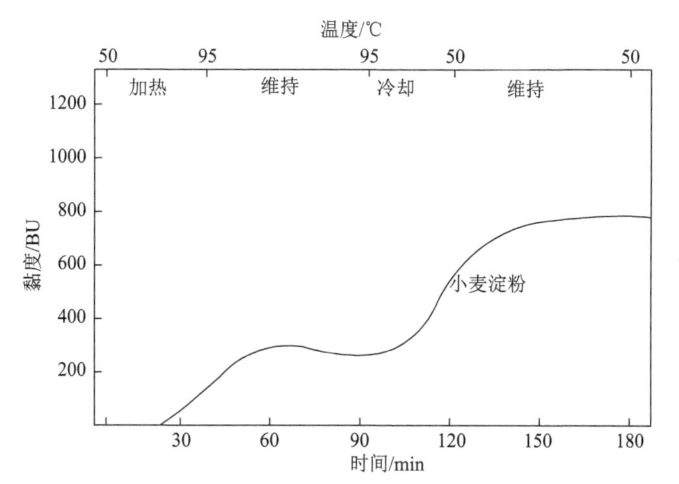

图 1.3　小麦淀粉（8%，质量分数）在布拉本德黏度仪上的糊化曲线[6]

1BU=1Pa·s

1.2.4　小麦淀粉功能特性的改善及应用

1. 支链淀粉的作用

小麦淀粉通常不被认为是食品应用中的理想淀粉，特别是当食品需要光滑、稳定的淀粉糊或者透明度很高的凝胶时更是如此。然而小麦淀粉与少量支链淀粉的混合可改善其淀粉糊或凝胶的光滑度和稳定性。

由于结晶的形成，直链淀粉凝胶随着时间延长会变得非常坚硬，然而支链淀粉凝胶由于有过多的分支则相对较软，更加稳定，结晶程度较低。上述两种情况下，该过程都是可逆的，尽管直链淀粉凝胶需要在高温高压条件下才能实现可逆过程。小麦淀粉产品的稳定性，特别是凝胶的稳定性，是通过添加支链淀粉而提高的，因为支链淀粉可防止直链淀粉分子缔合，这种缔合会释放出与其由氢键相结合的水分子，如图 1.4 所示。这个过程被称为“老化”，指从一个溶解的、分散的状态退回到一个不溶的、聚合的状态。这种转变伴随着混浊度增加及自由水形成，后者被称为“脱水收缩作用”。支链淀粉的“老化”过程比直链淀粉要缓慢得多且程度较小，这是因为支链淀粉具有高度分支的结构。与线形的直链淀粉不同，支链淀粉分子不能排成一条直线，并且它的氢键很稳固；“老化”过程只能发生在限定的区域内。支链淀粉对小麦淀粉“老化”过程的影响在高浓度时更显著，如在面包老化的过程中[6]。

图 1.4　淀粉凝胶的脱水收缩作用（以直链淀粉凝胶氢键缩合失水为例）

2. 淀粉成分中不同分子构成

一些食品应用中需要的性质可能受直链淀粉和支链淀粉的分子结构影响，这不仅是淀粉糊的性质，还有其他的性质。例如，日本面条制作所需要的性质，研究不同种类小麦直链淀粉和支链淀粉分子结构时发现，含有大量支链淀粉的小麦能提高面条质量。

3. 预糊化淀粉

天然淀粉可在使用前被预先糊化，这使得它可应用在不需要蒸煮的产品中。这种类型的淀粉称为预糊化淀粉，其在即时甜食点心和婴儿食品中很有意义。即时甜食点心由预糊化淀粉、细砂糖、焦磷酸钠（凝结剂）、乙酸钠（促进剂）加上色素和调味剂制成。当预糊化淀粉与冷牛奶以一定比例混合，放置适宜时间后，一个质构坚固的奶油冻就做成了。预糊化淀粉也有减少肉汁、汤、调味汁等烹调时间的优势，只需要在食用前将这类产品加入热水搅拌即可。

1.2.5　小麦淀粉的生产

生产小麦淀粉的原料有小麦和小麦粉，国内多数以小麦粉为原料生产小麦淀粉，加工后可得小麦淀粉和活性小麦面筋粉（又称谷朊粉）两种产品。

从小麦面粉中制造淀粉的必要条件是把颗粒形态的淀粉从面筋混合体（许多蛋白质的混合物）和其他少量存在的物质中分离出来。这个过程是在有水条件下完成的，淀粉颗粒和面筋混合体残留在下面，而水溶性蛋白质、糖类、矿物质、维生素等经过洗涤设备先被冲洗带出。这个过程基本上包括由面粉制成面团或面糊、用离心设备分离面筋混合体、用离心和水洗技术精制淀粉悬浮液，这个过程通常称作小麦面粉的湿磨法[1,7]。

1. 马丁法

马丁（Martin）法又称面团法，在加工中使用的原料是面粉而不是麦粒，加工过程的几个基本步骤为和面、清洗淀粉、干燥面筋、淀粉提纯和淀粉干燥[10]。

在各地实际应用时，这种加工方法的程序常有改变。面粉和水以 2：1 的比例放入和面机中，从而得到光滑、均匀、较硬但无硬块的面团。面粉和水的比例视所用面粉的种类而定。硬质小麦面粉能和成弹性很强的面团，所以要比软质小麦面粉使用的水多；软质小麦面粉和成的面团容易断裂、撕开。和面所用的水须在 20℃左右，并含有某些矿物盐。用含盐量低的软水和面使面筋变得黏滑。面团在进入洗粉阶段之前应放置一定时间，使面筋饱吸水分，以提高其强度[11]。

2. 水力旋流法

荷兰的 K. S. 霍尼公司（ Kulicke & Soffa Netherlands B.V.）提出了一种水力旋流法，用于从面粉中提取淀粉和面筋。面糊和循环水放入多段直径 10mm 的水力旋流器组，清洗出的 A 型淀粉与小麦随最后一级底流排出，纤维经多级曲筛系统去除。A 型淀粉在脱水和干燥前要经三级水力旋流器浓缩。多级水力旋流系统的溢流液送入三级水力旋流器。溢流液中含有凝块状和最长可超过 10cm 的线状凝集面筋、B 型淀粉和可溶物质。底流中的 A 型淀粉重返多级[11]。

3. 面糊法

在这个过程中，第一步准备面糊，而不是面团。面粉与其质量 1.25 倍的水混合，所以混合物的坚固性低于面团状态。此外，使用较高的温度（30～35℃）以促进面筋的水合作用，减少混合时间与能耗。在其他方面，与马丁法相似。其他的方法如使用淀粉裂片式卧螺离心机与沉降式离心机结合，可减少水的用量[6]。

4. 湿磨法

不仅要除去面筋，而且要除去可溶蛋白质和与淀粉结合的蛋白质，这是非常重要的。在不同条件下，小麦蛋白质在小麦淀粉上的吸附力不同，结果表明 pH 和离子强度是决定因素。吸附小麦蛋白质的量随 pH 增大而增加。

1.3 大米淀粉

大米已经被人类食用至少有 5000 年历史，它种植在除南极洲外的任何大洲，提供了大约 20%的世界热量供给。在某些亚洲国家，高达 80%的日常热量和 20%的摄入蛋白质来自大米。我国是世界上大米生产大国。已知的大米品种约有 7000 种，种植较多的是杂交品种，以获得更高的产率、更早的成熟期、更好的碾磨质量、抗病虫害和提高蒸煮质量。根据谷物籽粒长度和形状，大米的品种分为短、中、长粒。中、长粒大米习惯称为籼稻；短粒大米习惯称为粳稻[12]。

大米淀粉具有谷类原料中淀粉颗粒最小的特点，其粒度为 3～8μm，且粒度均一，形状为不规则多角体。大米淀粉粒以复粒形式存在，复粒呈球形或椭圆形，其内包括 20～60 个小淀粉颗粒。糊化的大米淀粉吸水快，质构柔滑似奶油；蜡质大米淀粉还具有极好的冷冻、解冻稳定性，可以防止冷冻过程中的脱水收缩。基于上述特性，大米淀粉具有多种开发途径：烹调用增稠剂；家用撒粉和衣服上浆剂；纸和照片纸的粉末；糖果的糖衣和药品的赋形剂；作为脂肪替代物用于冷冻甜点等；利用其颗粒小的性质在化妆品中得以应用；特别是在改性淀粉的生产上具有独特的优势，大米淀粉改性后，转化为抗性淀粉、多孔淀粉、慢消化淀粉、脂肪替代物等具有开发潜力的产品。

1.3.1 大米淀粉的基本结构

淀粉是大米胚乳中的重要成分，分直链淀粉与支链淀粉。直链淀粉是由脱水葡萄糖单位间经 α-1,4-糖苷键连接而成的一条长链，能溶于热水，可形成黏度较小的溶液；支链淀粉是由葡萄糖单位组成的分支结构，分叉位置由 α-1,6-糖苷键连接。其余位置也以 α-1,4-糖苷键连接。在加压、加热的条件下才溶于水，形成黏度较大的溶液。因此，直链淀粉黏性小，支链淀粉黏性大。

大米淀粉还具有晶体结构，也称结晶性淀粉。大米淀粉在细胞质体中形成，其淀粉粒是由支链淀粉分子以疏密相间的结晶区与无定形非结晶区组合而成的，中间掺入螺旋结构形式的直链淀粉分子。直链淀粉是无规则线圈和螺旋形结构，相互之间由氢键来固定，所以不溶于水而沉淀。而支链淀粉中，因为 α-1,4-葡萄糖链外侧的分支平行排列，并由氢键固定，所以也不溶于水而形成沉淀。但是，若能够将氢键破坏，则直链淀粉和支链淀粉都能够溶于水中。直链淀粉分子和支链淀粉分子的侧链都是直链，它们趋向平行排列，相邻羟基之间通过氢键结合成为放射状结晶性微晶束结构，水分子参与氢键结合。氢键的强度虽然不高，但是数量众多，因此微晶束具有一定的强度，能使淀粉具有较强的颗粒结构。在淀粉颗粒中，结晶区占颗粒体积的 25%～50%，其余为无定形区。结晶区和无定形区并没有明确的界限，变化是渐进的。这种无定形状态使淀粉具有弹性和变形的特点[13-15]。

1.3.2　大米淀粉的物理性质

1. 大米淀粉的淀粉结晶度

淀粉粒的形态和大小可因遗传因素及环境条件不同而有差异，但所有的淀粉粒都具有共同的性质，即具有结晶性。用 X 射线衍射法证明淀粉粒有一定的晶体构造，并且用 X 射线衍射法及重氢置换法测得淀粉粒有一定的结晶度。

淀粉是部分结晶的，同典型的谷物淀粉一样，大米淀粉有 A 型 X 射线衍射模式。含糖的淀粉也显示 A 型 X 射线衍射模式。高直链淀粉突变株具有 B 型衍射模式，这与马铃薯和玉米淀粉直链-扩展突变株具有的类型相似。大米淀粉的结晶度很低。蜡质大米淀粉比非蜡质大米淀粉结晶度大，其糊化温度值比非蜡质大米淀粉的糊化温度值高。

2. 大米淀粉的润胀力和溶解性

当淀粉在过量的水中加热时，由于氢键断裂破坏了晶体结构，通过与裸露的直链淀粉和支链淀粉的羟基结合的氢键，水分子开始连接在一起。这引起颗粒润胀力增大和溶解性增加。润胀力和溶解性是影响无定形和晶体区域内部淀粉链之间相互作用大小的因素。这种相互作用的程度被认为受样品的直链淀粉含量、直链淀粉和支链淀粉的结构、颗粒化程度和其他因素的影响。例如，研究已表明直链淀粉-脂类复合物能够限制润胀和溶解。

在籼米、粳米和粳米蜡质淀粉中，粳米蜡质大米淀粉的润胀力最高，其次是粳米和籼米米粉。其中直链淀粉含量最低（7.8%）的淀粉润胀力最高，溶解率最低；而直链淀粉含量最高的淀粉润胀力最低（表 1.6）。然而，在蜡质大米种类中，润胀力最高的样品几乎是最低的样品的 2 倍，但溶解性的差异要小得多。

表 1.6　不同大米品种淀粉的直链淀粉含量、润胀力和溶解率

品种	直链淀粉含量/%	润胀力/（g/g）	溶解率/%
PR-106	16.1	28.8	0.319
PR-114	16.1	28.6	0.360
IR-8	15.6	30.1	0.307
PR-103	7.8	33.2	0.287
PR-113	18.9	26.1	0.346

3. 大米淀粉的冻融稳定性

蜡质大米淀粉具有很好的冻融稳定性，但是这一性质在科学文献中还没有得到

很好的研究。当非蜡质大米淀粉凝胶经过冷冻-融解处理后，由于淀粉链之间分子缔合得更加紧密，在降低的温度下从凝胶结构中放出水。蜡质大米淀粉凝胶经过冷冻-融解的循环处理后更具有抗脱水收缩作用，这是由于形成分子间缔合物更少。

1.3.3　大米淀粉的化学性质

大米淀粉属于糖类，是由许多葡萄糖经过糖苷键连接而成的高分子化合物，因此它的许多化学性质与葡萄糖基本相似。但由于它的分子质量比葡萄糖要大许多，所以也有一些特殊性质。主要的化学性质总结如下：

（1）大米淀粉在淀粉酶的作用下可水解生成糊精和麦芽糖，再经酸的作用最后全部生成葡萄糖。水解过程分几个阶段，其中间产物也各不相同，一般的过程产物为淀粉、可溶性淀粉、糊精、麦芽糖、葡萄糖。

（2）大米淀粉粒不溶于一般有机溶剂，能溶于二甲基亚砜和二甲酰亚胺，淀粉结构的紧密程度与酶的溶解度呈负相关[13]。

（3）碘液与淀粉会起颜色反应，直链淀粉遇碘会变深蓝色；支链淀粉遇碘呈紫红色；干淀粉遇碘则呈暗棕色。加热后碘与淀粉的颜色反应即行消失，冷却后颜色又会重新出现。

（4）大米淀粉颗粒具有渗透性，水和溶液能够自由渗入颗粒内部。工业上应用化学方法加试剂于淀粉的悬浮液中生产变性淀粉就是利用颗粒的渗透性，水起着载体的作用。淀粉颗粒内部有结晶和无定形区域，后者有较高的渗透性，化学反应主要发生在此区域。

1.3.4　大米淀粉的糊化特性

在米粉的加工过程中，通常都要将淀粉进行一定程度的糊化。大米的品种有许多，其淀粉的结构也有所不同，导致淀粉糊化温度不同。按其糊化温度，淀粉可分三种：低糊化淀粉，温度 58.0～69.5℃；中糊化淀粉，温度 70～74℃；高糊化淀粉，温度 74～79℃。淀粉的糊化过程一般分三个阶段。①开始膨胀阶段：在加热时，随着温度的升高，淀粉乳中的水分子被淀粉无定形区极性基吸附，淀粉粒只是稍有膨胀，尚未改变原有物性。②急速膨胀阶段：随后，继续加温达到淀粉糊化的起始温度，淀粉分子晶区会发生水合作用，从而大量吸收水分，变成黏稠的胶体溶液，改变了原有物性，体积也急速膨胀。③黏度升高阶段：再继续加温，黏度会继续升高而达到最高值，随后下降[13]。

1. 大米淀粉糊化过程中的热力学性质

糊化温度（GT）直接影响煮饭时米的吸水率、膨胀容积和伸长程度。高的糊化温度的米比低的糊化温度的米蒸煮时间要长。对于大米颗粒，通过浸泡在 KOH

溶液中碾磨过的大米的分解率可以估计糊化温度值，这一测试方法称为碱分散值，使用与分解的量成比例的 2～7 个等级来进行估计。分散值在 2～3、4～5 和 6～7 分别代表高、中和低等糊化温度值。通过差示扫描量热（DSC）法来测定糊化温度值，DSC 测定的是发生糊化所需要的转换温度的范围。用 DSC 可以测定典型的热力学性质，包括糊化起始温度（℃）、峰值温度（℃）、终止温度（℃）和热焓值（ΔH）（图 1.5）。

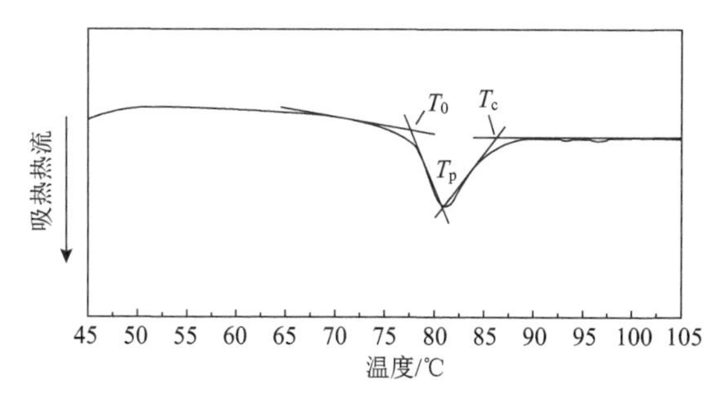

图 1.5　差示扫描量热法测定大米淀粉的热焓性质[10]

T_0—起始温度；T_p—峰值温度；T_c—终止温度

2. 大米淀粉糊化过程中的糊化性质

当淀粉颗粒在过量的水中加热到糊化温度值以上时，发生热湿转换现象。颗粒润胀为其原始大小的几倍，这是由于晶体次序的损失和颗粒结构内部水分的吸收。在润胀和糊化期间的糊化性质通过布拉本德黏度测定仪、快速黏度分析仪（RVA）或者其他黏度仪来记录，这些黏度仪可以记录随着温度上升黏度的连续变化，在一段时间内保持恒定，然后下降（图 1.6）。在开始阶段，由于颗粒润胀，

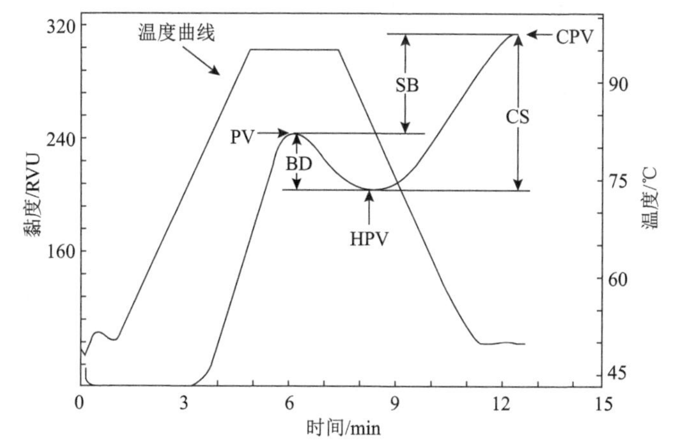

图 1.6　快速黏度分析仪测定大米淀粉的糊化性质[10]

PV—峰值黏度；HPV—热糊（中间）黏度；CPV—冷糊（结束）黏度；BD—降落值（PV-HPV）；SB—回值（CPV-PV）；CS—稠度（CPV-HPV）；1RVU=1.2Pa·s

黏度随着温度的上升很快增大。通过搅拌使颗粒破裂，当颗粒润胀达到平衡时，达到峰值黏度。继续搅拌，更多的颗粒破裂成碎片，引起黏度进一步下降。进行冷却，一些淀粉分子部分再聚集，形成沉淀物或凝胶，其中直链淀粉聚集成网状结构，包埋淀粉颗粒的残余部分。

3. 大米淀粉糊化过程中的流变性质

使用不同的流变仪对大米淀粉糊化过程中的流变性质进行分析，可以总结出淀粉颗粒的性质是影响淀粉流变性质的主要因素，其次是直链淀粉在糊化过程中的浸滤程度，特别是在高浓度体系中。大米淀粉悬浮液在糊化过程中黏弹性的变化可分成 4 个转变阶段：淀粉悬浮液转变成溶胶、溶胶转变成凝胶、网状结构破坏和网状结构增强[16]。

1.3.5 大米淀粉的老化特性

淀粉溶液或淀粉糊在低温静置条件下，都有转变为不溶性物质的趋向，混浊度和黏度都增加，最后形成硬的凝胶块。在稀淀粉溶液中有晶体沉淀析出，这种现象称为淀粉糊的“老化”或“回生”，这种淀粉称为“老化淀粉”。老化的本质是糊化的淀粉分子又自动有序排列，并由氢键结合成束状结构，使溶解度降低。在老化过程中，由于温度降低，分子运动减弱，直链分子和支链分子的分支都又趋向于平行排列，通过氢键结合，相互靠拢，重新组成混合微晶束，使淀粉糊具有硬的整体结构[11]。这种情况和原来的生淀粉结构颇类似，但不再呈放射状排列，而是一种零乱的组合。

1.3.6 大米淀粉功能特性的改善

天然大米淀粉在食品中的应用受到限制，主要是由于它们在不同的温度、剪应力以及 pH 下不稳定。可以利用化学的、物理的或者是遗传学方面的方法对其进行变性，从而得到更多所需要的功能特性。

1. 大米淀粉的化学变性

化学变性的淀粉一般通过引入改变淀粉性质的官能团的方法实现，由此来扩大它们在食品生产体系中的应用范围。许多化学变性的目的是改变淀粉在食品中的糊化特性，减少淀粉回生，降低淀粉糊凝胶化的趋势，增加淀粉在冷冻以及解冻过程中的稳定性，减少淀粉糊或凝胶的脱水收缩，改善膜的形成，改善糊的黏性，改善乳状液的稳定性。相对于天然的大米淀粉来说，每年生产的变性大米淀粉的量要比变性的谷物以及马铃薯淀粉的量少得多。

1）酸解大米淀粉

通过酸水解变性的大米淀粉能够在较高的固态浓缩状态下快速形成凝胶，并且能够形成结构稳定、性质多变的胶状物以及糊状物。酸攻击淀粉颗粒的无定形区域，使得直链淀粉和支链淀粉同时水解。通过酸变性，长链段的大米淀粉减少了，短链段的大米淀粉增加了。短期内由酸解淀粉形成的凝胶结构主要取决于直链淀粉的含量，反之长期凝胶结构主要取决于支链淀粉的含量。

2）乙酸酯大米淀粉

低取代度的乙酸酯淀粉可以由淀粉和乙酸酐在以水为媒介的含较低浓度的氢氧化钠溶液中制备，而高取代度的乙酸酯淀粉可以用嘧啶制备。大米淀粉中的乙酸基可以增加淀粉的溶解度、润胀力、黏性和稳定性，以及凝胶的黏附度和黏结性。这一过程也能降低淀粉的糊化温度。并且大米淀粉的乙酸基可引起淀粉吸水性增加，淀粉润胀力和溶解度增加，以及最初糊化温度和回值降低。不同直链淀粉含量的大米淀粉发生不同的乙酸酯化作用。

3）辛烯基琥珀酸酐大米淀粉

通过辛烯基琥珀酸酐变性的大米淀粉能够增加黏度，增加润胀力，降低糊化温度。辛烯基琥珀酸酐变性淀粉的黏度受到 pH 以及盐含量的影响，pH 越低或者氯化钠含量越高，淀粉的黏度越低，并且糊化温度会升高。高取代度会导致形成比较坚硬的辛烯基琥珀酸酐变性淀粉凝胶。

4）羟丙基大米淀粉

低取代度的羟丙基淀粉可以由醚化淀粉与环氧丙烷在碱性水溶液条件下制备。低取代度的羟丙基淀粉的性质与低取代度的乙酰化淀粉性质相似。淀粉的羟丙基降低了淀粉的糊化温度以及剪应力稳定性，增加了淀粉在二甲亚砜中的溶解度以及冷冻-解冻过程中的稳定性。大米淀粉中的羟丙基可以引起淀粉的糊化温度大幅下降，并且降低了糊化大米淀粉的回生率。羟丙基大米淀粉的凝胶化也会下降，经羟丙基化和交联结合共同作用的大米淀粉，比羟丙基大米淀粉更不容易回生。淀粉发生的这些热性质的变化主要是由它内部的无定形区域的增塑性以及不稳定性增加造成的。

5）磷酸酯大米淀粉

淀粉磷酸酯可以由淀粉中的羟基与磷酸化试剂如三磷酸钠、三偏磷酸钠或三氯氧磷发生酯化反应而得。两个淀粉分子与三偏磷酸钠或三氯氧磷反应就会生成交联淀粉。磷酸酯大米淀粉也能用大米淀粉与磷酸盐进行挤压制备。增加反应桶的温度（120～180℃）可以导致更多的磷酸盐与淀粉结合。淀粉磷酸酯所产生的糊比较透明，有较高的浓度和黏度，有可接受的冷冻-解冻稳定性，并能防止老化。低取代度的磷酸酯大米淀粉能导致较大的溶解度，增大润胀力，提高糊的黏度以及透明度。可见，低取代度的磷酸酯化可以改进淀粉糊的透明度以及淀粉糊的质量，淀粉的颗粒大小会影响磷酸酯化对溶解度、润胀力以及透明度的作用效果。也可以认为磷酸酯大米淀粉经过 α-淀粉酶水解后水解度会降低。

6）交联大米淀粉

大米淀粉能与三磷酸钠、三偏磷酸钠、三氯氧磷以及氯醇发生交联反应。这是由于大米淀粉与三氯氧磷交联后会增加焓值以及剪应力稳定性，降低其在二甲亚砜中的溶解度和冷冻-解冻过程中的稳定性。与天然淀粉相比，具有较低焓值的交联淀粉能够降低部分淀粉的糊化程度。交联作用对蜡质淀粉和非蜡质淀粉的作用是不同的。特别地，交联作用增加了蜡质淀粉和非蜡质淀粉的剪应力稳定性，降低了它们的润胀能力和溶解度，但是交联作用增加了蜡质淀粉的糊化温度和焓值，而对非蜡质淀粉产生了相反的作用。

2. 大米淀粉的物理变性

物理变性淀粉包括几种物理作用如温度、压力、剪切力以及湿度同时作用于淀粉。淀粉颗粒要么被保存，要么被完全破坏。

1）热液处理

韧化和湿热处理通过热液处理来改变淀粉的物理化学性质，而不会破坏淀粉的颗粒结构。这些过程包括将淀粉在过量或适量水为媒介物中（湿热）或者是在低水分含量中（韧化），在温度高于玻璃化转变温度而低于淀粉糊化温度的情况下进行处理。大米淀粉经过热处理会提高其糊化温度，降低其溶解度，并且会使其焓值跃迁，热液处理会使大米淀粉的润胀力下降。非蜡质大米淀粉经热液处理后其润胀力以及淀粉糊黏度会下降，而同样的处理对蜡质大米淀粉产生相反的影响。无论是蜡质的还是非蜡质的大米淀粉，用传统的烤箱经过湿热处理后它们的黏度参数都会下降。经韧化处理的大米淀粉会提高其糊化温度、焓值、黏度峰值，以及冷淀粉糊的黏度，但会使淀粉的糊化温度范围变窄。这一处理过程也会降低可溶性直链淀粉的数量。

2）挤压处理

挤压蒸煮由于具有较低成本以及能够进行连续性操作的特点，在改变谷类食品的功能性中是一种非常实用的方法。这一高温短时的操作工艺甚至能在低水分水平的情况下使淀粉完全发生凝胶化。挤压不会改变淀粉的总含量，也不会将淀粉的分支降解为低分子质量的糖；然而这个处理过程确实会引起一些大分子降解。经过挤压后，非蜡质大米淀粉和它的预煮配对物的黏度先上升，然后下降，挤压过的蜡质米粉开始黏度很低，经过冷却黏度大幅度增加。在 100℃下挤压的米粉与在 125℃或者 150℃下挤压的米粉相比，可以在更低的速率下消化。

3）超声波降解法

超声波降解法在食品工业中有许多应用。经超声波降解后，大米淀粉的表观发生变化，内在黏度下降；淀粉糊变得透明，黏度显著下降。功能性质的变化是由于润胀的颗粒分解，而不是葡萄糖苷键断裂。超声波降解能够产生变性的大米淀粉，使其不需要经过缩短链长就能具有很好的透明度和低黏度。

4）γ射线

使用射线可以使食品在储藏过程中不受昆虫感染和微生物的污染。γ射线对大米淀粉性质的影响是引起淀粉糊黏度大幅度下降，而直链淀粉含量和糊化温度值仅稍微减少。

3. 大米淀粉的基因变性

通过世界传统繁殖方法可以培养出具有不同直链淀粉和支链淀粉含量与结构的大米栽培品种。而且已发现天然大米突变株和其他的采用突变育种技术制备的突变株。这些突变株淀粉所具有的性质与天然淀粉存在很大的差异。例如，有些突变株大米具有独特的淀粉性质，直链淀粉链段延伸，有甜味以及颜色暗淡。基因工程可用来创造具有新颖的淀粉功能特性的各类大米，适合应用于新型的或是改进的食品。目前与大米淀粉性质相关的基因生物工程技术主要用于更好地了解淀粉的综合性质。随着时间的推移以及科学技术的发展，解开包含在淀粉中的所有基因密码子将可能是基因工程的目标。

1.3.7 大米淀粉的应用与发展

大米淀粉颗粒细小，糊化的大米淀粉吸水快，质构柔滑似奶油，具有脂肪的口感，且容易涂抹开。蜡质大米淀粉除了有类似脂肪的性质外，还具有极好的冷冻-解冻稳定性，可防止冷冻过程中的脱水收缩。此外，大米淀粉还具有低过敏的特性等。基于这些特性，大米淀粉的用途很广泛。大米淀粉、大米变性淀粉及大米淀粉衍生物都是重要的工业原料，广泛应用于造纸、食品、纺织、医药、胶黏剂、水产和饲料行业以及选矿、废水处理、油田开采等多个领域。它不但有助于改进这些工业加工过程的性能，提高这些工业产品的质量，降低环境污染，还能解决农产品的出路问题，提高农产品附加值。

1. 大米淀粉糖

淀粉衍生物（淀粉水解物）是以大米淀粉为原料，采用酸解或酶解等生物技术可直接生产的各种类型的淀粉糖，如葡萄糖浆、结晶葡萄糖、麦芽糊精、麦芽糖浆、超高麦芽糖、结晶麦芽糖、麦芽低聚糖以及异麦芽低聚糖，主要作为增稠剂、填充剂、赋形剂和功能因子应用于食品工业和医药工业中。即使其用量比例很高也不致影响食品或药品的风味，更可以直接使用在糖果、饼干、面包、果酱、果冻、饮料、冰淇淋、香肠、糕点、方便面等各类食品中，使食品的成分搭配向功能化方向转变[6,13]。

2. 改性大米淀粉

变性后的大米淀粉具有更优良的性质，应用更方便，符合新技术操作要求，提高应用效果，并开辟新用途。目前美国和欧洲兴起了淀粉研究开发的热潮。应用现代生物技术可以将包括碎米、陈籼稻、早籼稻等在内的大米淀粉改性后，转化为慢消化淀粉、淀粉基脂肪替代物、抗性淀粉、多孔淀粉等更具特色和新用途的产品。

1）慢消化淀粉

慢消化淀粉是一种可以被酶完全缓慢降解的淀粉。美国农业部南部研究中心研究开发的改进米淀粉新产品“Ricemic”，是以大米粉为原料，先分离蛋白质，再经加热和酶处理工艺加工成100%延缓消化、50%加快消化和50%延迟消化的改性米淀粉制品。这类改性米淀粉经临床应用证明，可有效改善糖负荷，将成为一种糖尿病患者的新食品。这种产品的另一种用途是作为运动员尤其是马拉松等长跑运动员的碳水化合物补充剂，因为这种缓慢消化的淀粉能够使运动员在运动过程中有一个稳定持久的能量释放来保持耐力。

2）淀粉基脂肪替代物

大米淀粉制取脂肪替代物技术，是应用生物技术等把米淀粉转化为无油脂肪的高新技术。淀粉基脂肪替代物十分适合加工酸奶和部分替代奶油的乳制品，它具有奶油的外观及口感，通过不同含量的调配，可加工成供人造奶油生产的加氢油脂。例如，世界上最大的米淀粉生产商——比利时A&B Ingredient公司已将改性米淀粉正式用于无奶油奶酪、低脂肪冰淇淋、无脂肪人造奶油、沙司和凉拌菜调味料的生产，取得了可观的经济收益。大米淀粉是脂肪模拟品的良好原料。因为它不会像脂肪酸酯那样因摄入过多而引起腹泻和腹部绞痛等副作用，影响机体吸收某些脂溶性的维生素和营养素，也不会像蛋白质为基质的脂肪模拟品使某些人群产生过敏反应。采用淀粉酶水解大米淀粉制备的低葡萄糖当量（DE）值麦芽糊精可以作为脂肪替代品在食品中广泛应用，经过超微粉碎后，大米淀粉可以用于制备脂肪替代物。

3）抗性淀粉

抗性淀粉的开发是淀粉研究领域的崭新课题。这是一类特殊的淀粉，不能被胰淀粉酶酶解，因而不能被小肠消化吸收而参加新陈代谢，但是能进入结肠，从而被其中的微生物群发酵利用。研究发现以大米为基质的抗性淀粉产品，适合于肥胖和糖尿病患者使用。它不像一般纤维成分会吸收大量水分，当添加于低水分产品时不影响其口感，也不改变食物风味，可作为低热量的食物添加剂。

并且进入结肠后可促进有益细菌增殖，改善结肠菌落结构，对治疗肠道类疾病有特殊功效。应用抗性淀粉作为食物原、配料时，除提供多种健康功能外，还可作为低热量的食物添加剂，而且研究表明：添加颗粒抗性淀粉的食品比添加传统纤维的食品具有更好的外观、质地和口感，颗粒抗性淀粉可以改善一些食品的膨胀性和脆性。

4）多孔淀粉（微孔淀粉）

多孔淀粉是将天然淀粉经过酶解处理后，形成的一种蜂窝状多孔性淀粉载体。其表面具有很多伸向淀粉粒中心的小孔，淀粉颗粒中心是中空的，因而具有良好的吸附性能，可用作功能性物质的吸附载体，广泛应用于医药、化工和食品等行业[17]。大米淀粉颗粒小，比表面积大，因此所制备的产品比其他种类淀粉制备的产品具有更强的吸附力。多孔淀粉吸附的目的物质主要有：①在空气中易氧化、分解和光敏性物质，如 DHA、EPA、维生素 E、维生素 A、胡萝卜素、番茄红素、色素；②需要缓慢释放的物质，如药品、农药、香料、甜味剂（阿巴斯甜）、酸味剂、香辛料、酶、调味料；③需要粉末化的油脂或脂溶性的物质；④需要高倍率均质稀释的物质或需要均质混合的密度大的物质，如药品、色素、胱氨酸、农药；⑤有不良气味（苦、臭味）的物质。

1.3.8　大米淀粉的生产

1. 传统生产法

大米淀粉的传统生产工艺流程如图 1.7 所示。

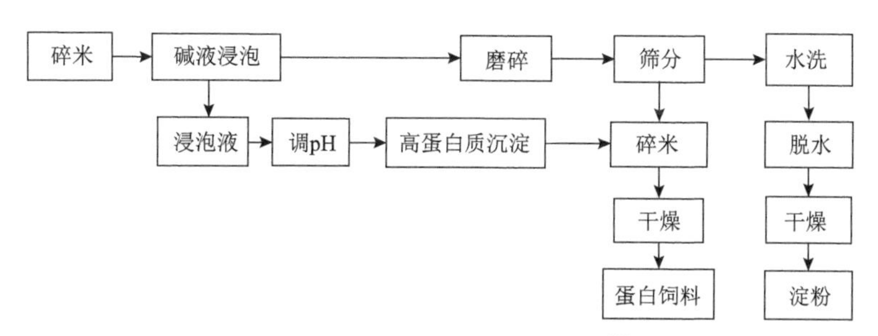

图 1.7　大米淀粉生产工艺流程[1]

将预先除去杂质的原料碎米，放在 0.2%～0.5%的氢氧化钠溶液中浸泡，在 25～50℃温度下浸泡 24h。可以采用逆流浸泡法进行浸泡。浸泡过程中，每隔 6h 搅拌 1 次，第二次搅拌后，放出浸泡液，加入新的碱液，与前面一样每隔 6h 搅拌 1 次。经 24h 浸泡后，米粒中 70%～97%的蛋白质被溶出，米粒软化，用手即可将其碾碎。

浸泡好的米粒加 1 倍量碱液送入磨碎机中进行水磨。得到的浆料放置 12～

24h，使蛋白质与碱液充分作用而被浸出。然后用 150 目筛筛去粗粒，粗粒再次送入磨碎机磨碎。筛分后得到的乳浆为淀粉乳，用 4～5 级碟片型分离机分离洗涤淀粉，清水从最后一级加入，从第一级分离机排出的液状溢流物料返回用作浸泡液。将洗涤干净的浓淀粉乳脱水、干燥得到产品。

浸泡液中碱溶解蛋白质含量很高，通过盐酸或硫酸调节浸泡液的 pH 至蛋白质等电点（pH6.4），将蛋白质沉淀分离出来，与筛分工序产生的蛋白渣混合、脱水、干燥得蛋白饲料。

2. 旋流分离法

大米淀粉的传统生产法会使大米蛋白被破坏，蛋白质回收率较低。碱对蛋白质的作用可能导致有害人体健康的物质产生，使优质的大米蛋白变成只能用作饲料的蛋白粉。旋流分离法是在生产大米淀粉的同时能有效利用大米蛋白的生产方法。

将清除杂质的碎米和米糠经多级旋风分离器分离出米胚芽，剩余物料送入浸泡罐，用 30～45℃温水浸泡 6～8h，用磨碎机磨碎，用 120 目筛分离出含蛋白质较高的粗粉。分离粗粉后的浆料经高压泵送入旋液分离器，含蛋白质较多的轻颗粒随液体从溢流口排出，经浓缩分离机浓缩后与粗粉合并，再与米胚芽粉碎物料及少量添加剂混合，进入蒸汽滚筒熟化干燥机干燥得到不大于 6 目的片状高蛋白营养米粉。从旋液分离器排出的浓稠底液加入 0.5%碱液浸泡 3～6h，排出浸泡液，用离心机分离，水稀释后泵入三级旋液分离器洗涤淀粉，清水从最后一级加入，从第一级排出的溢流与碱液浸出液合并，调节 pH 以沉淀回收其中的蛋白质。将洗涤干净的淀粉乳离心脱水、干燥得到大米淀粉。

1.4　薯类淀粉和豆类淀粉

1.4.1　薯类淀粉

1. 马铃薯淀粉

马铃薯属茄科，是全球第四大重要的粮食作物，仅次于玉米、小麦和稻谷。马铃薯的块茎中含有大量的淀粉，可以为人体提供丰富的热量，并且其块茎中还富含氨基酸、蛋白质等多种营养素以及维生素和矿物质。

1）马铃薯淀粉的化学组成

马铃薯淀粉中除去糖分组分外，含有水分 11%～20%、粗蛋白 0.15%、粗脂肪 0.11%、灰分 0.40%、直链淀粉 20.0%。不同品种马铃薯的淀粉，上述组成成分有差异。

马铃薯淀粉的主要成分见表 1.7[1]。

表 1.7　马铃薯淀粉的主要组成

组成	含量/%
淀粉	80.29
水分（25℃，RH65%）	19
类脂物（干基）	0.1
蛋白质（干基）	0.1
灰分（干基）	0.35
磷（干基）	0.08
淀粉结合磷（干基）	0.08

2）马铃薯淀粉的物理性质

（1）马铃薯淀粉的颗粒大小及形态。

马铃薯淀粉呈白色粉末状，通过显微镜观察其形态和大小，发现马铃薯淀粉的形状和大小都不相同，马铃薯淀粉中含有非常典型的大椭圆球形颗粒，其大小在 5～100μm。在偏光显微镜下观察马铃薯淀粉颗粒，可以发现有明显的偏光十字，十字交叉点接近颗粒的一端，而较小颗粒的十字交叉点在颗粒的中心[18]。

（2）马铃薯淀粉的水分含量。

在一般情况下，马铃薯淀粉的含水量在 20%左右，并且表面依旧呈干燥的粉状，这是因为淀粉分子中的羟基和水分子相互形成氢键。马铃薯淀粉的水分含量会受到环境的影响，如果存放的环境湿度大，水分含量高，空气干燥时水分含量低。

（3）马铃薯淀粉的吸水性。

将干燥的马铃薯淀粉浸没在水中时，它的吸水量可以达到干淀粉质量的一半或者更高，体积膨大 30%～100%。每克马铃薯淀粉可能吸收 0.43～0.53g 水[18]。

（4）马铃薯淀粉的结晶特性。

淀粉颗粒构造可以分为以格子状态紧密排列着的结晶态部分和不规则地聚集成凝胶状的非晶态部分，结晶态部分占整个颗粒的百分比，称为结晶化度[1]。马铃薯淀粉的结晶化度为 28%。

（5）马铃薯淀粉的热力学特性。

不同品种马铃薯淀粉热力学性质有差异，由表 1.8 得知 4 种马铃薯淀粉的相变初始温度（T_0）、峰值温度（T_p）、终止温度（T_c）、焓变值（ΔH）分布。其中‘布尔班克’淀粉的相变峰值温度最高，‘夏波蒂’淀粉的相变峰值温度最低；‘尤金’淀粉焓变值最大，‘夏波蒂’淀粉焓变值最低。4 个品种马铃薯淀粉相变温度和热焓值差异主要与淀粉颗粒结构、直链淀粉含量、直/支比等因素有关。

表 1.8　不同品种马铃薯淀粉的热力学性质及相对结晶度

马铃薯品种	T_0/℃	T_p/℃	T_c/℃	ΔH/（J/g）	相对结晶度/%
布尔班克	62.25±0.024	66.75±0.024	73.07±0.024	16.2354±0.016	29.40±0.011
麦垦 1 号	59.71±0.024	63.91±0.016	69.90±0.008	16.3208±0.021	29.53±0.008
尤金	61.74±0.016	65.57±0.016	72.56±0.024	17.6313±0.008	28.04±0.021
夏波蒂	58.63±0.016	62.92±0.024	68.37±0.016	13.7235±0.011	24.87±0.016

（6）马铃薯淀粉的黏度。

马铃薯淀粉的黏度取决于其直链淀粉的聚合度。将马铃薯淀粉、玉米淀粉、燕麦淀粉和小麦淀粉进行糊浆黏度实验比较。马铃薯支链淀粉的含量为 79%以上，马铃薯淀粉峰值黏度平均达 2988 BU，比玉米淀粉（589BU）、燕麦淀粉（999BU）和小麦淀粉（298BU）的糊浆峰值黏度都高。

（7）马铃薯淀粉的糊化特性。

马铃薯淀粉糊化温度范围为 56～66℃，糊化温度平均为 64℃，比玉米淀粉（72℃）、小麦淀粉（73℃）以及薯类淀粉的木薯淀粉（65℃）和甘薯淀粉（80℃）的糊化温度都低。虽然马铃薯淀粉颗粒较大，但是马铃薯淀粉的分子结构中存在着相互排斥的磷酸基团电荷，且内部结构较弱，所以马铃薯淀粉的膨胀效果非常好。

（8）马铃薯淀粉的糊浆透明度。

在适宜的条件下，马铃薯糊浆中的颗粒状淀粉不会受到膨化和糊化的影响。马铃薯淀粉糊浆具有透明度的原因是其分子结构式中有缩合的磷酸基及没有脂肪酸。磷元素作为马铃薯淀粉分子中最重要的元素，在马铃薯淀粉中以共价键的形式存在。马铃薯淀粉中近 300 个葡萄糖基中都含有磷酸基，磷酸基上维持平衡的离子大部分是有机离子，如锰离子、钙离子、铁离子等，并在马铃薯淀粉胶化反应步骤中发挥着不可替代的作用。马铃薯淀粉中的磷酸基在水溶液中带负电荷，并且不与带负电荷的其他物质相结合，这在整个胶化反应步骤中也十分重要，不可替代，导致马铃薯淀粉可以迅速和溶液中的水结合并达到膨胀的效果，所以马铃薯淀粉与水黏合度增高，产生了淀粉糊。

3）马铃薯淀粉的流变学特性

就食品体系的功能特性而言，马铃薯淀粉以黏度高、具有成糊性和成胶性而著称，而且该淀粉形成的糊和凝胶具有高度的透明性。这些特性不仅有利于技术操作，而且也有利于食品生产，尤其是透明性，其为一些食品所需要的特性[18]。然而，马铃薯淀粉也有自身的缺点——对热及剪切力较敏感。而加热和剪切作用是现代食品加工中的重要过程，如其存在于杀菌、冷却、冷冻及产品的储藏过程中。

马铃薯淀粉具有特定的流变学特性，一般用作增稠剂或黏结剂，该特性可通过直链淀粉和支链淀粉分子大小解释，尤其是支链淀粉分子结构、磷酸酯基团的水合作用、电荷类型及马铃薯淀粉上阳离子（K^+、Na^+、Ca^{2+}、Mg^{2+}）的存在与之关系密切。在此条件下，淀粉颗粒首先无序膨胀，进而崩裂直至形成分散的胶体状态。颗粒崩解时伴随着黏度急剧增加，如此显著的变化是马铃薯淀粉中磷酸酯基团水合作用的结果。而且与马铃薯淀粉连接的阳离子具有典型的持水作用，吸收的水分满足淀粉分子水合的需要，有助于黏度进一步提高。众所周知，谷物淀粉能形成牢固、刚性强的凝胶，与之相比，马铃薯淀粉形成的凝胶通常具有纤维状、黏稠的质构。然而，研究表明当马铃薯淀粉中加入钠或钾时，淀粉的特性会有显著差异。研究马铃薯淀粉的流变学特性时，一定要考虑到阳离子的存在会影响淀粉成糊时支链分子形成的网状结构。

尽管马铃薯淀粉的特性在一定程度上会引起加工上的问题，但其仍不失为汤或酱中一种很重要的增稠剂，在鱼、肉类加工产品，以淀粉或面粉为基料的面条，以及许多焙烤类产品中，马铃薯淀粉起到增大体积、成膜的作用。

4）马铃薯淀粉的抗老化特性

谷物淀粉的另一不利特征是在分散和形成凝胶时结构改变，即老化或回生。分散的淀粉乳体系倾向于改变它们的有序结构，同时释放结合水。肉眼可看得见的变化可称为析水，也可以理解为胶体结构强烈变化的一种表现[18]，这对于食品加工而言是非常不利的，尤其对于需要保持冻-融稳定性的食品，而马铃薯淀粉在这方面存在优势，其淀粉乳和凝胶几乎不会发生老化。在 DSC 检测中，即使进行多次冻-融循环的过程，也几乎观察不到老化现象。然而，对于高浓度体系而言，在长期的储存过程中则不能排除老化的影响。

5）马铃薯淀粉的功能特性

（1）马铃薯淀粉的化学变性。

尽管化学变性反应是多种多样的，但是只能有一小部分在食品加工得以应用（表 1.9）。这不仅是因为引入基团的反应模式和类型限制了变性淀粉在食品中的应用，还因为基团的取代度影响淀粉的消化性。取代度越高，它的可消化性越低。

因此，可供食品中应用的变性淀粉的取代度一般较低[18]。

表 1.9 变性马铃薯淀粉及其应用

变性产品	标号	特定用途
氧化淀粉	E1404	汤和酱、罐装水果、快餐、糖果、涂膜和挤压小吃
淀粉磷酸酯	E1410	乳化稳定剂、布丁
二淀粉磷酸酯	E1412	汤和酱、涂膜和挤压小吃、马铃薯泥、罐装水果、快餐
乙酰化二淀粉磷酸酯	E1414	汤和酱、罐装鱼、熟肉制品、即食甜点、罐装水果、快餐
乙酰化淀粉	E1420	糖果、快餐、熟肉制品、马铃薯泥、面条、烘焙食品、烘焙馅料
乙酰化二淀粉己二酸酯	E1422	汤和酱、罐装鱼、熟肉制品、即食甜点
羟丙基淀粉	E1440	汤和酱、面条
羟丙基二淀粉磷酸酯	E1442	汤和酱、罐装鱼、熟肉制品、烘焙馅料、即食甜点、罐装鱼、柑橘酱、快餐
辛烯基琥珀酸酯化淀粉	E1450	乳化稳定剂、调味料、胶囊
氧化淀粉乙酸酯	E1451	糖果

（2）马铃薯淀粉的物理变性。

物理变性包括控制温度及水分含量的处理方法，如韧化及湿热处理，也可通过预糊化、挤压及喷雾干燥等方式使颗粒完全分解。在韧化及湿热处理过程中虽保留了淀粉颗粒的完整性（颗粒大小、黑十字花样），但其膨胀力降低了。黏度与糊化过程也发生类似的变化，这一点可从布拉本德曲线中明显反映出来，糊化温度增加了，黏度的最高值降低了。马铃薯淀粉经过韧化工艺的物理变性可获得与谷物淀粉相类似的凝胶特性或者形成抗性淀粉。湿热处理这种半干燥的条件，给 B 型和 C 型淀粉的变性提供了较宽泛的条件，使得产品的特性具有较高的可变性。尽管这两种处理方式对于生产的淀粉的功能特性有可比较性，如黏度增加，但它们仍各有不同，湿热处理对淀粉颗粒结构的改变有很大的不同，尤其对于 B 型和 C 型淀粉而言。

预糊化是将颗粒淀粉由冷水不分散的形式转变为完全分散的形式，从而成为速溶淀粉产品的最佳方法。最普通而成熟的技术就是传统的转鼓干燥，即淀粉乳在两转鼓之间或之上分散并干燥至水分含量在 6%以下，再用刀片刮去干燥的薄片，最后将其磨成所需精度的粉状物。挤压糊化是一套更加现代及成熟的工艺，但该工艺依赖的是输入特定的机械能，产品的温度、溶解度是其显著的功能特性。与鼓式干燥相比，由于挤压糊化过程分解了淀粉分子，因此结合水在黏度降低方面就显得不那么重要了。其功能特性有利于技术领域的应用。相比之下，喷雾干燥则是近些年新兴的技术，它的原理是淀粉乳经过两个流体喷嘴在旋涡下喷射成小液滴糊化干燥而成。小液滴在降落时立即通过热风干燥，该技术的应用对于食物成分的保留是非常有利的。

（3）马铃薯淀粉的酶解变性。

根据 1983 年美国食品与药品监督管理局的规定，麦芽糊精可定义为无甜味、由 D-葡萄糖通过 α-1,4-糖苷键连接而成、DE 值小于 20 的营养糖类聚合物。随着技术的发展，该规定限制了玉米淀粉经过酸或酶的作用部分水解而成白色粉末或浓溶液的生产。目前生产麦芽糊精的成熟工艺很多，也包括以马铃薯淀粉作为底物专门生产麦芽糊精的工艺。

对于马铃薯淀粉的酶解，采用 α-淀粉酶在相对较高的温度（82～105℃）下作用于糊化淀粉是很合适的。产物经过进一步提取、浓缩，最后喷雾干燥而成。由 DE 值来测定麦芽糊精降解程度和聚合度，其溶解度随 DE 值和水解类型而变。酶处理生产的麦芽糊精含较少量的高分子质量糖类，因此，酸水解生产的麦芽糊精有更大的水溶性。

早期发展起来的以马铃薯淀粉为基质生产的麦芽糊精可形成软胶状物质，在食品工业中用作脂肪及油脂的替代物，如冰淇淋及沙拉的包衣等。目前，以马铃薯淀粉为原料生产的糊精产品其 DE 值的范围在 2～14 之间，所以可增加一些其他方面的应用，尤其是作为载体和填充剂，用于汤料、饮料、咖啡增白剂、乳饮料、奶酪中，以及用作烹调或肉制品的组织改良剂。在焙烤食品及馅料中，麦芽糊精可代替蔗糖和脂肪。另外，经喷雾干燥制得的麦芽糊精的显著作用在于能制成有风味的囊膜及洁净的食品包衣。

6）马铃薯淀粉的应用

（1）马铃薯淀粉在糖果中的应用。

在糖果的生产中，马铃薯淀粉可以被用作糖衣和填充剂，加入马铃薯淀粉可以使糖果体积增大并且大大改善了糖果产品的口感和咀嚼性，不仅增加了糖果的弹性和细腻度，而且可以有效地防止糖果变性、变色，延长了产品的保质期。马铃薯淀粉除一部分生产糖化制品外，还在加工面食类、农畜产加工制品、点心类、颗粒粉、化工淀粉等方面具有独特的作用。

（2）马铃薯淀粉在面制品中的应用。

方便面及面条食品中添入马铃薯淀粉，主要有以下几方面效果：①制品透明度高，表面光滑，色泽好；②大大改善食品的黏性和弹性，食感好，利用了黏度高、糊化时吸水膨润力大的特性；③对改善方便面的食味劣化有效果，只用小麦粉加工的快餐面，其室温存放 4～6 个月后，食味发生改变，调理性恶化，透明感消失；④对面的调理时间的改善有效果，使调理汤温变低，这利用了糊化温度低的特性。这样的效果是其他淀粉不可替代的。

（3）马铃薯淀粉在乳制品中的应用。

在乳制品的应用中，马铃薯淀粉在酸奶中的应用是最为典型的。在酸奶生产加工过程中，原料牛奶在经过验收、过滤、净化、标准化、预热、均质以及杀菌的条件下，再添加马铃薯淀粉，然后进行发酵等一系列操作过程可制得高品质的酸奶。由于马铃薯淀粉具有很强的吸水性、成型性、糊化性、熔融性以及膨胀性，同时还能增加酸奶的黏稠度、透明度以及改善口感，添加了马铃薯淀粉的酸奶，具有良好的风味，并且增加了食用品质。

（4）马铃薯淀粉在变性淀粉中的应用。

淀粉可以进一步用物理、化学的方法或通过酶制剂的作用改进其性能，使淀粉分子在化学结构上发生变化，获得变性淀粉。马铃薯淀粉颗粒大，纯度高，糊化温度低，在糊化、水洗、脱水、分离、干燥的过程中，节省能源、收集率大，易于加工成变性淀粉。由马铃薯淀粉制造出的糊精、α-淀粉、阳离子淀粉等变性淀粉，保留了马铃薯淀粉的黏度特性和透明性，改变其不加热不溶解、不耐老化以及耐热、酸等性质，广泛应用于造纸、纤维、食品、医药、生物分解薄膜等领域，此外，马铃薯淀粉还应用于加工水晶粉、粉丝、液体调味料等。

7）马铃薯淀粉的生产

（1）马铃薯淀粉的生产原理。

马铃薯淀粉生产的基本原理是在水的参与下，借助淀粉不溶于冷水及其相对密度与其他化学成分的差异，用物理方法进行分离，在一定机械设备中使淀粉、薯渣及可溶性物质相互分开，获得马铃薯淀粉[1]。

（2）马铃薯淀粉的生产方法。

离心筛法：规模化生产的大型淀粉厂都采用封闭式工艺制取马铃薯淀粉，利用先进的工艺与设备，通过计算机控制系统进行自动化控制，实行循环用水。离心筛法生产工艺是具有代表性的马铃薯淀粉生产工艺。采用清理筛去除原料中的杂草、石块、泥沙等杂质后，用洗涤机洗涤薯块，再用磨碎机破碎薯块，离心机去除细胞液，用离心筛和旋流器去除所得淀粉乳中的纤维和蛋白质，淀粉乳洗涤后用真空吸滤机脱水并经气流干燥得成品淀粉。

曲筛法：洗净的薯块在锤片式粉碎机上破碎，得到的浆料在卧式沉降螺旋离心机上分离出细胞液，用泵从储罐送入纤维分离洗涤系统，洗涤按逆流原理分 7 个阶段进行。开始两个阶段依次洗涤分离去除细胞液的浆料，所得粗粒经锉磨机磨碎，在曲筛上过滤出粗渣和细渣，再依次在曲筛上按逆流原理进行 4 次洗涤，淀粉乳被进一步过滤，在除砂器里将乳液中残留的微小砂粒除去，送入多级旋液分离器洗涤淀粉，脱水干燥后得成品淀粉。这种粗渣和细渣同时在曲筛上分离洗涤的工艺，可以明显降低用于筛分工序的水耗、电耗，简化工艺，提高淀粉得率。

全旋液分离器法：经清洗称重后的薯块加入粉碎机磨碎，所得浆料在筛上分离出粗粒进入第二次破碎，再用泵送入旋液分离器机组（13～19 级），经旋液分离后将淀粉与蛋白质、纤维分开。这种工艺不用分离机、离心机或离心筛等设备，只采用旋液器，是最有效及现代化的淀粉洗涤设备，用水量是传统工艺用水量的 5%，淀粉回收率达 99%。

2. 木薯淀粉

木薯是全球第六大粮食作物，广泛种植于美洲、亚洲和非洲等的 100 多个国家和地区，是三大薯类作物之一，被称为“淀粉之王”，是全世界近六亿人口的口粮。木薯具有很多优良的特性，如粗生易长、容易栽培、高产和四季可收获等。木薯淀粉是木薯经过淀粉提取后脱水干燥而成的粉末。木薯淀粉有原淀粉和各种变性淀粉两大类，广泛应用于食品工业及非食品工业。变性淀粉可根据用户提出的具体要求定制，以适用于特殊用途。

1）木薯的块根结构和化学组成

木薯的块根呈圆筒形，前端较尖，长度可达 100cm 以上，一棵木薯块根重 30～50kg。块根分表皮、皮层、肉质和薯心四部分，表皮的色泽呈紫红色、白色、灰白色或淡黄色。

木薯的化学组成因品种、生长期、土壤、降雨量而有很大差别。木薯块根干物质的含量为 24%～52%，平均含量为 35%，蛋白质含量为 1%～6%，平均含量为 3.5%。木薯中支链淀粉占 83%、直链淀粉占 17%。木薯的成分中淀粉占 68%、纤维素占 8%、蛋白质占 3%、水分占 13%、其他占 8%[1]。

木薯是一种优质淀粉的生产原料，使用木薯生产出来的淀粉具有优良的品质和极高的消化率，木薯淀粉非常适合婴幼儿和体弱者食用。木薯块根淀粉含量很高，约为 70%，而含蛋白质（2.6%）、脂肪（0.6%）和灰分（2.4%）很少，表明木薯作为淀粉的生产原料，是一种很好的淀粉资源。

2）木薯淀粉的特性

（1）木薯淀粉的糊化特性。

木薯淀粉的糊化温度在品种间的差异很明显。木薯淀粉的糊化温度范围为 49～73℃。

（2）木薯淀粉的黏度。

人们已经广泛地研究了木薯淀粉的黏性，几乎所有的研究都表明与其他大多数块茎淀粉和谷物淀粉相比，木薯淀粉有一个很高的黏度水平。黏度特性受品种、环境因素、加热速率和体系中其他营养物质存在等因素影响。

3）木薯淀粉的应用

木薯淀粉的性质揭示了淀粉可以在很多食品中得到应用。首先，木薯淀粉温和的口感优于谷物淀粉，由于谷物淀粉中存在脂质，谷物淀粉有谷物味道。木薯淀粉有很低的糊化温度，低于大多数其他块根淀粉和谷物淀粉，因此很容易烹调。如果添加一些具有热不稳定性的成分到产品中，则较低的糊化温度是十分有利的。淀粉糊的高黏度在许多要求赋形的食品中也十分有用[10]。这种作用在布丁中得到很好的体现，尤其在美国，木薯淀粉布丁是一种十分重要的食品。其他淀粉的黏度的稳定性很差，一些食品如东方的肉汁要求黏结的质地，而在这方面木薯淀粉表现出优越性。还有一种在食品产品中十分重要的特性就是淀粉糊相对较好的溶胶稳定性。这是淀粉食品在长期储存中最重要的性质。与谷物淀粉相比，木薯淀粉具有较低的直链淀粉含量，而且老化得很慢。木薯淀粉糊的透明性非常好，因此适合用于饼馅中。

4）木薯淀粉的生产

以鲜木薯为原料生产淀粉的工艺与马铃薯淀粉的生产工艺相似。工艺如下：原料→清洗去皮→磨碎→筛分→除砂→精制→浓缩→脱水→干燥→淀粉。

以木薯干为原料的生产工艺如下：干薯片→洗涤→磨碎→浸泡→二次碎解→筛分→除砂→精制→漂白→浓缩→脱水→干燥→淀粉[1]。

3. 甘薯淀粉

甘薯又名番薯、地瓜、山芋等，因地区和文化差异，名称有所差别。甘薯是一种药食兼用的健康食物，为古今人们非常喜爱的美食。甘薯具有很多优点，如适应能力强、容易种植、产量高和营养含量丰富等，其用途也非常广泛。甘薯是一种富含淀粉的植物，淀粉含量达 30%左右，是生产粉丝、变性淀粉、淀粉糖和柠檬酸等产品的工业原料。甘薯淀粉是甘薯经过加工得到的主要产物，目前国内的甘薯淀粉生产技术已经得到了较大的发展，其精深加工产品已有广泛运用。

1）甘薯块根的结构和化学成分

鲜甘薯因产地和品种有差异，其形状、大小和组成也相差很大，其块根形状有纺锤形、椭圆形、圆筒形、球形、梨形等。甘薯块根由皮层、内皮层、维管束环、原生木质部、后生木质部组成。表皮一般有白、黄、红、黄褐色等颜色；薯肉一般有白、黄红、黄橙、黄质紫斑、白质紫斑等颜色。从结构上看，它是由表皮层、外部果肉和内部果肉组成的[1]。

鲜甘薯块茎含水量占总重的 60%～80%，淀粉含量为 15%～20%。甘薯的主要化学成分为：水分 71.4%、碳水化合物 25.2%、蛋白质 2%、粗纤维 0.4%、脂肪 0.2%、灰分 0.8%及各种维生素。碳水化合物以淀粉为主，其他为 3%～5%的蔗糖、糊精、葡萄糖、果糖及戊糖。

甘薯淀粉的化学组分及含量见表1.10。

表1.10　甘薯淀粉的主要化学组分及含量（质量分数）

组分	含量（干基）/%
总淀粉	91.4～99.2
灰分	0.1～0.5
蛋白质	0.06～0.75
脂肪	0.00～0.21
磷	0.014～0.022

2）甘薯淀粉的特性

甘薯淀粉颗粒多为圆形，还有多角形等。颗粒的粒径为5～31μm，平均粒径为18μm；偏光十字为垂直十字交叉和斜交叉；结晶结构为C型；直链淀粉含量为18.5%；甘薯淀粉的透明度为42.0%，与玉米淀粉的透明度相当；凝胶强度为98g。

（1）糊化特性。

甘薯淀粉的糊化温度为60.8～78.5℃。影响甘薯淀粉糊化特性的因素很多，如甘薯品种、种植条件、淀粉纯度、直链淀粉含量以及支链淀粉结构等。适当提高甘薯种植的土壤温度会增大淀粉糊化时的衰减值和糊化温度，降低回生值。甘薯淀粉中脂类化合物会降低淀粉糊化时的峰值黏度，提高淀粉热糊稳定性。甘薯支链淀粉中链长度在6～12范围内的支链越多，糊化温度越低。

（2）老化特性。

甘薯淀粉的老化率主要与直链淀粉含量、支链淀粉结构及脂类化合物等有关。一般认为直链淀粉含量越多，老化速率和老化程度越大，甘薯淀粉中直链淀粉和脂质的含量较少，其老化速率一般较低或中等。另外，甘薯淀粉中支链淀粉的支链链长在12～14的短支链比例增加有利于加快甘薯淀粉老化，支链淀粉的支链链长在9～11的短支链比例增加，甘薯淀粉的老化速率降低。

3）甘薯淀粉的应用

（1）甘薯淀粉在粉丝生产中的应用。

甘薯淀粉最常见的应用是粉丝的生产，虽然甘薯淀粉在粉丝生产中的适用性并不如绿豆淀粉好，但由于甘薯淀粉生产成本低、易制取，人们对其在粉丝生产中的研究仍具有浓厚的兴趣。甘薯淀粉糊与绿豆淀粉糊流变行为的共性与区别的研究结果表明，在粉丝生产中以甘薯淀粉代替绿豆淀粉是可行的。

（2）甘薯淀粉的降解及应用。

除应用于粉丝的生产外，甘薯淀粉经一定的物理、化学或生物方法处理后还可以降解为多种工业原料，广泛应用于制糖、发酵、医学等行业。研究发现以淀粉酶或海藻糖合成酶对甘薯淀粉进行适当的处理可制得麦芽糖或海藻糖。采用根霉对甘薯淀粉进行发酵可制得乳酸；采用发酵单孢菌对甘薯淀粉进行发酵可制得乙醇。另外，甘薯淀粉在医学中的应用研究也较为广泛，例如，以糊精葡聚糖转移酶处理甘薯淀粉可制得医学中广为应用的环糊精；甘薯淀粉经过一定处理后可以加工成药片黏合剂；粒径在 10.3～13.1μm 的甘薯淀粉微粒子可以用作药物载体。

（3）甘薯淀粉的改性及应用。

由于天然甘薯淀粉的应用具有一定的局限性，甘薯淀粉的改性技术被广泛研究。改性甘薯淀粉是指利用物理、化学或酶法改变甘薯淀粉的天然特性或引进新的特性而制备的甘薯淀粉衍生物，其中化学改性是最常用的方法。经过改性，甘薯淀粉原有的特性得到针对性改善，使其可直接以食品增稠剂、稳定剂、胶凝剂或组织增强剂等广泛地应用于食品及其他工业之中。例如，预糊化甘薯淀粉以其冷水可溶性可被应用于加工方便食品或用作表面涂料；甘薯淀粉与磷酸单酯结合可增加甘薯淀粉的冻结及融化稳定性，从而扩大了其在冷冻食品、婴儿食品中的应用。

此外，甘薯淀粉在其他方面的应用也得到一些研究，如甘薯淀粉在热塑性塑料、可食用膜等加工中的研究。

4）甘薯淀粉的生产

生产甘薯淀粉的原料可以是鲜甘薯和甘薯干，原料有差异，所采用的工艺也有差别。鲜甘薯由于不便于运输，储存困难，必须及时加工，季节性强，一般只能在收获后两三个月内完成淀粉生产，采用的方法也多为作坊式生产。以甘薯干为原料，可采用机械化常年生产，技术也相对比较先进[1]。

1.4.2　豆类淀粉

豆类是人类三大食用作物（禾谷类、豆类、薯类）之一，在农作物中的地位仅次于禾谷类。豆类淀粉也是淀粉四大来源之一，豆类淀粉中直链淀粉的含量比较高，具有热黏度高、凝胶透明度高、凝胶强度大等优良性能，是制备粉丝和粉皮等的良好原料[1]。

1. 食用豆的分类及其主要化学成分

豆类按其籽粒营养成分含量，可分为两大类：第一类为高蛋白（35%～40%）、中淀粉（35%～40%）、高脂肪（15%～20%）类，如羽扇豆、四棱豆等；第二类为中蛋白（20%～30%）、高淀粉（55%～70%）、低脂肪（5%）类，如蚕豆、豌豆、绿豆、小豆、豇豆、芸豆、小扁豆等。用作淀粉加工的豆类是第二类食用豆，主要是绿豆、豌豆、蚕豆等[1]。

2. 豆类淀粉的颗粒大小、形态

1）豌豆淀粉

光滑的豌豆淀粉颗粒大小在2～40μm之间，而且大部分颗粒呈卵形，但也有少部分呈球状和不规则形。光滑的豌豆淀粉颗粒表面很光滑，没有出现较大的裂缝和明显的复合型颗粒；皱皮豌豆淀粉颗粒的表面也比较光滑，没有明显的裂缝和小孔。光滑豌豆淀粉颗粒在尺寸上通常比皱皮豌豆淀粉大。

2）鹰嘴豆淀粉

鹰嘴豆淀粉颗粒表面光滑，多数呈现出椭圆形或鹅卵石状，少数呈现出圆形。利用电镜标尺测量淀粉颗粒的粒径可知，Kabuli和Desi这两个品种的鹰嘴豆淀粉颗粒粒径范围分别为10～28μm和7～29μm，用激光粒度分析仪测定发现，颗粒的粒度范围为10～27μm。

3. 豆类淀粉的应用

1）淀粉糊的应用

绿豆淀粉稳定性和透明度均较好、糊丝较长、凝胶强度大，宜作勾芡和制作粉丝、粉皮、凉粉的原料；豌豆淀粉颜色洁白、质地较细、手感滑腻、黏度高、胀性大，是芡粉中的上品；蚕豆淀粉黏性足、吸水性较差、色洁白、光亮、质地细腻，可用于糕点、面包、粉丝、甜酱、酱油等中。

2）淀粉膜的应用

目前，小豆直链淀粉用于很多包装膜的制造或食品业的增厚剂、固定剂等。直链淀粉膜有很好的透明性、弹性、张力和不溶于水的特性，广泛用于糖果业。

3）淀粉膨化的应用

支链淀粉含量高、分子量大，在膨化过程中能承受较强的蒸气压力使产品容易膨化且膨化率大，有利于生产豆沙和膨化食品。

4）豆类淀粉的药用

一些豆类淀粉还有药用价值，中医认为，绿豆淀粉具有清热解毒、利水消肿、防暑止渴、利胃健身等功效；豌豆淀粉性味甘、微寒，具有补中益气、解毒利尿的功效，适用于小便不畅、下腹胀满、消渴、乳癖等症；蚕豆淀粉味甘、性平、无毒，有健脾、补中、益气、利湿、止血之功效，可治膈食、水肿、吐血、咯血等症。此外，豆类淀粉还可作为香肠类食品的主要添加剂。

参 考 文 献

[1] 程建军. 淀粉工艺学[M]. 北京: 科学出版社, 2011: 47.

[2] Han Z, Han Y, Wang J, et al. Effects of pulsed electric field treatment on the preparation and physicochemical properties of porous corn starch derived from enzymolysis[J]. Journal of Food Processing and Preservation, 2020, 44(3): e14353.

[3] 白坤. 玉米淀粉工程技术[M]. 北京: 中国轻工业出版社, 2012.

[4] Zhou X, He S, Jin Z. Impact of amylose content on the formation of V-type granular starch[J]. Food Hydrocolloids, 2024,146:109257.

[5] Zhong Y, Herburger K, Xu J, et al. Ethanol pretreatment increases the efficiency of maltogenic α-amylase and branching enzyme to modify the structure of granular native maize starch[J]. Food Hydrocolloids, 2022(2): 123.

[6] 赵凯. 食品淀粉的结构、功能和应用[M]. 北京: 中国轻工业出版社, 2009: 179.

[7] 赵阿丹. 小麦和大米构架大分子特性及米面团形成机制研究[D]. 武汉: 华中农业大学, 2015.

[8] 张力田. 变性淀粉[M]. 广州: 华南理工大学出版社, 1999: 3-6.

[9] 赵凯. 淀粉非化学改性技术[M]. 北京: 化学工业出版社, 2009.

[10] 刘亚伟. 淀粉生产及其深加工技术[M]. 北京: 中国轻工业出版社, 2001.

[11] 余平, 石彦忠. 淀粉与淀粉制品工艺学[M]. 北京: 中国轻工业出版社, 2011.

[12] 刘永乐. 稻谷及其制品加工技术[M]. 北京: 中国轻工业出版社. 2010.

[13] 周显青. 稻谷精深加工技术[M]. 北京: 化学工业出版社, 2006.

[14] 张友松. 变性淀粉生产与应用手册[M]. 北京: 中国轻工业出版社, 2007: 48, 89.

[15] Keeratiburana T, Hansen A R, Soontaranon S, et al. Pre-treatment of granular rice starch to enhance branching enzyme catalysis[J]. Carbohydrate Polymers, 2020, 247: 116741.

[16] Tka B, Arh B, Ss C, et al. Porous rice starch produced by combined ultrasound-assisted ice recrystallization and enzymatic hydrolysis[J]. International Journal of Biological Macromolecules: Structure, Function and Interactions, 2020, 145: 100-107.

[17] Hong J, Li C, An D, et al. Differences in the rheological properties of esterified total, A-type, and B-type wheat starches and their effects on the quality of noodles[J]. Journal of Food Processing and Preservation, 2020, 44(3): 14342.

[18] Prompiputtanapon K, Sorndech W, Tongta S. Surface modification of tapioca starch by using the chemical and enzymatic method [J]. Starch Stärke, 2020, 72(3-4): 1900133.

第 2 章

谷物基改性淀粉总述

2.1 概念与分类

2.1.1 谷物基淀粉改性的目的和必要性

天然淀粉的结构极其复杂，每一种淀粉都有自己独特的颗粒组织和结构，不同来源的谷物淀粉具有不同的结构、性质和功能，但是在物理化学性质方面表现出了一些共性特征。淀粉分子中具有大量的羟基，导致淀粉亲水性很强，但分子内羟基通过大量氢键结合在一起，形成的氢键数目多、强度大，较强的分子间氢键作用力导致淀粉的黏流温度高于其分解温度，使其不具有热塑性、成型性，难以进行熔融加工，限制了其在包装等日常领域的应用。将淀粉置于冷水中加热后，淀粉颗粒由于吸水膨胀而变成半透明的黏稠状物，即发生淀粉糊化。淀粉可作为食品添加剂来控制汤和酱料的均匀性、稳定性和质地，但是糊化后的淀粉发生回生时会出现凝胶沉积等现象，导致淀粉食品变干、发硬且不易消化。除此之外，天然淀粉不能承受某些极端的加工处理条件，如高温、强酸、强碱和冻融等，耐温性、耐候性差，乳化能力差、耐机械性差且胶体状态不稳定，导致其在工业中的应用受到了很大限制。

2.1.2 改性淀粉概念与分类

1. 物理改性

食品工业领域越来越趋向于天然食品成分，因此不涉及外源官能团进行修饰改性的方法越来越得到大家的认可。而物理改性就是利用热、力、电、磁等物理手段作用于淀粉对其进行改性，不引入其他官能团，因此方法简单、成本低、安全、绿色环保，不产生对人体有害的化学品或生物制剂。从整体上看，物理改性是将天然淀粉处于不同温度/湿度的条件下，利用不同来源的剪切力、辐照、机械挤压/磨损等作用力来从不同程度上改变/破坏天然淀粉颗粒内多糖分子的排列方式，进而改变淀粉的物理特性，如凝胶特性、热稳定性、晶体结构、消化率等。物理改性法大体上可分为热改性和非热改性，具体方法包括预糊化处理、电离、放射线处理、球磨处理、高压或挤压处理、湿热处理、微波处理等。

1）预糊化淀粉

预糊化淀粉（pregelatinized starch，PGS）是一种经过预先糊化，然后通过不同方法快速干燥而成的物理变性淀粉。将原淀粉与一定量的水混合后，加热使其充分糊化，而后进行干燥、粉碎。高温作用下淀粉分子间的氢键被破坏，水分子进入，使得淀粉分子膨胀至原来的数倍，甚至数百倍，由原来的 β-结构转变为 α-结构，故预糊化淀粉又称为 α-淀粉。预糊化处理后淀粉颗粒结构遭到破坏，导致淀粉颗粒碎裂，双折射特性缺失，但是预糊化淀粉可与冷水直接接触，具有冷水可溶、分散性能好的特点，吸水性强、持水性强，具有良好的冷冻稳定性，可用于稳定冷冻食品的内部结构，提高产品的抗冻性。

2）干热法改性淀粉

干热工艺是指先将淀粉进行初步干燥（一般水分在 10%左右），然后进一步将其进行高温热处理（130～200℃）1～20h，使其达到无水或者相对无水（含水量低于 1%）状态，进而实现淀粉改性。现普遍将干热处理淀粉分为原淀粉直接干热变性法和原淀粉辅助干热变性法。原淀粉直接干热变性法中，淀粉的种类、性质（如 pH、水分、热处理时间、温度），以及加工过程中淀粉的湿度变化情况都是其制备变性淀粉的重要影响因素。干热法改性导致淀粉在形态、晶体类型、相对结晶度、黏化性能、消化率和抗性淀粉含量等方面都发生了变化，对玉米淀粉的平均分子大小、链长分布和晶体结构的影响较大，而对颗粒结构的影响较小。总体表现为透光率、黏糊温度、胶化温度、氧化羰基含量、颗粒尺寸、水溶性指数增加，淀粉的溶解度、溶胀能力、黏度、吸水指数、颗粒结晶度、表观黏度峰值下降。

3）水热法改性淀粉

水热法能够在不破坏淀粉颗粒结构的情况下改变淀粉的物理和化学性质，水热改性在淀粉聚合物从非晶态过渡到半结晶态时发生。水热改性分为湿热改性和退火改性两种。湿热处理（heat-moisture treatment，HMT）和退火（annealing，ANN）处理可通过控制温度来改变淀粉的理化特性，两种水热处理都要求淀粉在高于玻璃化转变温度但低于糊化温度（80～140℃）的条件下维持一定时间（1～24h）。湿热处理是在较低水分含量下（＜35%）进行加热处理，而退火处理则是在过量（＞60%）或中间（40%～55%）水分含量下进行加热处理。湿热处理之所以能发生理化性质改变，是由于淀粉经过湿热处理后，高温低水分的湿热处理使淀粉链和螺旋结构的流动性提高，导致淀粉颗粒的结晶区和无定形区发生变化，直链淀粉和支链淀粉的相对含量有所改变，导致结晶度增加。此法改性过程中水含量的控制是十分必要的，淀粉颗粒的水化作用能够导致淀粉从玻璃态向晶态的转变，增加了非晶态区域向结晶态的流动性，导致非晶态和晶态区域产生切向和径向活动，增加结晶区链间的相互作用。相比天然淀粉，湿热改性淀粉的糊化温度更高、范围更大，这归因于颗粒无定形区内的淀粉聚合物链和淀粉-脂质复合物之间的缔合增加，导致无定形区内的淀粉链迁移率降低，微晶熔融温度升高。湿热处理会引起淀粉颗粒形貌变化，包括淀粉颗粒大小、表面开裂、颗粒中心空化、颗粒中心和外围双折射降低，颗粒表面压痕或部分塌陷以及颗粒的部分糊化或团聚。湿热处理使淀粉颗粒膨胀度降低，直链淀粉浸出值减小，使颗粒具有较高热稳定性[1,2]、耐降解性[3,4]、剪切稳定性、水油结合能力，因此这种方法也被用于淀粉预处理，使淀粉颗粒易于进行化学和酶法修饰。

4）韧化法改性淀粉

韧化淀粉改性是将淀粉颗粒在中等水（40%～60%）或大量水（>60%）中、在玻璃化转变温度和糊化温度之间（40～60℃）加热特定时间使淀粉结构发生变化的方法。韧化处理温度较低，因此通常不会导致天然淀粉链断裂，即可以在不破坏淀粉颗粒结构的情况下改变淀粉的物理化学性质。韧化法一般情况下只破坏淀粉中不稳定的结构或修复淀粉微晶内的天然缺陷，促使淀粉链重结晶或重组，从而延长或扩展现有的双螺旋链段，使长程晶体结构或短程晶体结构增加，因此韧化处理能够增加淀粉的糊化温度，降低淀粉的膨胀力、溶解度，糊化特性、抗酸特性、酶敏性、直链淀粉浸出率、峰值黏度、崩解值等性质也会发生变化。

5）非热法改性淀粉

在传统的食品生产工艺中，需要通过高温加热处理来延长产品的使用寿命，但是这种方法会导致一些维生素和营养物质缺失，非热修饰成为一种新的替代方法，非热法包括使用高压、超声波、微波、电脉冲等技术对淀粉进行改性。这些方法不需要任何催化剂，也不存在有害物质污染的风险，改性过程中没有任何污染物产生，改性的同时也能去除一些病原微生物和孢子，因此被认为是一种快速、经济、环保的淀粉改性方法[5]。

微波一般指波长为 1mm～1m、频率为 300MHz～300GHz 的电磁波。微波与材料相互作用的主要效应是介质加热，微波在材料中的传播取决于介质的介电性能，在水分子的介电弛豫影响下淀粉分子开始加热，然后随着温度的快速上升，淀粉颗粒被瞬间加热并吸收大量能量，淀粉颗粒内部的水分开始流失，导致淀粉颗粒内部产生高压并开始膨胀，最终导致支链淀粉链断裂，形成线形直链淀粉链。在此过程中，淀粉受微波辐射影响产生大量自由基，自由基通过切割糖苷键将淀粉大分子解聚成淀粉小分子。由于分子间结构重排，淀粉颗粒表面粗糙度变化进而影响淀粉糊化黏度，降低淀粉的结晶度、溶解性、溶胀性和黏度，提高糊化温度和淀粉糊的稳定性，增加抗性淀粉和慢消化淀粉的含量，减少淀粉老化[6]。与传统加热相比，微波加热处理耗时更短且产品受热均匀。

超声波处理是指将淀粉悬浮在水或者其他液体介质中，施加一定功率的超声波进行处理。频率超过 16kHz 的机械波通过空气空化作用产生的“微射流”、“高剪切力和湍流”以及“高压”会引起淀粉颗粒部分降解和原有结构改变，同时超声波处理产生的自由基也会破坏淀粉颗粒的结构。超声波处理产生的空穴效应、机械效应等物理效应，会使淀粉颗粒表面出现裂纹和孔洞，诱发高分子形态或超微结构发生变化。已有研究表明，超声波改性的效果取决于波长、频率、温度、超声时间及淀粉来源等因素，超声波处理会使淀粉颗粒表面形成裂纹和凹陷，对淀粉颗粒的结晶度、分子结构和糊化特性都会产生显著的影响[7-9]。

超高压处理也是一种常见的淀粉非热物理改性方法，是指在常温或较低温度下，利用 100～1000MPa 的压力处理淀粉悬浮液，破坏物料结构中的非共价键，导致淀粉分子结构发生损伤，淀粉颗粒的形状、尺寸、粒径发生明显变化，淀粉失去双折射特性，发生凝胶化变化，进而改善食品的感官品质和营养结构。超高压食品加工技术也常被用于杀死和灭活致病微生物和酶来提高食品的储藏期和货架期。

脉冲电场（PEF）技术主要通过对位于两个电极板之间的样品施加短时间的高压脉冲，从而使两电极片之间产生电场，在电场的作用下，改变或破坏样品的结构。改性后淀粉的性质不仅与材料本身有关，同时与 PEF 发生装置的电场强度、脉冲波波形、脉冲波频率等设备参数息息相关。一般情况下，随着电场强度的增加，淀粉的相对结晶度、凝胶化温度、凝胶化焓、黏度峰和断裂黏度均降低[10]。淀粉的分子量、胶化温度和胶化焓随电场强度和处理时间的增加而降低。

电离放射线处理淀粉中常用的电离放射线是 ^{60}Co-γ 射线，淀粉经辐照后，会吸收辐射能，引起链段的断裂，淀粉的分子量和聚合度均会减少，导致性质发生变化。经射线辐射后，淀粉的结晶度略有降低而表面结构并未受到影响，表观直链淀粉含量和膨化指数降低，淀粉峰值黏度、消减值、谷值和最终黏度值、溶解度指数升高，改善淀粉的功能性质如降低凝沉性、降低糊化焓等[11]，是一种淀粉改性的快速方法。

2. 化学改性

淀粉的分子结构中含有大量羟基，通过化学反应可引入一些新的官能团，赋予其相应的性能，这种改性方法称为化学改性。化学修饰会使淀粉的基本理化性质、凝胶化能力、老化能力发生显著变化，在食品及非食品行业应用广泛。化学改性淀粉的手段一般包括酸处理、氧化、醚化、交联、酯化、接枝共聚等。

1）酸水解改性淀粉

用盐酸等无机酸处理淀粉便可制得酸解淀粉。在制备过程中，无机酸会随机

水解淀粉分子中的 α-1,4-糖苷键和 α-1,6-糖苷键，使淀粉分子量降低。酸水解可分为三个进程，首先酸中亲电子的水合氢离子（H_3O^+）攻击 α-1,4-糖苷键上的氧原子（图 2.1A）并水解糖苷键；随后碳氧键中的电子转移到氧原子上（图 2.1B），并生成不稳定的高能碳正离子中间体（图 2.1C）；最后碳正离子中间体与水反应（图 2.1D），导致羟基再生（图 2.1E）。酸水解通常从淀粉颗粒表面开始逐渐渗透至内部，由于无定形区比结晶区更易于水解，因此淀粉颗粒中堆积松散的非晶部分水解反应速率快，结晶区的水解速率较慢。高直链淀粉由于其无定形区结构紧密，因此对酸水解的敏感性低，而低直链淀粉容易受到酸的影响而发生水解。酸水解不具有特异性，更易于侵蚀分支点，从而有效地降低支链淀粉的聚合度并趋向于形成线形淀粉分子。酸水解通常与其他处理（如湿热处理和冻融处理等）同时用于淀粉的改性，改性后的淀粉中快消化淀粉（RDS）含量降低，慢消化淀粉（SDS）和抗性淀粉（RS）含量增加。淀粉酸水解的结果是分子量降低、黏度降低、凝胶强度提高、水溶性增加、流动性增强、成膜能力增强[12]。

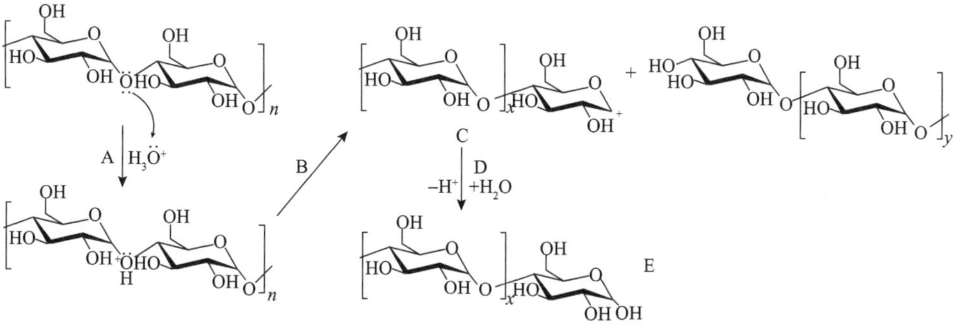

图 2.1　酸水解改性淀粉的机理示意图[13]

2）取代改性淀粉

酯化淀粉指的是利用淀粉大分子链上的羟基与无机酸或者有机酸等化学试剂发生酯化反应生成的酯类淀粉衍生物（图 2.2）。通过化学取代改性后淀粉的性质取决于淀粉的来源、反应条件（反应时间、pH 以及催化剂等）、取代基类型、取代程度以及取代基的分布等。取代改性淀粉由于淀粉分子间氢键受到破坏，淀粉的相对结晶度、焓、溶胀力、黏度、糊化温度降低，抗剪切性、溶解性和冻融稳定性提高，因此多被用于烘焙食品、休闲食品、酱料、冷冻食品中[14,15]。

3）氧化改性淀粉

在特定的反应时间、温度、pH 条件下，淀粉与强氧化剂发生反应，羰基和羧基被引入到淀粉上，从而导致淀粉的性质发生改变（图 2.3）。使用的强氧化剂包括过氧化氢、臭氧、次氯酸钠、高碘酸钠等。温度、pH、氧化剂类型和反应时间是影响氧化反应的主要因素。氧化过程降低了淀粉凝胶化过程中的膨胀能力、黏度、分子量，提高了淀粉的融化温度和稳定性[17]。氧化淀粉常被用于面包、涂料、糖果工业中。

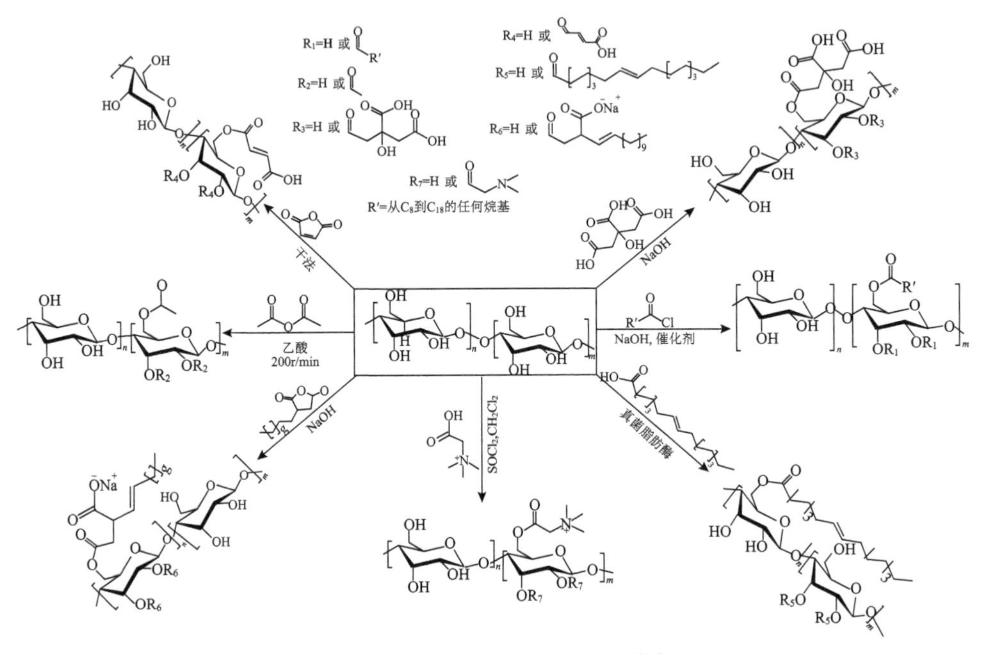

图 2.2　酯化改性淀粉实例汇总[16]

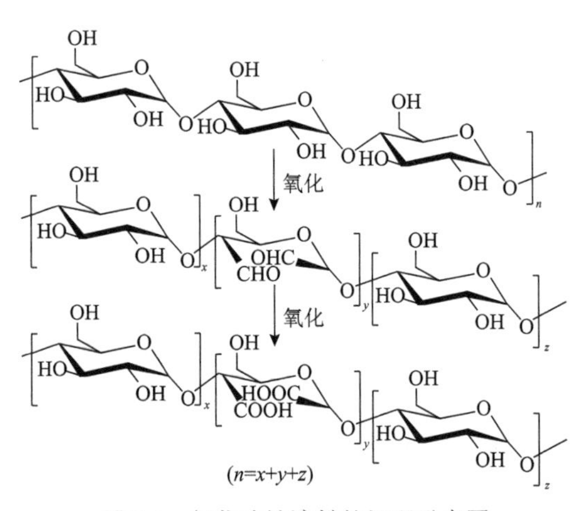

图 2.3　氧化改性淀粉的机理示意图

4）交联改性淀粉

交联改性法是在碱性条件下，将淀粉与含有两个或多个官能团的化学交联剂反应，淀粉分子的羟基间形成醚化或酯化键而交联起来生成一种衍生物的方法。

使用不同交联剂改性的交联淀粉如图 2.4 所示。淀粉经交联后，分子链间的氢键会转化为化学交联键，淀粉会形成立体的三维网络空间结构，导致淀粉分子聚合程度增加，分子量直增，颗粒强度增加，糊化温度、稳定性、抗酸碱性、黏度和抗剪切力也会提高，水溶性降低。淀粉颗粒的来源、交联改性的方法及参数对最终产物的性能具有重要影响，原淀粉与交联剂的比例也会影响交联的程度和产品的品质。

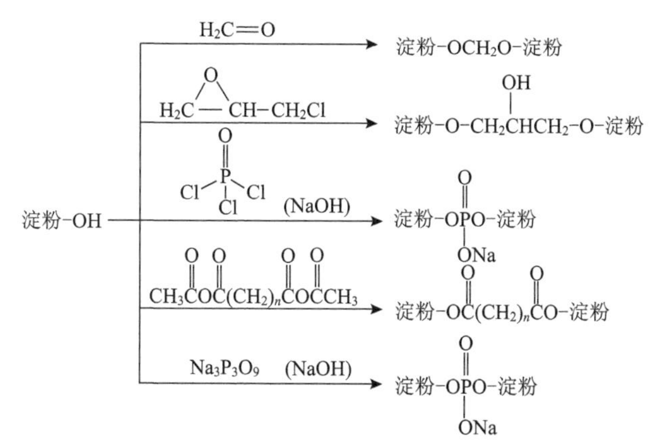

图 2.4 使用不同交联剂改性的交联淀粉[13]

5）接枝淀粉

淀粉与某些化学单体发生接枝共聚反应，生成接枝改性淀粉。通过在淀粉的分子链上引入柔性高聚物侧链，在一定程度上可以克服天然淀粉结构缺陷带来的性能问题（如淀粉膜脆硬、伸度小、柔韧性差）。引发淀粉和化学单体产生自由基并发生接枝共聚反应的传统方法是物理引发和化学引发，物理引发主要有 ^{60}Co-γ 射线和紫外线照射，具有方法简单且无污染的优点，但对设备要求比较高，且对人体可能存在安全隐患。化学引发一般使用的都是氧化性较强的物质，会导致反应废液处理困难和引发剂残留等问题，易造成环境问题。传统的物理和化学引发淀粉接枝改性存在单体间自身聚合生成均聚物较多的问题，接枝率比较低，接枝过程不易控制，因此也有生物酶催化淀粉接枝改性的。其中研究较多的是辣根过氧化物酶催化淀粉与酚类和乙烯基类单体发生接枝共聚反应。向反应体系中添加过氧化氢作为还原性底物，构建三元引发体系催化发生循环的氧化还原反应，辣根过氧化物酶酶促循环过程中产生的初级自由基可以引发淀粉分子上的羟基产生自由基，继而引发单体与淀粉发生接枝共聚反应。

3. 酶法改性

酶法改性通常可以增加慢消化淀粉和抗性淀粉的含量。多种酶可用于淀粉的改性，如 α-淀粉酶、β-淀粉酶、脱支酶、淀粉蔗糖酶等，酶催化的淀粉改性具有专一性强、催化效率高、条件温和、绿色环保等优点。脱支酶可以水解直链淀粉大分子链中的 α-1,6-糖苷键，可切下支链淀粉的整条侧链，淀粉中直链淀粉的含量增加，能使淀粉膜的韧性和机械强度得到优化。它主要分为普鲁兰酶（EC3.2.1.41）和异淀粉酶（EC3.2.1.9），普鲁兰酶可以特异性水解 α-1,6-D-糖苷键，生成麦芽糖、麦芽三糖和线形寡糖等脱支淀粉（DBS）。DBS 中的直链淀粉和线形短支链重新排列形成稳定的晶体结构和延伸的结晶区，从而导致 SDS 和 RS 含量增加。DBS 中的无定形区和不完美的微晶可促进 SDS 含量增加，而具有规则双螺旋完美晶体结构则促进 RS 含量增加。在直链淀粉含量较高或者分支度较高的 DBS 中，RDS 含量较少，而 SDS 和 RS 含量较多。因此，直链淀粉含量较高的淀粉适合制备 RS，而蜡质淀粉适合制备 SDS。较高的普鲁兰酶浓度和较短的脱支时间有利于 SDS 形成，而较长的脱支时间则有利于 RS 形成。

2.1.3 改性程度的评价方法

化学改性的淀粉一般采用取代度（DS）来评价淀粉的改性程度，取代度一般是指淀粉葡萄糖单元上的羟基被醚基或酯基取代后，平均每个失水葡萄糖单元上被反应试剂取代的羟基数目。由于每个葡萄糖单元上只有三个羟基，所以取代度的最大值是 3。测定淀粉 DS 值通常采用滴定法，但由于化学改性淀粉一般以聚合物形式存在，因此滴定终点不易确定。另外，样品本身的溶解性、增稠性、易降解性等性质也会在一定程度上影响滴定法的适用性和准确性。也可将现代精密仪器用于取代度的检测中，例如利用傅里叶红外光谱分析，淀粉经酯化剂的作用后，酯化反应过程中酯基的伸缩振动和羧基的不对称伸缩振动导致其红外光谱在 $1726cm^{-1}$ 和 $1572cm^{-1}$ 处出现新吸收峰，并且吸收带的强度与其取代度呈正相关，$1726cm^{-1}$ 处吸收峰的强度和取代度呈线性关系。核磁共振技术也被用于测定改性淀粉的取代度和支链度，可通过取代基团与淀粉异常质子峰强度比值来计算取代度。

2.2 改性淀粉的理化性质

2.2.1 谷物淀粉颗粒的特征：形态、尺寸、组成和结晶度

谷物淀粉颗粒的直径在 0.1～200μm 之间，根据淀粉的来源不同，其形状结构具有多样性，如椭圆形、球形、椭球形等。淀粉颗粒中直链淀粉的含量会显著影响淀粉的理化性质和应用功能，由于地理来源和生长环境不同，同一植物中直链淀粉的含量也会不同。研究表明淀粉中直链淀粉的含量直接影响淀粉的溶胀性及

溶解度，直链淀粉溶出后会导致淀粉迅速溶胀，而直链淀粉与脂质形成复合物则会抑制直链淀粉浸出。

谷物淀粉颗粒结构是非常复杂的，其复杂性是建立在淀粉组成、结构、无定形和晶体区域的变化上的。含有支链淀粉分子大分支的淀粉组成颗粒的无定形区，含有短枝的支链淀粉分子组成晶体区。晶体结构是基于由支链淀粉分子形成的双螺旋结构，淀粉有三种类型的晶体结构，以谷物淀粉为主要代表的 a 型晶体结构，其支链淀粉的分支较短，并由 α-1,6-糖苷键相连；以块茎植物淀粉为主要代表的 b 型晶体结构，其葡萄糖链的聚合程度更强；以豆科植物淀粉为主要代表的 c 型晶体结构是 a 型和 b 型的组合，由非还原端的支链淀粉分子组成。在相同条件下，玉米、小麦和马铃薯淀粉凝胶的硬度值相似，且均高于木薯淀粉凝胶。脂质含量与凝胶硬度呈负相关，直链淀粉-脂质复合物的形成减少了可用于形成网络结构的直链淀粉含量。糖等食品添加剂常通过对淀粉结构的修饰进而影响食品的品质，糖等添加剂会改变直链淀粉链的构象顺序，并通过分子间缔合形成强直链淀粉凝胶基质网络结构，例如在小麦和马铃薯淀粉中添加蔗糖、葡萄糖会增加其凝胶硬度[18]。

2.2.2 双折射和玻璃化转变温度

淀粉的双折射现象是指淀粉双折射偏振光的能力。所有天然形式的淀粉颗粒都表现出与其晶体结构成正比的双折射现象，光束射到淀粉的晶体表面时，由于淀粉晶体结构的特殊性，光束分解为两束光并沿不同方向折射，形成了互相垂直的线偏振光。淀粉颗粒中的双折射现象表现了支链淀粉分子径向排列的规律性，一般情况下原淀粉颗粒经改性后，会增加淀粉颗粒分子晶体区域的无序性，导致淀粉的双折射现象减弱。

玻璃化转变温度（T_g）是非晶态高分子材料固有的性质，是影响聚合物物理性质的重要参数。T_g 是指在溶剂或增塑剂存在的条件下材料加热过程中物料从非晶态到橡胶状态的诱导温度。淀粉由无定形区和晶体区组成，属于一种半结晶聚合物，存在玻璃态、橡胶态和熔融态三种聚集状态，其玻璃化转变温度对淀粉产品的加工储藏及生产应用具有重要的理论研究意义和应用价值。

2.2.3 淀粉颗粒的溶胀性和溶解度

当淀粉分子在水中过度加热时，半晶体结构被破坏，水分子通过氢键与暴露在直链淀粉和支链淀粉分子上的羟基结合，这种变化导致淀粉颗粒发生溶胀，颗粒大小和溶解度增加。淀粉的溶胀性和溶解度体现了淀粉颗粒非晶颗粒和结晶颗粒组分的聚合物链之间的相互作用，这种相互作用的程度受直链淀粉与支链淀粉比例的影响，取决于链分支的聚合度、长度和等级、分子量和分子构象等因素的变化。淀粉颗粒的溶胀是淀粉糊化的第一步。最初发生的淀粉溶胀是可逆的，使其体积增加 30%。继续加热会破坏促进颗粒黏聚的氢键，导致水渗透到淀粉颗粒的内部，使支链淀粉的线形片段水化，造成淀粉颗粒不可逆膨胀，颗粒大小增加几倍。淀粉颗粒的溶胀性和溶解度是衡量淀粉在工业中潜在应用性能的主要指标。

2.2.4 淀粉的明胶化转变

当淀粉在过量水的存在下被加热时，在不同的温度间隔之间淀粉会经历明胶化的过渡阶段，也称为淀粉的糊化。淀粉的明胶化最初发生在非晶态区，当水分子扩散到淀粉颗粒之间时，水化作用破坏了非晶态区的弱氢键，导致淀粉结晶度下降、分子无序性增加，随后该过程扩散到晶体区。糊化导致淀粉分子无序性增加，双折射现象消失，支链淀粉双螺旋解离，直链淀粉浸出，将淀粉从半结晶形式（难以消化）转变为易于消化的无定形形式。糊化过程的转变温度和糊化焓两个参数极为重要，能够反映淀粉颗粒的结晶度、稳定性以及对凝胶化的抗性程度。淀粉糊化过程有诸多影响因素，如加热温度、溶剂类型和淀粉/溶剂比例等，除水之外，也有一些其他溶剂被用于促进淀粉明胶化，如液氨、甲酰胺、甲酸、氯乙酸、二甲基亚砜等，它们能够与淀粉分子形成氢键，进而促进淀粉糊化。淀粉的糊化在工业生产过程中是非常重要的，例如，在纺织和水解淀粉工业中，淀粉糊化的过程会影响淀粉的流变性和黏度，使淀粉更容易被酶水解。

淀粉糊化后冷却过程中产生的分子相互作用称为淀粉的老化。在老化过程中，直链淀粉分子与其他葡萄糖单位结合形成双螺旋，而支链淀粉分子通过其小链的结合重新结晶，形成一种类似天然淀粉结构的物质。老化是糊化淀粉重结晶的过程，其晶体结构弱于天然淀粉，导致其转变温度及糊化焓皆低于天然淀粉。淀粉中支链淀粉含量及糊化过程中添加的促进物质会影响淀粉的老化，反复的冻融操作也会影响淀粉的老化。同时一些研究表明，蛋白质和脂质等物质能够与淀粉形成复合物，在冷藏过程中能够延缓淀粉的老化[19]。除此之外，其他一些碳水化合物、盐、多酚等，都会显著影响淀粉的老化。

2.2.5 热力学和流变学性能

淀粉在糊化后由于淀粉颗粒膨胀形成容易被剪切的淀粉糊，其由可溶解的直链淀粉/支链淀粉（连续相）和剩余的淀粉颗粒（不连续相）组成。淀粉的功能和糊化后淀粉的性质直接相关，这些特性会显著影响产品的稳定性、消费者的接受程度和淀粉的生产过程。

流变学特征描述了物料在剪切力和其他变形作用下的行为，包括纹理、透明度、清晰度、剪切强度等，其基本特征是黏度，这些特征在淀粉的工业化应用中都发挥着非常重要的作用。黏度是表征淀粉浆流变性能的重要参数，通过快速黏度分析仪能够获得黏度曲线，分析黏度曲线的变化能够得到淀粉受温度、浓度和剪切力变化的影响，进而得到淀粉的流变学特性。快速黏度分析仪能够使物料受到一定剪切力的前提下，获得三个温度变化阶段（①匀速加热阶段，将物料由室温提高至 95℃；②等温阶段，将物料保持在最高温度；③冷却阶段，将温度下降至 50℃左右）中淀粉悬浮液黏度的变化情况。淀粉悬浮液通常在凝胶化时达到最大黏度值，而在冷却期淀粉分子重排导致黏度下降。加热后，淀粉糊的黏度一般表现出非牛顿流体行为，即剪切应力不随剪切速率的增加而线性增加。利用宾厄姆模型、幂律模型和赫-巴模型能够对淀粉糊的流变学进行数学建模，研究表明在稳态剪切条件下，淀粉糊的黏度随着剪切速率的增加而降低（即剪切稀释行为），这是由剪切诱导的膨胀颗粒和浸出的淀粉成分向搅拌方向定向运动引起的。淀粉糊的稳态黏度随淀粉浓度的增加而增加，随温度的增加而下降。近年来，动态流变仪、黏度仪、微型糊化黏度仪等皆可用于测定淀粉糊化过程中的黏弹性变化。

淀粉的热力学可以通过差示扫描量热法（DSC）进行研究，其中涉及的起始温度（T_0）、峰值温度（T_p）、终止温度（T_c）、熔化焓等参数可以通过 DSC 测量得到。加热过程中，T_0 为淀粉糊黏度开始升高的温度，T_p 为达到最高黏度时的温度，T_c 为淀粉糊黏度不变时的最终温度。在一些研究中通过（$T_c - T_0$）值的变化证明在淀粉颗粒的非晶区和晶区有大量的颗粒修饰。在糊化和老化过程中，淀粉的热力学参数的变化可归因于直链淀粉/支链淀粉的比例、颗粒的大小和形状以及脂质和蛋白质的变化。

2.3　谷物基改性淀粉在食品领域的应用

淀粉是人类饮食中重要的能量来源，主要体现在两个方面：其一，淀粉是许多常见食品的基础加工谷物，如面包、饼干、意大利面等，以淀粉为基础的食品提供了人类每日总摄入能量的 50%～55%；其二，淀粉可作为食品外观、形状、质地的改良剂添加到各种食品中，如增稠剂、稳定剂等。改性淀粉具有多种特殊性质，作为增稠剂、稳定剂、胶凝剂、黏合剂、吸附剂等广泛应用于面粉制品、烘焙制品、冷冻制品、饮料、乳制品、肉制品等食品工业中。

2.3.1　新型功能性食品的开发

随着人们对健康生活的不断追求，具有基本营养功能且能够满足生理需求或减少患慢性疾病风险的功能性食品受到大家的青睐。淀粉是人类饮食中碳水化合物的主要来源，经淀粉酶、糊精酶、麦芽糖酶水解后形成可被人体吸收的葡萄糖，葡萄糖通过小肠黏膜进入血液，会导致餐后血糖指数（GI）快速升高。根据人体消化和释放葡萄糖的速率，淀粉分为快消化淀粉（20min 内消化）、慢消化淀粉（20～120min 内消化）和抗性淀粉（120min 仍未消化）。其中慢消化淀粉具有缓慢释放葡萄糖并能被人体吸收的特性，在人体内产生较平缓的血糖应答，不会对血糖平衡系统造成大的压力，具有预防代谢疾病的功能。抗性淀粉在消化道的功能、微生物菌群、血液胆固醇水平、血糖指数、控制糖尿病方面具有积极影响，因此开发低血糖指数的慢消化淀粉类食品对糖尿病患者具有重要意义。抗性淀粉的生理学特性与可溶的、可发酵的膳食纤维类似，最常见的结果是引起粪便体积增加、结肠 pH 降低。与可溶性膳食纤维相似，抗性淀粉是结肠微生物发酵的底物，能够代谢短链脂肪酸生成乙酸、丙酸、丁酸等，其中丁酸能够通过结肠细胞进行代谢，是细胞重要的能量来源。

2.3.2　改性淀粉在面粉制品中的应用

小麦蛋白在谷物胚乳中的含量约为 12%，小麦粉与水混合后水溶性蛋白与水不溶性蛋白质水合并形成谷蛋白，其中嵌入淀粉等其他成分形成了面团的骨架结构。用淀粉代替部分小麦面粉会降低小麦蛋白的总质量，导致小麦面团的骨架变弱。为了获得足够的面包体积、良好的机械阻力，需要向面团中添加适量改性淀粉作为改善剂，添加量约为淀粉总质量的 8%。在面制品中常用的改性淀粉一般为预糊化改性淀粉。与原淀粉相比，预糊化淀粉具有更好的分散性、溶胀性、黏性，将其加入面团后，可以减少面团的形成和稳定时间，减少面团的破碎率，增加面团的弱化程度，同时减少面团的拉伸面积和拉力。

除此之外，冷冻面团存在稳定性差、成品量小、保质期短的缺点，而酯化淀粉具有良好的持水性，将其加入冷冻面团后可以有效地分散游离水，防止在谷蛋白网络上形成大冰晶。在面包中加入一定的改性淀粉可有效延缓面包老化，特别是羟丙基淀粉，能够明显地改善面包的质地。适量的羟丙基淀粉和醋酸淀粉可以使面包更柔软，羟丙基削弱了淀粉分子间的氢键，使之容易膨胀和糊化，这种特性延缓了面包老化，使面包制品长时间存放依然保持原有的风味。羧甲基淀粉能有效调节面团的弹性、改善产品形状、增加柔韧性、保持水分，使成品具有良好的色泽、形状和味道。

2.3.3　改性淀粉在肉制品中的应用

淀粉在肉制品加工过程中发挥着重要作用，肉制品中添加的改性淀粉可作为赋形剂、填充剂来改善产品的外观和出品率，还可作为增稠剂改善肉制品的持水性和组织结构，使肉制品结构更加精细，结构更紧凑，弹性更好，口感柔嫩可口。

改性淀粉能够发挥作用的主要原因在于改性淀粉具有良好的吸水性。当肉制品受热时，鲜肉中的蛋白质逐渐变性而失去持水能力，而改性淀粉在温度升高时发生糊化，能够及时吸收蛋白质变性而失去的水分，导致分子结构膨胀，较强的吸水能力能够有效地锁住鲜肉中的水分，使成品口感更加细腻嫩滑。

酯化淀粉具有良好的乳化性和胶体保护性，能够与肉制品中的脂肪结合形成均匀的分散体系，同时具有较高黏稠度，能够起到明显的增稠效果。交联改性的淀粉分子结构稳定，在高温条件下不易崩解，适用于各种需要长时间高温蒸煮的肉制品。改性淀粉中引入的亲水性基团能够阻碍淀粉分子间以氢键形式缔合，增强淀粉与水分子的结合力，在热加工和冷藏过程中，改性淀粉不会发生老化和析水，长期放置后产品的感官变化不大，口感依旧如初。

2.3.4　饮用水中重金属离子的吸附

饮用水中的重金属污染问题是当今人类面临的最令人担忧的问题之一，对此世界卫生组织和各国污染防控委员会制定了一系列法规，明确规定了食品及饮用水中重金属离子的上限。而改性淀粉，如磷酸淀粉、黄嘌呤酸淀粉、硫酸淀粉、羧基甲基淀粉等，可利用结构中的羟基取代染料和重金属，对染料和重金属表现出较高的吸附能力。

目前常用于吸附剂的改性淀粉多为酯化改性淀粉、交联淀粉、接枝淀粉，利用酶法开发和合成的多孔淀粉有望在吸附性能方面有所突破。改性淀粉对重金属离子的吸附机制有几种形式，如离子交换、沉淀、静电吸引、电荷络合及金属还原等。改性淀粉表面存在的磷酸盐、黄原酸盐、碳酸盐等活性官能团，能够使重金属离子发生螯合和静电作用，改性淀粉中的负电荷离子（羟基和羧基）也能与二价金属离子[Pb（Ⅱ）、Ni（Ⅱ）和 Cd（Ⅱ）等]产生静电作用。交联改性淀粉吸附重金属离子的机制主要是发生了络合反应，二价金属离子通过交联淀粉的磷酸酯氧和羟基氧官能团形成四齿配体配合物而被吸附。改性淀粉对重金属离子的选择性及取代程度与改性淀粉的取代度、接枝率及取代基的性质息息相关，适当的取代基和接枝率有利于增加吸附率，提高重金属的吸附效果。改性淀粉作为一种经济、绿色、安全的重金属离子吸附剂，在未来还具有多重发展空间，除可用于饮用水中重金属离子的吸附和去除，还有望实现苯酚等有机污染物以及二氧化硫、二氧化氮、氨等无机污染物的吸附等。

参 考 文 献

[1] Kaur M, Singh S. Influence of heat-moisture treatment（HMT）on physicochemical and functional

properties of starches from different Indian oat (*Avena sativa* L.) cultivars[J]. International Journal of Biological Macromolecules, 2019, 122(1): 312-319.

[2] Pinto V Z, Vanier N L, Klein B, et al. Physicochemical, crystallinity, pasting and thermal properties of heat-moisture-treated pinhão starch[J]. Starch-Stärke, 2012, 64(11): 855-863.

[3] Włodarczyk-Stasiak M, Mazurek A, Jamroz J, et al. Physicochemical properties and structure of hydrothermally modified starches[J]. Food Hydrocolloids, 2019, 95(8): 88-97.

[4] Aaliya B, Sunooj K V, Navaf M, et al. Influence of plasma-activated water on the morphological, functional, and digestibility characteristics of hydrothermally modified non-conventional talipot starch[J]. Food Hydrocolloids, 2022, 130(9): 1-10.

[5] Liu Y, Chen J, Luo S, et al. Physicochemical and structural properties of pregelatinized starch prepared by improved extrusion cooking technology[J]. Carbohydrate Polymers, 2017, 175(1): 265-272.

[6] Oyeyinka S A, Akintayo O A, Adebo O A, et al. A review on the physicochemical properties of starches modified by microwave alone and in combination with other methods[J]. International Journal of Biological Macromolecules, 2021, 176(1): 87-95.

[7] Ding Y, Xiao Y, Ouyang Q, et al. Modulating the *in vitro* digestibility of chemically modified starch ingredient by a non-thermal processing technology of ultrasonic treatment[J]. Ultrasonics Sonochemistry, 2021, 70(1): 1-10.

[8] Zhang Y, Dai Y, Hou H, et al. Ultrasound-assisted preparation of octenyl succinic anhydride modified starch and its influence mechanism on the quality[J]. Food Chemistry: X, 2020, 5(1): 1-8.

[9] Hu A, Li Y, Zheng J. Dual-frequency ultrasonic effect on the structure and properties of starch with different size[J]. LWT-Food Science & Technology, 2019, 106(1): 254-262.

[10] Maniglia B C, Pataro G, Ferrari G, et al. Pulsed electric fields (PEF) treatment to enhance starch 3D printing application: Effect on structure, properties, and functionality of wheat and cassava starches[J]. Innovative Food Science & Emerging Technologies, 2021, 68(1): 1-10.

[11] Braşoveanu M, Nemţanu M R. Aspects on starches modified by ionizing radiation processing[M]. Applications of modified starches. London :IntechOpen Croatia, 2018: 49-68.

[12] Wang S, Copeland L. Effect of acid hydrolysis on starch structure and functionality: A review[J]. Critical Reviews in Food Science and Nutrition, 2015, 55(8): 1081-1097.

[13] Chen Q, Yu H, Wang L, et al. Recent progress in chemical modification of starch and its applications[J]. RSC Advances, 2015, 5(83): 67459-67474.

[14] Singh J, Kaur L, McCarthy O J. Factors influencing the physico-chemical, morphological, thermal and rheological properties of some chemically modified starches for food applications–A review[J]. Food Hydrocolloids, 2007, 21(1): 1-22.

[15] Korma S A, Kamal-Alahmad S N, Ammar A F, et al. Chemically modified starch and utilization in food stuffs[J]. International Journal of Nutrition and Food Sciences, 2016, 5(4): 264-272.

[16] Gupta A D, Rawat K P, Bhadauria V, et al. Recent trends in the application of modified starch in the adsorption of heavy metals from water: A review[J]. Carbohydrate Polymers, 2021, 269: 1-19.

[17] Punia S. Barley starch modifications: Physical, chemical and enzymatic−A review[J]. International Journal of Biological Macromolecules, 2020, 144(1): 578-585.

[18] Alcázar-Alay S C, Meireles M A A. Physicochemical properties, modifications and applications of starches from different botanical sources[J]. Food Science and Technology, 2015, 35(2): 215-236.

[19] Sui X, Zhang Y, Zhou W. *In vitro* and *in silico* studies of the inhibition activity of anthocyanins against porcine pancreatic α-amylase[J]. Journal of Functional Foods, 2016, 21(1): 50-57.

第3章

谷物淀粉的化学改性

3.1 谷物淀粉化学改性概述

淀粉是一种重要的食品和生物材料，在世界范围内具有不同的用途。虽然传统上用于食品工业，但技术进步已使其在许多其他行业中具有稳定的应用，如卫生、纺织、造纸、精细化工、石油工程、农业和建筑工程。在食品工业中，它被用作食品或添加剂，用于烘焙食品、糖果、意大利面、汤和酱汁以及蛋黄酱中增稠、延长保质期和提高质量等。淀粉是由两种 α-D-葡聚糖链（直链淀粉和支链淀粉）组成的葡萄糖多糖。每种植物产生的淀粉分子都有特定的结构和组成，影响贮藏器官的蛋白质和脂肪含量。由于不同的生物来源，其固有的功能多样性决定了其工业用途的范围。不同来源的淀粉其结构和成分差异决定了其性质以及与食品其他成分的相互作用模式，从而使最终产品具有所需的味道和质地。例如，淀粉可用作食品添加剂，以控制汤和酱汁的均匀性、稳定性和质地，抵抗加工过程中的凝胶分解，并延长产品的保质期。淀粉相对容易提取，不需要复杂的纯化过程。淀粉在谷物和块茎中大量存在，通常被认为是廉价且可用于商业生产的原材料。

天然淀粉的稳定性在不同 pH 值和温度下不同。例如，天然淀粉颗粒在室温下不溶于水，极难被淀粉酶水解。因此，天然淀粉的功能有限。为了提高淀粉的性能，如溶解性、质地、黏度和热稳定性，满足产品需求或在工业中发挥作用，需要对天然淀粉进行改性。不同性质的淀粉的应用前景越来越广阔，这使得非传统淀粉和其他天然淀粉的研究变得更加迫切。

化学改性是通过淀粉分子的羟基将新的功能部分引入淀粉分子，从而产生显著的物理化学特性的变化。化学改性淀粉的功能特性取决于许多因素，包括天然淀粉的植物来源、使用的试剂、试剂浓度、pH 值、反应时间、催化剂、取代基类型、取代度，以及取代基在变性淀粉分子中的分布。改性通常通过化学衍生实现，如醚化、酯化、乙酰化、阳离子化、氧化、水解和交联。

淀粉通过反应产生不同类型的改性或转化淀粉，以获得适当的物理化学特性，如糊化、回生、热稳定性、溶解性、透射率、颜色、质地等，用于不同的工业应用。食品工业非常注重化学残留物的安全性，因此并非所有类型的改性淀粉都用于食品中。一般来说，改性淀粉用于黏合，并作为糊状和面包状食品、成型肉类和零食调味品中的黏合剂；作为油炸小吃的保鲜膜；冰淇淋和沙拉酱中的脂肪替代品和多汁增强剂；饮料中的风味封装剂；饮料、奶油和罐头食品中的乳液稳定剂；棉花糖泡沫稳定剂；胶滴和果冻胶中的胶凝剂；作为烘焙小吃和谷类食品的膨胀剂。

由于淀粉的多功能性，淀粉作为生物高聚物的重要性继续呈上升趋势发展。其用途已经从作为能源食品的传统用途转变为更复杂的食品和非食品用途。其在现代技术应用中的重要性日益增强，这是由于其易受改性的影响，改性可将天然特性转化为更理想和更具延展性的特性，以适应不同的用途。基于淀粉链的组成单体葡萄糖的化学反应性，这些改性是可能的。虽然淀粉颗粒本质上几乎不反应，但在某些条件下，如高或低 pH 值、较高温度、催化剂的存在等，淀粉颗粒很容易被激活进行反应。在适当的条件下，淀粉分子可以进行水解、氧化、酯化和醚化反应，用于生产产品，改善了理想食品和非食品应用的感官、结构、机械和热塑性性能。改性淀粉，如淀粉乙酸酯、淀粉磷酸酯、羟丙基淀粉（HPS）、羧甲基淀粉（CMS）、硫淀粉及其交联衍生物，在食品工业中有各种应用。然而，由于担心这些产品中的化学残留物以及某些工艺中使用的危险化学品的环境影响，因此出现了很多关于绿色改性工艺的研究。虽然生物技术已经发展出酶和基因修饰工艺来生产改性淀粉，但种类仍然非常有限，有些也不经济，因此化学修饰仍然是用途最广泛和最常用的[1]。

3.2　淀粉改性的基本原理

淀粉由两种主要成分组成：直链淀粉和高支链淀粉。直链淀粉本质上是一种线形聚合物，具有 α-1,4-糖苷键连接的吡喃葡萄糖基单元。直链淀粉的摩尔质量约为 1×10^6 g/mol。分子的聚合度（DP）为 250～1000 D-葡萄糖单位。支链淀粉是一种高度支化的分子，具有 α-（1→4）连接的含 α-1,6-键连接 α-D-吡喃葡萄糖苷单元。支链淀粉是自然界中发现的最大的分子之一，摩尔质量约为 1×10^7～1×10^9 g/mol，聚合度为 5000～50000 D-葡萄糖单位。

天然淀粉颗粒的内部结构以源自颗粒粒心的同心生长环为特征。每个生长环（长度 120～500 nm）由小方块（20～50 nm）组成，每个小方块由含有支链淀粉和直链淀粉链（0.1～1 nm）的半结晶片层（9 nm）组成。这些片状结晶区域主要由填充在晶格中的支链淀粉链形成，而非晶区域包含支链淀粉分支点，其中直链淀粉和支链淀粉分子的构象无序。结晶片层既包含短 A 链（未被其他链取代的链），也包含 B 链的外段（通过 α-1,6-糖苷键被其他链取代的链）。B 链分为短链（B_1）和长链（B_2 和 B_3 或更多）。

淀粉片层的结晶区主要由支链淀粉侧链的双螺旋组成，排列成不同的多态形式。在天然淀粉颗粒中 A 型和 B 型多晶型被认为具有相同的双螺旋构象，以及不同的组装形式和晶内水含量。A 型结晶结构由支链淀粉形成，支链短，分支点闭合，双螺旋排列为正交排列。A 型晶体结构相对致密，含水量低。B 型结晶结构通常由支链淀粉聚合物形成，支链淀粉聚合物具有长的侧链和远处的分支点。B 型晶体结构具有更开放的结构，包含一个中心充水空腔，由六个六边形排列的双螺旋包围（图 3.1）。

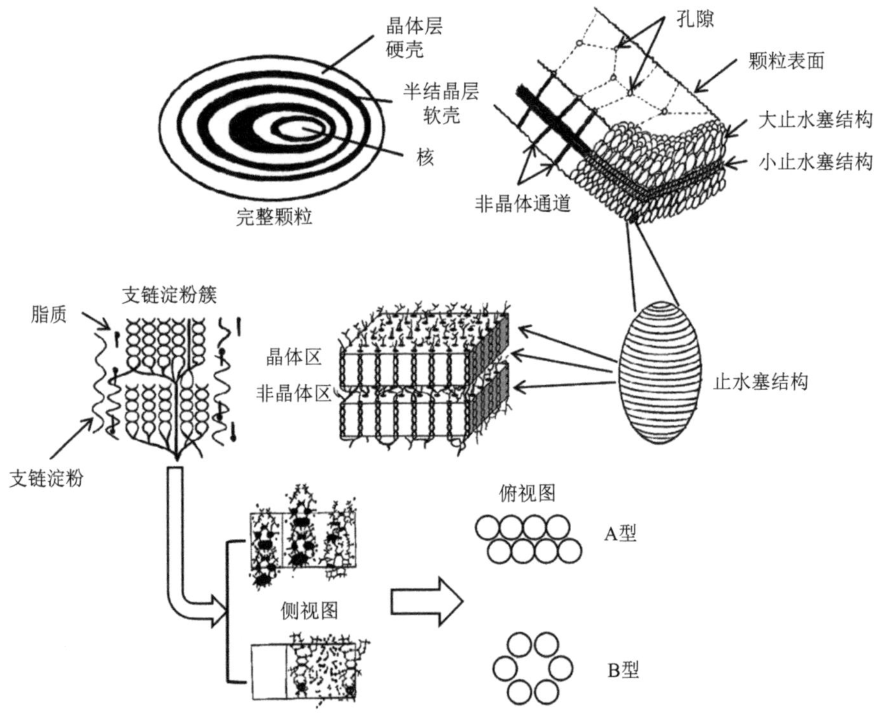

图 3.1　淀粉结构示意图

不同来源的淀粉具有不同的晶体结构：A 型结构存在于谷物淀粉中，而 B 型结构存在于块茎和高直链淀粉中。C 型结构是 A 型和 B 型多晶型的混合物，在根茎和一些豆类种子中发现[2]。直链淀粉与有机化合物、水或碘的复合物呈 V 型。直链淀粉含量对淀粉的理化性质和适用性有很大影响。一般来说，高直链淀粉的抗性淀粉含量高于低直链淀粉。抗性淀粉不能在上消化道水解，也不能作为大肠细菌发酵的底物发挥作用。

物理性质是指淀粉的化学特性没有任何变化，并且不涉及化学键的断裂和产生，如溶解性、糊化、回生、玻璃化转变等。化学性质因化学反应而改变，通常包括断裂和产生新键。淀粉中的此类化学过程包括水解、氧化、酯化和醚化。研究表明，淀粉的分子量和分枝属性对颗粒的形状和大小起着重要作用，可用于预测某些功能，如纹理、糊化、回生等。直链淀粉比例与糊化和凝胶质构特性的关系更大，而在普通和糯玉米淀粉中占主导地位的支链淀粉比例与硬度的关系更大。

通常在工业过程中，当在充足的水存在条件下加热相对惰性的未加工或天然淀粉颗粒时，颗粒发生膨胀，直链淀粉溶解并扩散出膨胀的颗粒，冷却后形成直链淀粉-支链淀粉的均质凝胶相。膨胀的富含支链淀粉的颗粒聚集成凝胶颗粒，产生黏性溶液。这种称为淀粉糊的两相结构适合于许多食品应用，如加工淀粉用作增稠剂或黏合剂[3]。

当糊化淀粉的聚合物分子的无序排列开始重新排列成食品中的有序结构时，就会发生淀粉老化现象。老化会影响冻融稳定性和结构特性，防止老化有助于延长食品的保质期。通过水解和酯化等化学手段对淀粉进行改性，通常用于生产耐老化的淀粉。防止淀粉老化对于冷冻食品中使用的淀粉很重要，在低温下老化加速，是由于液体与凝胶分离或脱水，产生不透明、结晶、粗糙的纹理。交联氧化淀粉更稳定，不易老化。

直链淀粉在 120～150℃的温度下溶于水，具有高热稳定性、抗淀粉酶性、高结晶度和高回生敏感性。支链淀粉是一种含支链的淀粉，其回生缓慢，结晶形式仅出现在球状体的外部，其特征是 40～70℃的重新糊化温度显著降低，并且相比直链淀粉对淀粉酶活性的敏感性高。淀粉的回生受淀粉的植物来源、直链淀粉含量、支链淀粉链长度、糊状物密度、糊状物储存条件、物理或化学改性以及其他化合物的存在的影响。淀粉重结晶仅适用于直链淀粉链，在 0℃左右的温度下以及在 100℃以上的温度下最容易发生。物理改性过程，如淀粉糊的反复冻融，加剧了老化。由此产生的淀粉是抵抗淀粉酶消化的抗性淀粉，可作为糖尿病患者的替代营养源，也可作为药物控释系统中的速率控制聚合物涂层。

如果暴露于显著的物理压力变化下，淀粉颗粒会因水而膨胀，易于破碎。当需要颗粒的完整性来维持黏度时，这就成为主要问题。剪切是指膨胀的淀粉颗粒或凝胶在受到外力作用时发生的崩解现象。当糊化的淀粉回生或凝胶在干燥过程中，会产生剪切应力，从而导致淀粉发生剪切。当相反方向的应力作用于材料时，会形成断层线，进而使材料裂开或撕裂。剪切的程度通常受到流体（即凝胶）的黏度和流速的影响。简而言之，就是膨胀的淀粉颗粒或凝胶在受到外部剪切力时会发生崩解，这种情况在淀粉糊化回生或凝胶干燥时尤为明显，且受到流体特性和流动速度的影响。未经加工的淀粉颗粒在蒸煮前的浆料中相当稳定，不容易因剪切力而损坏。然而，这些淀粉颗粒一旦被煮熟或糊化，它们就变得非常脆弱，容易受到剪切力的影响。这种剪切会破坏颗粒结构，进而降低浆料的黏度和结构稳定性。简而言之，糊化后的淀粉颗粒更易于受损，从而影响整体的质地和稳定性。对天然淀粉进行改性以改善其物理化学性质的方法包括物理、化学、酶和遗传方法。其中使用最广泛的是化学方法。

在众多化学改性方法中，酯化反应被视为一个典型的例子。酯化反应是一种通过化学反应将淀粉分子中的羟基与有机酸酐结合起来，生成酯键的过程。在这个过程中，淀粉分子的羟基与酸酐中的羧基发生反应，形成稳定的酯键，从而引入了新的官能团并改变了淀粉分子的整体结构。通过这种酯化反应，淀粉的化学结构得到了显著的改变，进而影响了其物理化学性质。酯化后的淀粉疏水性得到了显著提升，这使得它在与水或其他极性溶剂接触时，表现出更强的抗湿润性。这一特性在某些应用中尤为重要，如在食品包装材料中，疏水性的提升可以有效防止水分渗透，从而保持食品的新鲜度和口感。此外，酯化反应还提高了淀粉的耐热性和耐酸性。经过酯化改性的淀粉能够在高温环境下保持较好的稳定性，不易发生热分解或降解反应。同时，在酸性环境中，酯化淀粉也能表现出更强的耐受性，不易受到酸的侵蚀。这些性质的提升使得酯化淀粉在生物降解塑料、涂料、胶黏剂等领域具有更广泛的应用前景。

在工业中通常利用淀粉的化学反应（水解、酯化、醚化、氧化和阳离子化）以生产适合不同工业用途的转化或改性淀粉（图 3.2）。变性淀粉是食品淀粉通过水解、酯化、醚化、氧化和交联等反应，按照良好制造规范进行处理，从而改变其一个或多个原始物理化学特性制备而来。对于交联淀粉，多功能替代剂（如三氯氧磷）连接两条链，其结构可用“淀粉—O—R—O—淀粉”表示，其中 R 为交联基团，淀粉为线形和分支结构（图 3.3）。

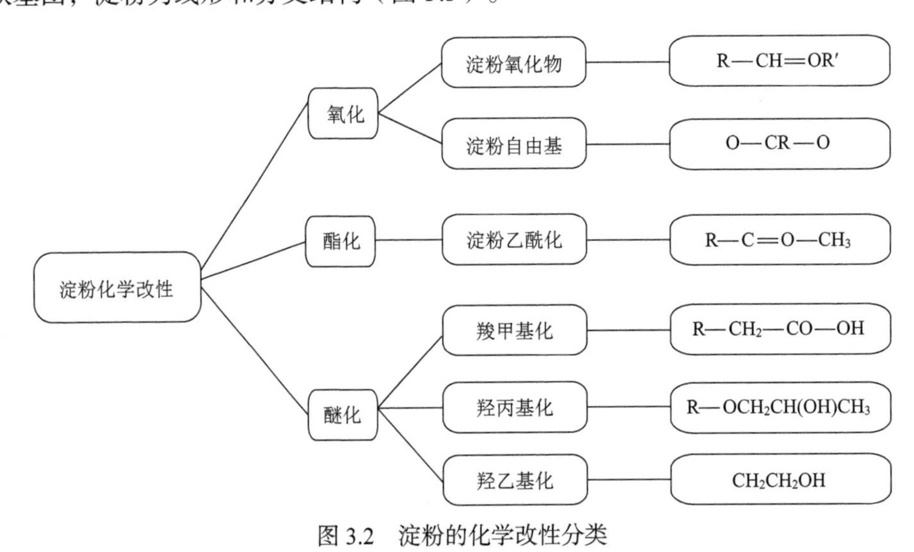

图 3.2　淀粉的化学改性分类

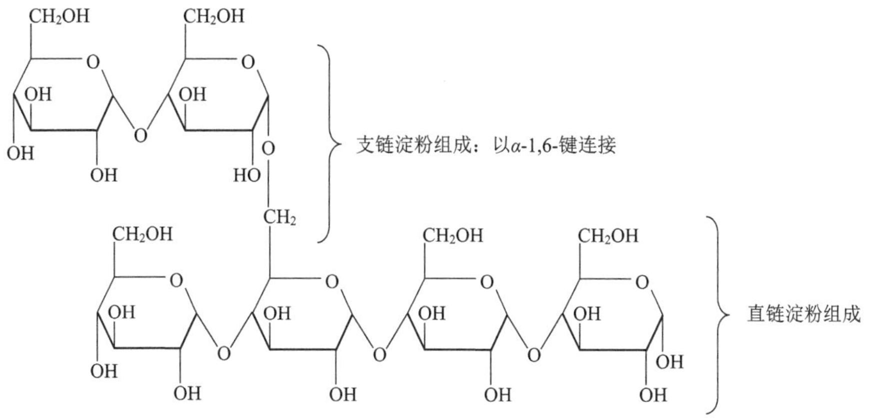

支链淀粉组成：以α-1,6-键连接

直链淀粉组成

图 3.3　淀粉的线形或分支结构

3.3　水　　解

淀粉的化学性质由其反应性决定，而这种反应性则依赖于构成淀粉的葡萄糖单体中所含的多羟基官能团。简言之，淀粉的化学性质受到其葡萄糖单体中多羟基官能团的影响。位于 C2、C3 和 C6 处的羟基不形成糖苷键和吡喃糖环，通常不存在涉及所附氢或整个羟基的取代反应。而 C6 处的—OH 为一级醇羟基，C2 和 C3 处的—OH 为二级醇羟基。因此，淀粉可以在糖苷键处水解断裂—OH 或 C—C 键氧化生成羰基；与各种功能性物质和多功能试剂发生反应，以生产酯化和醚化淀粉。大多数反应需要在酸性或碱性介质中激活葡萄糖单元的羟基。淀粉的反应性取决于 α-D-葡聚糖聚合物的羟基功能。

水解是一种加成反应，只涉及通过化学键添加水分子，从而导致该键断裂，并形成通常具有羟基或醇功能的断裂产物。淀粉的水解可以通过化学或酶法来实现。水解的化学过程通常是在水或稀盐酸存在下加热淀粉。水解也用于去除与天然淀粉相关的脂肪物质。在酸性条件下对淀粉进行水解处理，可以得到酸性变性淀粉。用氢氧化钠或氢氧化钾处理淀粉可得到碱性变性淀粉。使用热碱性水溶液，可以提高淀粉的还原值。

淀粉水解的产物包括糊精或麦芽糊精、麦芽糖和葡萄糖。糊精是由 α-1,4-糖苷键或 α-1,6-糖苷键连接的 D-葡萄糖单元的聚合物的混合物。获得的产品百分比取决于反应的条件，如持续时间和强度、所用试剂量等。酶水解使用麦芽淀粉酶实现水解，这是胃肠道淀粉消化中通常发生的过程。糊精是白色、黄色或棕色水溶性粉末，可产生低黏度的光学活性溶液。其中大部分可以用碘溶液检测，呈红色。用少量酸或不加酸的淀粉烘焙而成的白色和黄色糊精称为英国树胶。

水解工艺已用于食品工业，以生产具有更好功能特性和加工应用性的淀粉衍生物。在食品工业中酸浸和碱浸是世界上应用最广泛的两种淀粉分离方法。酸碱分离过程影响直链淀粉、支链淀粉、蛋白质和脂质含量以及最终产品的颗粒大小和形状。

3.4 有机酸及其衍生物对淀粉的改性

几十年来淀粉一直是一个不断发展的研究课题。它是一种廉价、易得的材料，在食品和加工业中有着广泛的应用。研究人员不断尝试通过不同的改性程序来改善其性能，并扩大其应用范围。在这一角度，主要应用的是化学修饰，其中有机酸引起高度关注，特别是淀粉在食品工业中的应用方面。有机酸自然存在于许多食用植物中，其中许多被公认为是安全的，这使它们成为食品工业淀粉的理想改性剂[4]。

3.4.1 乙酰化淀粉改性

淀粉乙酸酯是食品工业批准的添加剂，通常是用乙酸和乙酸酐作为淀粉酯化试剂生产的。此外，乙酸乙烯酯也可用于酯化反应。上述试剂与淀粉反应，脱水葡萄糖单元上的部分羟基被乙酰基取代，从而形成酯（淀粉乙酸酯）。淀粉分子中乙酰基的数量取决于反应物浓度、pH 值、反应时间和催化剂的存在与否。淀粉可以通过与乙酸酐反应生成乙酰化淀粉。葡萄糖单元的羟基与乙酸酐中的乙酰基酯化，得到具有乙酸酯功能的葡萄糖单元淀粉，羟基与乙酸基团的取代度取决于反应条件。

与羟基相比，引入更大的乙酰基会导致线形链排列的空间位阻。这使得链之间容易渗水，从而增加颗粒膨胀力和溶解度，进而降低糊化温度。空间位阻极性较低的乙酰基还减少了分子间氢键的形成，削弱了颗粒结构，阻止了回生所需的分子重新结合和重新排列。然而，最终产物的黏度可能会提高，这取决于取代度，同时受到分子间和分子内键断裂导致的颗粒结构弱化，以及乙酰基的疏水性导致与水分子的键合减少所产生的相互作用的影响[5]。

乙酰化可提高淀粉糊的透明度和冻融稳定性。低取代度的淀粉乙酸酯通常用于食品工业中，以提高质量一致性，并作为质地和稳定性增强剂。食品和药物相关标准规定用于食品应用的乙酰化淀粉的最大取代度为 0.1。高取代度的淀粉乙酸酯具有高度疏水性和热塑性，可溶于氯仿和丙酮等有机溶剂，主要用于非食品应用。大多数市售淀粉乙酸酯取代度小于 0.05。

乙酰化己二酸二淀粉酯是一种单取代淀粉，通过乙酸酐和己二酸酐处理淀粉获得。由于希望提高产品在寒冷和冰冻天气条件下的稳定性，自 20 世纪 50 年代起就开始使用该类淀粉。它是一种很好的耐温度变化剂，用作食品的填充剂、稳定剂和增稠剂。它改善了汤和酱汁的光滑度和光泽。交联淀粉的羟丙基化也显著提高了布丁和冷冻酱汁的质量稳定性。

乙酰基比羟基大得多，所以它在空间上影响了淀粉链的结构组织。由于淀粉分子之间的排斥作用，链之间的水渗透变得容易。因此，淀粉的溶胀力和溶解度增加，糊化所需能量减少，从而降低了糊化温度和焓。由于空间位阻，淀粉链不太容易形成氢键，因此，再缔合淀粉和乙酰化淀粉不太容易回生。有学者发现大米淀粉在乙酰化后糊化温度降低，峰值黏度和冷黏度增加，玉米淀粉乙酰化后也获得了类似的结果。乙酰基的引入会中断淀粉颗粒中的氢键和螺旋结构，从而导致分子结构减弱，进而导致糊化温度降低和分解增加。然而，也有学者观察到马铃薯淀粉乙酰化后黏度降低，乙酰化燕麦淀粉、乙酰化美人蕉淀粉也得到了类似的结论。假设淀粉糊的黏度可能会受到乙酰化均匀性的影响，该影响是否仅限于颗粒的外片层，还是会影响到颗粒的内部？已经证明，乙酰化淀粉的黏度受两个因素的影响：由于分子间和分子内键破坏，淀粉颗粒变弱；由于乙酰基的疏水性，与水分子的键合减少。这两个因素之间相互作用，因此通过乙酰化可以降低或增加黏度。

淀粉乙酰化可提高淀粉糊的透明度和冻融稳定性。由于疏水乙酰基含量高，高取代度乙酰化淀粉具有疏水性和热塑性，可溶于丙酮和氯仿。低取代度的淀粉乙酸酯通常在食品工业中用作稠度、质地和稳定性改良剂。

3.4.2　琥珀酰化淀粉改性

为了与琥珀酸酐反应，淀粉颗粒必须被破坏。因此，淀粉与琥珀酸酐的琥珀酰化通过在 115℃下淀粉与吡啶回流或通过淀粉在水性吡啶中糊化，然后在 115℃下与琥珀酸酐在 100%吡啶中反应来实现。吡啶在反应中具有双重功能：激活淀粉，使其亲核；与琥珀酸酐反应生成丁二酰吡啶中间体。该中间体与淀粉反应生成琥珀酸淀粉酯和吡啶。为了实现以吡啶为催化剂的完全反应，必须有足够量的吡啶——淀粉/吡啶比为 1∶2，这是确保最佳反应的必要条件。这是该改性工业应用的一个限制因素。此外，吡啶是一种有毒且昂贵的化学品。在用水洗涤淀粉琥珀酸盐后，可通过蒸馏从反应中回收吡啶，但此过程不经济。还有一个反应机制涉及 4-二甲氨基吡啶作为催化剂，二甲基亚砜作为溶剂，在室温下持续反应 24 h。将多孔淀粉与丙酮中的琥珀酸酐溶液混合，然后在 110℃下反应 4 h，由多孔马铃薯淀粉可以制备琥珀酸酯，另外有学者在逐滴添加 NaOH 保持 pH 值 8.5 的淀粉水悬浮液中滴加琥珀酸酐，也可引发反应。

琥珀酸淀粉是离子型的，起聚电解质的作用。淀粉的琥珀酰化导致亲水性带负电琥珀酰基团的添加，从而赋予淀粉亲水性。琥珀酰基团削弱了颗粒中淀粉聚合链的分子间键，促进了低温下的溶胀、溶解和糊化。糊状物的透明度提高，回生作用减少，而在高温和冷却过程中，抗剪切稳定性可能会降低。然而，也有研究表明高粱淀粉琥珀酰化后膨胀力增加，但溶解度没有显著变化。玉米淀粉的琥珀酰化降低了糊化温度和焓。由于有序淀粉结构受到抑制，糊状物的透明度提高，回生延迟，然而，也有研究认为后者可能取决于淀粉类型。正常玉米淀粉琥珀酰化后，峰值黏度、最终黏度、分解值和回缩值升高。收缩和崩解值增加表明在高温剪切和冷却过程中稳定性降低。热稳定的马铃薯、玉米和小麦淀粉琥珀酸盐，与取代度成比例。淀粉琥珀酸盐具有高黏度、更大的增稠能力、低糊化和回生等优点。在低取代度下，琥珀酸盐使淀粉在溶液中更具亲水性和黏性。琥珀酰化淀粉具有增加黏度作用，可用于生产非胶凝奶油冻；亲水性增强，可用于增强肉类和油炸食品的多汁/顺滑口感。琥珀酸淀粉也可用在汤、零食和冷冻/冷藏食品中作为增稠剂或稳定剂。

琥珀酰化淀粉可用于制备非胶凝奶油冻，因为它们可增加后者的黏度。此外，由于其较高的亲水性，它们可以使肉质多汁，用于肉类和油炸食品。

3.4.3　辛烯基琥珀酸酐淀粉改性

在碱存在下，淀粉与辛烯基琥珀酸酐（OSA）或辛烯基琥珀酸发生酯化反应生成辛烯基琥珀酸淀粉酯，而与十二烷基琥珀酸发生酯化反应生成十二烷基琥珀酸淀粉酯。辛烯基或十二烷基为产品引入了合理水平的亲脂性，使其具有双重功能，可用于乳化和香料封装。

辛烯基琥珀酸淀粉通常是在碱性条件下通过淀粉与辛烯基琥珀酸酐在水介质中的酯化反应制备的。辛烯基琥珀酸酐和淀粉在水相中反应导致反应效率低下和辛烯基琥珀酸酐基团分布不均。使用吡啶和酸性氯化物进行替代反应，会产生大量副产品。脂肪酶偶联酯化是一种“绿色”工艺，可以生产高质量的产品，该方法包括在恒定温度下进行酶偶联酯化前在高温下对淀粉悬浮液进行预处理。一些研究表明，辛烯基琥珀酸酐基团可以深入淀粉颗粒内部，并通过超声波或加热处理分布在整个淀粉颗粒中。

琥珀酸淀粉具有冻融稳定性、高增稠性、低糊化温度。经辛烯基琥珀酸酐处理的淀粉用于稳定与含有香精油和混浊油的饮料浓缩物相关的水包油食品乳液，有助于保护乳化和喷雾干燥香精油，防止其在储存期间氧化。美国食品与药品监督管理局允许的取代度为 0.02。

3.4.4　脂肪酸衍生物淀粉改性

根据国际纯粹与应用化学联合会黄金手册，脂肪酸是“从动物或植物脂肪、油或蜡的酯化形式中衍生或包含的脂肪族一元羧酸。天然脂肪酸通常具有 4～28 个碳链”。脂肪酸可根据碳原子数分为：短链脂肪酸（SCFA，少于 8 个碳原子）、中链脂肪酸（MCFA，8～14 个碳原子）和长链脂肪酸（LCFA，16 个碳原子或更多）。这三种类型都已用于淀粉改性。

1. 短链脂肪酸

主要的短链脂肪酸是乙酸、丙酸和丁酸。淀粉乙酰化是一种应用广泛的改性方法，与乙酰化类似，淀粉可以丙酸化或丁酸化。改性淀粉中丙酰含量变化范围为 6.8%～51.1%，取决于改性所用的温度和酸酐量（8.2～18.2 mL）。改性后的生物降解性降低，抗湿性提高。短链脂肪酸改性淀粉在营养方面具有重要作用。研究表明，这些淀粉将短链脂肪酸输送到大肠，从而刺激有益肠道菌群的生长，肠道健康得到改善。

2. 中链脂肪酸

一种广泛应用的酯化反应是以吡啶作为溶剂和催化剂，利用辛酰氯对淀粉进行化学改性。在此过程中，采用了低密度聚乙烯（LDPE）来进一步增强淀粉的性能。通过这种方法制得的改性淀粉与 LDPE 的共混物，相较于普通的增塑淀粉/LDPE 混合物，展现出了更为出色的热稳定性，并且其吸水率也显著降低。这种改性技术为淀粉基材料在更广泛领域的应用提供了可能。使用辛酰氯对淀粉进行改性的一个积极影响是，水通过淀粉膜的渗透性降低，与取代度成比例。在无溶剂条件下，通过与月桂酸甲酯的酯交换反应，淀粉的耐水性也得到了提高。使用水作为环境友好溶剂，将淀粉纳米颗粒与辛酰氯、壬酰氯和癸酰氯进行酯化，可降低淀粉极性，增加淀粉与氯仿的相容性，并在高温下具有更高的稳定性。与天然淀粉相比，淀粉与月桂酸的络合糊化温度升高。

3. 长链脂肪酸

在离子液体中将淀粉与棕榈酸和硬脂酸酯化，破坏了淀粉颗粒的半结晶结构，从而促进了酯化反应。由于其摩尔质量较低，棕榈酸的取代度较高。可以制备添加棕榈酸、硬脂酸和油酸的淀粉基薄膜。脂肪酸不影响淀粉膜的吸附行为。然而，玻璃化转变温度降低，棕榈酸衍生作用最为显著，其次是硬脂酸。油酸对玻璃化转变温度没有显著影响。饱和脂肪酸会导致基质强度轻微损失，而油酸的加入会导致硬度大幅度降低。

3.4.5　二羧酸淀粉改性

己二酸是淀粉改性的常用试剂。由于有两个羧基，它可以产生交联淀粉以及单取代衍生物。该反应在水悬浮液中，在碱性条件下，通过滴加乙酸酐或己二酸混合物进行。通过将乙酸酐和己二酸混合，形成混合乙酸酐。该酸酐与淀粉反应生成己二酸二淀粉酯和乙酸。pH 为 8.0 时反应很快，但必须缓慢添加试剂，pH 保持在接近 8.0。己二酸二淀粉酯在高温、低 pH 和冻融循环下剪切时更稳定。

3.5 无机磷酸淀粉改性

在特定的化学条件下，当淀粉颗粒与磷酸或其他磷酸化剂发生反应时，会生成单淀粉磷酸酯或双淀粉磷酸酯。这种化学反应是淀粉改性的一种重要方法，能够改变淀粉的性质并扩展其应用范围。由此产生的淀粉在高温和低温下具有更高的稳定耐酸性，可用作增稠剂。正磷酸盐和焦磷酸盐用于在微酸和高温条件下实现淀粉磷酸化。三氯化磷、三聚磷酸钠和三偏磷酸钠也可在较高 pH 值下使用，以获得单淀粉磷酸酯和双淀粉磷酸酯。磷酸化反应产生的磷酸单淀粉或磷酸二淀粉是一种交联衍生物。通常单酯比双酯的取代度高。由于引入磷酸基团而产生的空间位阻影响直链淀粉或支链淀粉外支链的线形，因此分子间的结合被削弱了，并产生了链解聚从而提高了糊的透明度。

在溶液中，可以存在几种磷酸盐离子，根据反应条件，任何一种都可能对磷酸化反应做出贡献。磷酸化主要发生在葡萄糖单元的 C3 和 C6，磷酸化程度取决于淀粉聚合物链长的分布。与干混处理制备的磷酸化淀粉相比，通过浆料处理制备的磷酸化淀粉具有较低的糊化温度、较高的峰值黏度、较小的回生程度以及更好的冻融稳定性。磷酸化可能发生在直链淀粉和支链淀粉链中，结合的磷酸基团的数量和位置因淀粉类型而异，这可能是由于它们的直链淀粉和支链淀粉含量不同。蜡质淀粉更容易磷酸化，其次是普通淀粉和高直链淀粉。

二淀粉磷酸酯的磷酸基团与相邻两条淀粉聚合物链的两个羟基酯化，磷酸盐桥或交联增强了淀粉颗粒的机械结构。磷酸酯交联淀粉具有耐高温、低 pH 值和剪切稳定性，提高了膨胀淀粉颗粒的硬度，改善了黏度和结构特性。二淀粉磷酸酯用作增稠剂和稳定剂，在储存期间提供抗胶凝和回生的稳定性以及高抗脱水性。

3.6 醚化淀粉改性

一般来说，醇羟基（—OH）在酸性条件下在高温下彼此缩合形成醚。反应机理是质子从催化剂转移到一个分子形成阳离子，即使第二个分子的—OH 失去质子而形成醚和水。淀粉的醚化通常通过使用环氧试剂完成。在环氧化物与淀粉结合之前，首先会发生环氧化物的亲核开环反应。在这个过程中，环氧化物中的 C—O 键在酸性环境或乙醇条件下被切割开，进而其中一个—OH 基团会与淀粉分子结合。一些醚化反应在碱性条件下发生。与酯化反应一样，醚化反应主要有助于将亲油烷基引入到淀粉链中，因此降低了亲水性以及减少了分子间和分子内氢键。

现已开发利用的羟烷基淀粉有羟乙基淀粉和羟丙基淀粉。羟乙基淀粉由淀粉与环氧乙烷或氯代乙醇在碱催化下发生亲核取代反应制得。β-羟丙基淀粉由淀粉和环氧丙烷在碱性条件下发生亲核取代反应制得。反应分两步完成：第一步碱化，淀粉与碱反应生成氧负离子；第二步醚化（羟烷基化），淀粉氧负离子与环醚反应生成醚化淀粉。取代反应主要发生在淀粉分子中脱水葡萄糖单位 C2 的仲羟基上，C2、C3、C6 上羟基的反应常数比为 $K_2:K_3:K_6=33:5:6$，一种可能的解释是 C2 上的羟基接近 C1 半缩醛中心，具有较高的酸性。

目前对羟烷基淀粉的制备研究主要分五个方面：①不同作物淀粉与环氧乙烷和环氧丙烷的羟烷基化研究，对玉米淀粉、木薯淀粉、小麦淀粉、糯玉米淀粉、马铃薯淀粉和绿豆淀粉等的羟烷基化工艺条件及产品性能进行了研究。②羟烷基化淀粉的制备工艺优化研究。③特殊性能及用途的羟烷基化淀粉的制备研究，主要为高黏度羟烷基淀粉及高取代度羟烷基淀粉的合成及性能研究。④新型醚化剂及其羟烷基化淀粉的制备研究。⑤羟烷基化复合变性淀粉的合成及性能研究[6]。

3.6.1　醚化淀粉的分类

1. 淀粉的羟丙基化

该反应过程产生羟丙基淀粉（HPS），这是淀粉与环氧丙烷在碱性催化剂存在下反应生成的淀粉醚。羟丙基淀粉用于增强食品的稳定性和黏度。引入淀粉链的羟丙基影响分子间和分子内氢键，从而使淀粉链更容易在无定形区域移位。羟丙基淀粉在长期高温下比乙酰化淀粉更稳定，尤其是在 pH 值为 6 时，并且可以提高冻融稳定性。它主要用于冷藏或冷冻食品以及乳制品行业。美国食品与药品监督管理局允许羟丙基淀粉的取代度为 0.2。

2. 淀粉的羟乙基化

淀粉的羟乙基化是指淀粉通过与环氧乙烷反应生成淀粉醚，即羟乙基淀粉（HES）。羟乙基淀粉的健康问题限制了其在食品工业中的应用。

3. 淀粉的羧甲基化

这是一种醚化反应过程，淀粉在一定条件下与氯乙酸钠或氯乙酸反应生成羧甲基淀粉（CMS）。该反应涉及在乙醇/异丙醇溶剂混合物中，以及氢氧化钠存在下，将氯乙酸与干淀粉（脱水葡萄糖单元）回流（比例 3∶5）。脱水葡萄糖单元可从酸水解淀粉中获得。最常见的醚化方法之一是羧甲基化（CM），其由于简单快速而受到青睐。羧甲基化是一种醚化过程，用极性较小的阴离子羧甲基取代羟基。羧甲基化提高亲水性，从而促进吸水性。羧甲基化淀粉衍生物是通过两步反应制备的。首先，天然淀粉经过活化处理形成活化淀粉复合物，通常用氢氧化钠（NaOH）进行活化。接下来，活化后的淀粉复合物通过 Williamson 醚合成方法与氯乙酸或其盐衍生物进行反应，从而生成羧甲基化淀粉衍生物。羧甲基比—OH更“笨重”，电子云更大，减少了天然淀粉的结晶，从而降低了淀粉再结晶的密度。由于空间障碍，这反过来降低了热和细菌敏感性。羧甲基可能还增加了 pH 响应性。溶解度特性也随着疏水性的增加而改变，这是由于交联电位增加，伴随着溶胀特性降低。羧甲基淀粉在众多物质传输体系中均有应用，这些体系包括药物输送、基因传输、营养补给等，都依赖于其优良的溶解性和稳定性。然而，由于其 pH 敏感性和潜在的交联能力，它在需要预先设定形状和结构的系统的表面优化中并未被广泛采纳，主要原因是大型的羧甲基基团可能会对这些预设结构造成损害或形变。另外，经过羧甲基化处理后的淀粉，其制备工艺会改变原有天然淀粉颗粒的形态特征。

4. 淀粉阳离子化

淀粉的阳离子化是一种醚化反应，其中淀粉与亲电试剂或吸电子试剂（如铵、氨基、亚氨基、磺基或磷基）反应，生成阳离子淀粉，这是重要的工业衍生物。阳离子淀粉通常在碱性条件下制备，具有较高的分散性和溶解性，透明度和稳定性较好。

3.6.2 醚化淀粉的性质及应用

羟烷基化反应为双分子取代反应，反应动力取决于淀粉和醚化剂二者的浓度，淀粉乳的浓度因制备方法而异，醚化剂的用量由反应程度及醚化度决定。目前对羟烷基淀粉的性质研究主要是对不同作物、不同类型、不同取代度的羟烷基化淀粉的性质研究，研究的主要性质有黏度、流变学性质、糊化性能、分子量分布、颗粒形态结构、消化性能等。羟乙基淀粉替代血液用于临床治疗的应用研究十分活跃。羟丙基淀粉最重要的应用在于食品工业中羟丙基淀粉被广泛用作食品增稠剂。它良好的冻融稳定性使它在食品工业中独占鳌头。例如，加到肉汁、沙司、布丁中，可使之平滑、浓稠、无颗粒结构，具有良好的冻融稳定性和耐煮性，且口感好。羟丙基淀粉也是良好的悬浮剂，如加于浓缩橙汁中，流动性好，放置后不会分层或沉淀。它对电解质和低 pH 的稳定性高，故适于在含盐量高和酸性食品中使用。羟丙基高直链淀粉具有良好的成膜性，可制得能食用的水溶性薄膜，用作食品的包装材料。

3.7 氧化淀粉

在氧化过程中，淀粉分子上的羟基首先被氧化成羰基，然后被氧化成羧基。因此，氧化淀粉上羧基和羰基的比例表明氧化的程度。这种氧化主要发生在 C2、C3 和 C6 位置的羟基上。将羰基和羧基官能团引入直链淀粉和支链淀粉使氧化淀粉在纺织、洗衣整理、钻井、铸造和黏合材料行业具有吸引力，其中氧化淀粉可用于表面施胶和成膜。氧化淀粉的结构和物理化学性质的改性程度取决于天然淀粉的植物来源和分子结构、结晶片层的填充、非晶片层的大小、所用氧化剂的类型和反应条件。关于淀粉氧化的研究主要集中于确定理想次氯酸钠浓度、反应时间、pH 值和反应温度，生成具有高羰基和羧基含量以及低黏度的淀粉。羰基含量、羧基含量和降解程度通常用于指示淀粉氧化的程度。更复杂的分析化学技术被纳入淀粉研究新技术，如分子量测定、凝胶渗透色谱法、高效阴离子交换色谱法、高效尺寸排阻色谱法、扫描电子显微镜、X 射线衍射。傅里叶变换红外光谱和核磁共振用于解释氧化对淀粉颗粒分子和结构特性的影响。在化学方法中，次氯酸钠氧化在造纸工业中已经使用了至少 150 年，氧化淀粉被广泛用作施胶剂，以改善纸张、纸板和纺织品的机械和成膜性能。氧化淀粉通过结合纸幅的成分起作用，包括纤维、颜料和填料。使用氧化淀粉可提高纸张的强度和印刷适性[7]。

使用强氧化剂处理淀粉时，可以模拟伯醇和邻二醇的化学反应。在这个过程中，原本的醇羟基会被转化成对应的羰基，也就是变成醛类或羧酸类物质。对于邻二醇这种特殊结构，当遭遇强氧化剂如高碘酸时，它们会分解成相应的羰基化合物，可能产生醛和/或酮。而对于仲醇，其氧化反应的结果主要是生成酮类物质。值得注意的是，这个氧化过程有可能打断分子内部和分子间的化学键，进而导致淀粉链发生一定程度的断裂和解聚。简单来说，就是强氧化作用不仅改变了羟基的化学性质，还可能对淀粉分子的结构造成影响，使其分解。经过氧化剂处理的淀粉分为两大类：氧化淀粉和漂白淀粉。氧化淀粉是用次氯酸钠（NaOCl）等氧化剂处理过的淀粉。氧化剂可以破坏糖苷键，将其氧化为醛、酮和羧酸。与醛和酮相比，较高的 pH 值有利于形成羧酸基团。在此过程中通常会发生一些解聚。羧酸基团的引入提供了空间位阻和静电斥力。氧化通常在整个颗粒上进行，它使颗粒溶解，而不是膨胀和增厚。该反应最多在颗粒中可引入 1.1%的羧基。用氯或次氯酸钠氧化可减少直链淀粉结合或老化的趋势。淀粉与次氯酸盐的反应速率受 pH 值的影响显著，在 pH 值 7 左右时较快，在 pH 值 10 时变得非常缓慢。氧化淀粉用于需要中等黏度和软凝胶的地方，以及酸转化淀粉不稳定的地方。因此，与黏度相当的稀煮（或酸水解）淀粉相比，氧化淀粉糊的凝胶倾向性较低。

3.7.1 氧化淀粉的制备

氧化淀粉的制备涉及将原始的淀粉分子进行氧化处理。在这个过程中，首先选择适当的氧化剂，如次氯酸钠、过氧化氢、臭氧或高碘酸钠等。这些氧化剂能够与淀粉分子的羟基发生反应，先将其氧化为羰基，再进一步氧化成羧基。通过控制氧化剂的类型和浓度、反应温度和时间等条件，可以定制具有特定性质的氧化淀粉。在氧化过程中，需要密切监测淀粉分子中羰基和羧基的含量，因为它们是指示淀粉氧化程度的关键指标。一旦达到所需的氧化水平，反应就会被终止，以避免过度氧化。随后，通过洗涤、干燥和研磨等步骤，获得最终的氧化淀粉产品。这种经过改性的淀粉在物理化学性质、热稳定性、糊化特性以及形态上可能与原始淀粉有显著不同，使其在食品、造纸、纺织等多个领域具有更广泛的应用潜力[8]。氯、过氧化氢、高锰酸钾、重铬酸盐和氯铬酸盐等不太常用。据报道，氧化淀粉可提高面糊与肉制品的附着力，广泛用于面团和烘焙食品。漂白淀粉是用较低浓度的氧化剂（如过氧化氢、次氯酸钠、高锰酸钾或其他用于去除天然色素颜色的氧化剂）氧化淀粉而得。漂白是为了提高白度和/或消除微生物污染。通常使用 0.5%的试剂，并且由于水解通常会发生一些淀粉黏度损失[9-11]。

3.7.2 氧化淀粉的分子特性

氧化淀粉的分子结构通常采用凝胶渗透色谱法和高效排阻色谱法进行评价。氧化主要发生在淀粉颗粒的半结晶同心环的无定形片层中。由于直链淀粉主要沉积在这些无定形片层中，因此直链淀粉更容易氧化。然而，当淀粉被氧化时，其晶体结构也会发生变化。

淀粉结晶度的差异归因于结晶尺寸、支链淀粉含量、支链淀粉链长度、结晶区域内支链淀粉双螺旋的方向以及双螺旋之间的相互作用程度。通常淀粉的结晶模式不会因氧化而改变：马铃薯、大米、菜豆、玉米、芋头、木薯和大麦淀粉中未观察到结晶度变化。氧化对淀粉结晶度的影响取决于淀粉的来源和反应条件。淀粉氧化程度与羧基含量有关，而羧基含量又与结晶度有关。傅里叶变换红外光谱可用于通过表征淀粉颗粒内半结晶和无定形区域发生的变化来确定淀粉的结晶度，1035～1048 cm^{-1} 和 1015～1022 cm^{-1} 处的红外吸收带分别用于表征结晶区和非结晶区。通过比较结晶区和非结晶区的吸收带，计算结晶淀粉与非结晶淀粉的比例。结晶淀粉与非结晶淀粉比例降低可归因于氧化过程中淀粉结晶度降低。

选择最佳技术和显微镜以高分辨率显示淀粉颗粒的结构，首先取决于所需信息是关于颗粒表面还是颗粒内部结构。扫描电子显微镜技术已被广泛用于验证各种来源的淀粉颗粒表面的氧化效应。原子力显微镜能够在一系列环境（空气、液体、低温、加热）甚至水条件下研究淀粉结构，并且不需要对样品进行金属涂层。

原子力显微镜成像在淀粉研究中的应用数量有限，但通过揭示淀粉颗粒结构、分子组织和降解动力学，成功地证明了原子力显微镜技术在淀粉研究中的潜力。原子力显微镜已经用于研究次氯酸钠氧化的鳄梨种子和木薯中的淀粉颗粒[12]。

溶胀力是淀粉在特定条件下水合的能力。一些研究调查了氧化对不同来源淀粉溶胀力的影响，包括玉米、豆类、大米、马铃薯、大麦和小米，氧化通常会降低淀粉的溶胀力。溶解度是在特定条件下溶胀后从淀粉颗粒中滤出的分子百分比。溶解度源于溶胀期间淀粉颗粒中直链淀粉的浸出和扩散。高溶解度与刚性较小的淀粉颗粒结构有关。氧化淀粉展现出卓越的冷冻稳定性，与未改性淀粉相比，其结构相对脆弱，分子量也较低，这些因素共同影响了其特性，从而合理解释了氧化淀粉在冷冻条件下为何能保持较高的稳定性[13]。

3.7.3　氧化淀粉的应用

氧化淀粉具有低黏度、高稳定性、高澄清度、成膜性和结合性等特点，已广泛应用于许多行业。特别是造纸、纺织、洗衣整理和装订材料行业已使用此类氧化淀粉进行表面施胶和涂层。在食品工业中，氧化淀粉可用于布丁、生奶油和面粉混合物。研究发现，氧化可提高淀粉的冷冻储存稳定性，建议将氧化淀粉用于冷冻食品中。也有关于乳化剂、面包调节剂和阿拉伯树胶替代品中氧化淀粉的报道。

氧化淀粉也用于制备可生物降解的包装。利用天然或氧化大麦淀粉制备了可生物降解膜，发现膜的性质取决于淀粉的氧化程度。含有氧化大麦淀粉的薄膜的形貌比含有天然淀粉的薄膜更均匀。氧化淀粉膜的均一性归因于氧化淀粉分子的解聚。淀粉分子的解聚使得增塑剂和淀粉之间的相互作用更大。使用1.5%活性氯的氧化淀粉可以提高薄膜的拉伸强度[14,15]。

3.8　交联淀粉

交联淀粉是通过淀粉聚合物链与试剂之间发生交联反应而形成的。在这个过程中，试剂能够与淀粉分子中的一个以上的羟基形成化学键，从而实现淀粉链之间的连接，产生交联淀粉。这种反应在淀粉颗粒的不同位置随机添加分子间和分子内键，有助于增强和稳定颗粒中的聚合物。此类工艺可采用水解、氧化、酯化、醚化、磷酸化或这些方法的组合，以顺序或一次混合的方式获得满足食品应用所需的糊化、黏度、回生和结构特性的产品。在某些情况下，使用能够在淀粉分子上的羟基之间形成醚或酯分子间键的多功能试剂。反应通常发生在葡萄糖单元初级—OH的C6与二级—OH的C2和C3上。三氯磷酰、三偏磷酸钠、三聚磷酸钠、己二酸和乙酸酐的混合物以及氯乙烯是用于交联食品级淀粉的主要试剂。交联淀粉包括二淀粉磷酸酯、乙酰化己二酸二淀粉酯、羟丙基二淀粉磷酸酯、羟丙基二淀粉甘油等。交联淀粉对加工条件（如高温或低温和 pH 值）表现出更强的抵抗力。交联可减少颗粒破裂、黏度损失和烹饪过程中黏稠糊状物的形成，提供适合罐头食品和产品的淀粉。与天然淀粉相比，交联淀粉的溶胀体积更小，溶解度更低，透光率更低。氧化可能会增加回生，而交联则会减少回生。因此，这两种化学改性方法的组合可用于获得具有所需平衡特性的淀粉。

3.8.1　交联改性方法

该方法是利用交联剂的多元官能团与淀粉分子上的醇羟基之间形成二酯键或者二醚键，引入新的化学键，并将淀粉颗粒中分子交错连接起来，使两个或两个以上的淀粉分子架桥而呈现多维的空间网状结构，淀粉颗粒之间的结合作用加强，使得淀粉分子可以稳定存在。在一定的条件下，淀粉与交联剂进行反应，交联剂通过在淀粉中引入新的官能团而导致原淀粉的性质包括理化性质、微观结构以及热力学特性等改变，具体表现在交联后淀粉结构变得牢固致密，糊状透明度降低，增强了淀粉颗粒对酸、热和剪切的抵抗力，并降低它们溶解和破裂的倾向。

3.8.2　交联淀粉的性质及应用

有学者发现马铃薯经过交联改性后能显著提高淀粉的热稳定性、耐酸性、耐碱性和抗剪切能力；用木薯制备的交联淀粉溶解度减小、糊透明度降低；研究交联淀粉的体外消化性质，结果显示与原淀粉相比，交联变性减少了快消化淀粉的含量，而抗性淀粉的含量增加。食品行业快速发展，对淀粉的要求越来越高，天然淀粉在很多方面存在不足，不能直接应用在食品加工中，例如，一些加工要求淀粉在较高温度下有稳定的热糊黏度，冷冻食品要求淀粉有较好的冻融稳定性，酸性食品要求淀粉有很强的耐酸能力等。经过交联后的淀粉一般具有较强的糊化稳定性和较强的对热、冷冻、酸性稳定的特性，因此在食品工业中具有广泛的应用。

3.9　玉米淀粉常见化学改性

3.9.1　玉米淀粉颗粒和分子的基本性质

普通玉米淀粉含有少量蛋白质（约 0.35%）、脂类（约 0.8%）和灰分，以及含量高于 98%的两种多糖：直链淀粉和支链淀粉。所有的淀粉都以不溶于室温水的颗粒形式存在于植物中。普通玉米和糯玉米淀粉颗粒的大小从 2 mm 到 30 mm 不等，大多数在 12～15 mm 范围内。它们的形状也各不相同，大多数的横截面是各种多边形。颗粒内存在不同层次的组织。颗粒的大部分被认为是由支链淀粉分子径向取向的球晶组装而成。

其颗粒的粒状、部分结晶性质是决定玉米淀粉和其他淀粉的许多性质和用途的关键，也是其化学和物理改性的关键。当玉米淀粉颗粒被添加到含水系统中时，它们吸收水分并迅速水合。当水分散体系的温度充分升高时，水合颗粒会发生剧烈的变化。水合水（水是淀粉颗粒的增塑剂）首先破坏颗粒无定形区域的氢键。颗粒膨胀并改变形状，变得更加像球形。随着温度继续升高，无定形区域发生更多水合和溶胀，并且因为无定形区域和结晶相连接，微晶变得扭曲和疏松，使得其中的淀粉链可以至少部分水合或塑化到微晶熔化的程度。这种无定形和结晶结构的不可逆破坏称为胶凝。在糊化过程中，一些未溶解的淀粉多糖分子（主要是直链淀粉）从溶胀的颗粒中滤出。

3.9.2　化学修饰

玉米淀粉的特性本来不适合大多数应用。玉米淀粉主要经过化学改性，以增强其颗粒状或熟态的积极属性，最小化其颗粒状或熟态的缺陷（消极属性），提供天然淀粉不能提供的功能。对于食品应用，化学改性（主要是普通玉米和糯玉米淀粉）的主要目标可以总结如下。

目标 1：改变与回生相关的特性（即延长产品稳定性）。

a. 延长冷藏稳定性。

b. 延长冻融稳定性。

c. 减少脱水收缩。

d.提高凝胶的透明度和光泽。

目标 2：适于加工。

a. 提供酸、剪切和热稳定性（即减少烹饪过程中的分解）。

b. 降低或增加峰值黏度。

c. 提高或降低糊化温度。

目标 3：提供理想的质地。

a. 降低或增加黏度。

b. 减少或增加凝胶形成。

c. 降低或增加凝胶强度。

稳定（或取代）的几种化学修饰被用来实现目标 1。交联的几种化学修饰被用来实现目标 2。使用稳定和交联修饰的组合来实现目标 3。

1. 稳定（或取代）的几种化学修饰

用于衍生淀粉实现上述目标和其他目标的化学反应如下。

反应 1：羟基的反应。

a. 酯化作用。

b. 醚化作用。

c. 氧化。

反应 2：涉及糖苷键的反应（转化淀粉/转化产物）。

a. 解聚作用：酸催化、氧化加碱。

b. 转糖基加解聚（糊精化）。

反应 3：接枝共聚。

a. 自由基引发的接枝共聚。

b. 链增长和链终止反应。

通过单官能试剂与淀粉分子发生反应，可以生成醚和酯类化合物。这些经过取代反应得到的衍生物，在制造热糊和凝胶类产品时，展现出较低的回生倾向，并且减少了与回生相关的过程（如脱水收缩）。因此，这类产品具有更高的稳定性。对于用于食品的产品，其通常基于蜡质玉米淀粉，凝胶透明度增加。回生的减少是因为淀粉多糖链的取代基醚或酯基团在空间上阻止了链的连接和结晶。此外，糊化温度通常较低，颗粒膨胀增加，凝胶强度降低，持水性增加。当冷藏、冷冻和解冻期间需要增强产品的稳定性时，使用稳定的糯玉米淀粉。

一种常用于加工食品制备的稳定化玉米淀粉是通过淀粉与环氧丙烷在 pH 5 左右反应制得的。另外，pH 为 11.2～11.3 时，在含有抑制溶胀盐的浆液中，向淀粉多糖分子中加入羟丙基醚化剂。羟丙基以醚键连接，对酸和碱都稳定。羟丙基化玉米淀粉也可以通过交联或酸稀释制备。

在美国，造纸消耗了大部分普通玉米淀粉（除了用于甜味剂生产的淀粉）。与羟丙基化淀粉相关的两种衍生淀粉产品用于造纸。其中大部分是羟乙基化淀粉，用于表面施胶和涂布操作。羟乙基化淀粉的制备类似于羟丙基化淀粉的制备，都是使用环氧乙烷作为试剂。使用稳定化淀粉的一个主要原因是，在淀粉产品的蒸煮和应用于纸张期间（通常几小时）防止回生是至关重要的。羟乙基化玉米淀粉（通常也是酸稀的）也是非常优秀的成膜剂。另一类用于造纸的淀粉醚是阳离子淀粉。添加的阳离子基团可以是叔胺或季铵基团。阳离子普通玉米淀粉的主要用途是作为纸张形成过程中的助留剂或助滤剂。

普通玉米和糯玉米淀粉也是通过酯化作用制备的。因为酯很容易被碱皂化，所以使用的酸碱度较低（pH 约为 8.5）且反应时间较短。该酯化反应涉及两种主要的市售有机酯。最常见的是乙酸酯，它的生产成本比羟丙基醚稍低，但稳定性较差。美国的生产工艺使用乙酸酐，在其他国家使用乙酸乙烯酯，乙醛副产物是美国不使用乙酸乙烯酯的原因。

另一种主要的有机酯是 2-辛烯基琥珀酸酯，它是通过淀粉与 2-辛烯基琥珀酸酐（OSA）反应制得的。辛烯基琥珀酸淀粉酯是一种特殊的含有疏水基团的稳定化淀粉，既有乳化作用，又有乳化稳定性能，并能产生防水膜。琥珀酸淀粉酯（用琥珀酸酐制成）也被批准用于食品，但产量较少。

DS 定义为每个葡糖基单元上连接的取代基的平均数目。因为每个葡糖基单元平均包含三个羟基（无论淀粉多糖分子是否分支），最大可能的 DS 为 3.0。改性食品淀粉允许的最大 DS 通常低于 0.2，这意味着平均每 10 个葡糖基单位包含低于 2 个取代基。当淀粉用环氧丙烷衍生化时，葡糖基单元上的羟基被消耗，但是在羟丙基上产生的新的羟基可以与试剂反应。结果是可能有三个以上的试剂分子可以与每个葡萄糖基单元反应，因此使用了摩尔取代（MS）这个术语。MS 定义为每摩尔葡糖基单元取代基的总摩尔数。食品用羟丙基淀粉允许的取代水平很低，以至试剂与羟丙基的羟基很少（可能没有）反应，因此 DS 和 MS 值基本相同。

稳定化淀粉是通过化学手段，在淀粉多糖链上连接特定的化学基团或分子侧链，形成“突起物”。这些突起物能够防止淀粉链之间重新结合，有效降低淀粉的回生速度和程度，即在冷却时不易变硬。同时，它们还能减少淀粉糊化现象，并降低糊化温度，这意味着加热时淀粉更易形成黏稠糊状物，方便食品加工。此外，突起物的存在使淀粉颗粒更易吸水膨胀，增强了其溶胀性，有助于提高淀粉在各种应用中的稳定性。这种稳定化技术不仅能改善淀粉的加工特性，延长产品保质期，还能提升其在工业应用中的整体性能。

2. 交联

当淀粉与双功能试剂反应时，颗粒内相邻的淀粉多糖分子发生交联。反应在碱性条件下进行。交联仅适用于食品淀粉（即加工食品中用作配料的淀粉产品）。交联的主要目的是：使颗粒更耐加工，因为食品制备过程中经常遇到严苛的温度、剪切量和酸性环境；改变烹饪特性。具体如下。

（1）产生较高或较低的峰值黏度，产生较高或较低的最终黏度。

（2）提高热稳定性。

（3）提高酸稳定性。

（4）提高剪切耐受性。

（5）抑制膨胀（延迟黏贴）。

（6）减少回缩（提高储存稳定性）。

（7）减少凝胶形成。

（8）降低内聚性。

（9）提高透明度。

在食品淀粉中，被批准使用的交联剂主要有磷酸二氢钾、环氧交联剂和氧化交联剂等。其中，最常用的交联剂是三氯氧磷。三氯氧磷作为交联剂的特点在于其高效性，即使在低添加量下也能有效引发交联反应，显著提高淀粉的耐热性、稳定性和机械强度。然而，它同时也具有毒性和腐蚀性，因此在使用时必须严格遵守安全规定。通过交联反应，可以改善淀粉的加工特性，延长产品保质期，并提升其在食品工业中的应用性能。总的来说，选择合适的交联剂对于优化食品淀粉的性质至关重要。

3. 转化淀粉

在酸性 pH 值下，通常在略低于 50℃的温度下，对玉米淀粉的含水浆液进行较短时间（一小时至数小时）的处理，导致直链淀粉和支链淀粉的一些糖苷键水解（同时保持淀粉颗粒完整），并产生酸改性（变稀）淀粉。粒状淀粉的酸改性（变稀）效果表现为降低烹饪所需的能量（因为颗粒被削弱），具体总结如下。

（1）增加溶解度。

（2）降低热糊和凝胶黏度（因为解聚，这意味着可以将更多的淀粉放入溶液中）。

（3）增加凝胶倾向。

（4）可能产生更强的凝胶（尤其是高直链淀粉）。

（5）增加形成薄膜的能力。

（6）可能增加黏附性。

更广泛的酸或酶催化水解将产生麦芽糖糊精、环糊精和葡萄糖浆，但这些不被认为是改性淀粉。

4. 氧化

大多数商业玉米淀粉已经用少量次氯酸钠处理过，以便漂白。用更大量的氧化剂处理会产生各种氧化的葡糖基单元。因为试剂溶液是碱性的，那些含有羰基（醛基或酮基）的单元会引发一种称为 β-消除的反应，从而导致断链——在氧化单元的前面或后面。此外，由于链上可能相互接触的单元间存在差异，这种差异降低了不同链之间结合并形成稳定连接区的可能性。正因如此，氧化淀粉展现出了良好的稳定性。特别值得一提的是，带有负电荷的单元也起到了相似的作用，进一步增强了淀粉的稳定性。通过漂白、解聚和稳定化处理，次氯酸盐氧化的淀粉表现出一系列独特的特性。

（1）改善颜色。

（2）降低烹饪所需能量。

（3）降低热糊黏度。

（4）提高糊稳定性。

（5）减少凝胶形成。

（6）提高附着力。

次氯酸盐氧化淀粉可用作纺织上浆剂和油炸食品的涂层。在中性 pH 条件下，在铜（Ⅱ）或铁（Ⅱ）离子存在下，玉米淀粉也被过氧化氢氧化。这种氧化使淀粉多糖分子解聚（降低糊黏度），仅产生少量（在某些情况下不明显）羰基和羧酸酯基团。与使用硫酸铜相比，使用硫酸亚铁作为催化剂会形成更多的羧酸酯基团。酸改性、次氯酸盐氧化和过氧化氢氧化降低了淀粉多糖和分子的平均分子量，并允许生产更高固体含量的糊状物（这可以增加食品的质量并改善口感），但产品效果并不相同。被批准用于食品淀粉漂白和杀菌的其他氧化剂是过乙酸和过锰酸钾，但是它们引起的分子结构变化还没有被描述。玉米淀粉也会被臭氧氧化，但在美国不允许将该工艺产品用作食品配料。

5. 糊精化的作用或方法

糊精指的是淀粉经过解聚（即降解）后的产物。具体来说，糊精是通过淀粉大量酶催化水解后得到的麦芽糊精和环糊精等物质，它与改性淀粉不同。有一种特殊的产品称为“淀粉糊精”，它是通过加热干淀粉制造出来的，也被称为“焦糊精”。在制作焦糊精的过程中，首先需要用酸溶液、碱溶液或缓冲液对淀粉进行喷洒，以调整其酸碱度满足特定需求。喷洒完成后，可以对淀粉进行预先干燥处理，这一步骤很关键。然后，在特定的温度下对干燥后的淀粉进行加热，持续特定的时间，从而得到最终的产品。最后，产品需要冷却。焦糊精分为三类：白色糊精、英国树胶和黄色或淡黄色糊精。白色糊精是在酸存在下，在相对较低的温度下加热淀粉制成的。英国树胶是在碱存在下，在相对较高的温度下加热淀粉制成的。英国树胶的颜色比白色糊精的颜色深。黄色糊精是众所周知的高转化率产品。它们是通过在酸存在下将淀粉加热到相对较高的温度而制成的。黄色糊精和英国树胶被用作可再润湿的黏合剂，用于制造纸管的黏合剂，以及用于采矿、铸造和印刷。白色糊精被用作面糊（食品）的脆性增强剂、药片的包衣和用于纺织品整理。

在糊精化过程中可能发生三种类型的反应。第一种是糖苷键的水解，主要发生在使用酸性催化剂时。酸催化水解需要水分，因此大多数水解发生在预干燥和糊精化的初始阶段。在此期间，淀粉多糖的平均分子量持续下降，水分持续流失，因此，当淀粉失去水分时，解聚会减慢，最终可能停止。水解是生产白色右旋糖酐的主要反应。

转糖基化（又称转糖苷化）是第二种类型的反应，其特点在于淀粉分子的某部分会转移到另一个淀粉分子上。此反应是在酸催化下进行的，其本质是糖苷键断裂。但与水解不同的是，当环境中没有水分子时（原本位于新形成的两个分子之一的还原端的单元有机会与水反应），这个单元会选择与另一个分子的羟基结合，从而形成新的糖苷键。这一过程导致淀粉分子的分支结构增多。在低水分含量的环境下，转糖基反应主要在过程的后期发生。值得注意的是，转糖基反应在英国树胶的生产中占据主导地位。另外，在黄色糊精的生产过程中，既会发生水解反应，也会发生转糖基反应，前者主要出现在生产过程的初期，而后者则主要出现在后期。

第三种是接枝共聚。接枝共聚物是由天然或羟基烷基化淀粉分子的羟基产生自由基，然后与不饱和单体反应而制成。使用产生淀粉自由基的不同方法、不同的乙烯基和丙烯酸单体及单体混合物、不同的改性淀粉产品和不同的反应条件，已经制备了多种淀粉接枝共聚物。

6. 多次改性

淀粉经过不止一次的改性是很常见的。用作食品配料时，它们通常是交联和稳定的，也可能是酸改性的（稀释的）和氧化的，或者它们可能只是交联或稳定的和酸改性的或氧化的。美国批准用于食品的改性淀粉是羟丙基二淀粉磷酸酯、磷酸化二淀粉磷酸酯、乙酰化二淀粉磷酸酯和乙酰化二淀粉己二酸酯（所有二淀粉磷酸酯都是用三氧化二氯制成的）。进行多次改性以获得两种或三种改性的属性，例如，较低的糊化温度但增加了糊和凝胶黏度；使用多种模型，可以获得多种纹理和流变特性。

3.10　大米淀粉常见的化学改性

目前的几种技术，如交联、酯化、醚化、氧化、双重改性等，被用于对淀粉进行化学改性[16]。

3.10.1　淀粉交联

交联诱导淀粉颗粒以更高的速率抵抗酸、热和剪切。天然淀粉采用多种化学物质进行交联改性，如己二酸-乙酸混合酸酐、环氧氯丙烷（ECH）、$POCl_3$、STMP、STPP 以及 STMP 和 STPP 的混合物。交联淀粉降低了回生速率并提高了糊化温度。此外，交联降低了淀粉的表观直链淀粉含量、糊化透明度和膨胀力。有学者报道了 $POCl_3$ 诱导的交联大米淀粉的糊化温度和剪切稳定性增加，溶解度和冻融稳定性降低。与此相反，也有学者揭示了交联大米淀粉的糊化热减少，并与其原始对应物相比，这归因于交联后糊化淀粉的量较低。事实上，交联的蜡质和非蜡质淀粉表现出不同的功能；通过交联处理，蜡质淀粉经历了糊化温度和糊化热升高以及回生增加，而非蜡质淀粉表现出不利影响。然而，由于蜡质和非蜡质淀粉的交联处理，剪切稳定性增加，溶胀力和溶解度降低[17]。

3.10.2　淀粉氧化

当一定量的氧化剂在调节的 pH 值和温度下与淀粉反应时，淀粉被氧化。在众多氧化剂中，次氯酸盐广泛用于工业规模生产氧化淀粉，可在食品和其他与黏附和成膜相关的行业中应用。氧化淀粉可作为涂层黏合剂、表面施胶剂，并且它可以被添加到味道、性质相对中性的产品中，如柠檬凝乳、沙拉奶油和蛋黄酱。有学者发现臭氧处理的大米淀粉的糊化特性与低水平化学氧化的淀粉相似。因此，与次氯酸盐等化学氧化剂相比，使用绿色氧化剂（如臭氧）更为可取，次氯酸盐产生大量碱性废水，并且氧化淀粉产率较低，主要原因是淀粉分解为低分子量化合物。

3.10.3　淀粉的双重改性（氧化后交联）

双重改性包括氧化和交联，有可能改善不理想的淀粉性质。迄今为止，研究主要集中在玉米、马铃薯、西米、木薯淀粉和小麦淀粉，只有少数研究讨论了改性大米淀粉的理化特性。改性淀粉无疑满足食品加工所需的功能特性，但也有一些不良特性，而交联淀粉则表现出更高的老化趋势。氧化显著降低淀粉糊黏度和抗剪切性。因此，化学改性和其他类型改性方法结合的双重改性对于提高淀粉的性能以及优化其功能性都非常重要。双重修饰技术结合了物理化学和酶法，但主要考虑乙酰化/氧化、交联/乙酰化或交联/羟丙基化，作为双重化学修饰。大米淀粉的交联和磷酸化涉及化学双重改性，导致淀粉具有更好的冻融稳定性。大米淀粉被次氯酸钠氧化并与环氧氯丙烷交联，然后将氧化和交联淀粉再交联和氧化，分别生产交联氧化淀粉和氧化交联淀粉。氧化和交联处理并没有对淀粉颗粒的形态产生显著的影响。交联和氧化淀粉的溶解性和溶胀力较差，糊的透明度比生淀粉好。与交联、天然、氧化和氧化交联淀粉相比，交联氧化淀粉表现出最高的抗剪切能力和最低的回生倾向。这些结果表明，双重改性可以解决天然、氧化和交联大米淀粉的不良特性。

3.10.4　天然和改性大米淀粉的特性

由于含有支链淀粉成分，淀粉是半结晶的，而直链淀粉成分位于无定形区域。直链淀粉含量的变化是由几个因素造成的，如植物来源、气候和谷物发育过程中的土壤条件，这些因素对直链淀粉含量有很大影响。

1. 直链淀粉含量

大米淀粉中的直链淀粉含量对其理化性质起着决定性作用。直链淀粉的含量会影响凝胶形成、糊化过程、回生现象、脱水收缩等诸多技术功能特性。相较于非糯米和长粒米淀粉，糯米淀粉展现出更高的相对结晶度、溶解度和溶胀度。而非蜡质大米淀粉的糊化热则明显高于蜡质和长链大米淀粉。为了估算直链淀粉的含量，可以利用碘与淀粉之间的亲和力进行测量，这种方法得出的结果被称为表观直链淀粉值。直链淀粉主要存在于淀粉的无定形区域，并且在改性过程中比支链淀粉的侧链更易接触和改变。因此，直链淀粉的含量在改性过程中更容易发生显著变化。此外，虽然直链淀粉是淀粉的重要成分，但支链淀粉对淀粉的整体特性也有重要影响。淀粉中的直链淀粉和支链淀粉之间存在结构上的差异，这些差异也是决定淀粉特性的关键参数。富含直链淀粉的淀粉会导致高度的体积膨胀和片状化，而低直链淀粉含量会导致最终产品潮湿、黏稠和难以咀嚼。一般认为，与高度支化和较短的支链淀粉链相比，直链淀粉链具有更高的回生潜力。在这种情况下，由于长链直链淀粉减少和使用酶修饰支链淀粉侧链，α-葡聚糖基转移酶处理的大米淀粉显示出更高的冻融稳定性。据报道，氧化淀粉和双重改性淀粉的直链淀粉含量也显著降低，因为它们容易氧化降解。

2. 氧化程度（羧基和羰基含量）和交联度

羧基和羰基含量表示改性淀粉的氧化程度。据报道，氧化处理首先将淀粉的羟基（—OH）转化为羰基（—CO—）基团，然后转化为羧基（—COOH），其中氧化发生在 C2、C3、C6 羟基基团。研究已经表明，氧化主要发生在淀粉颗粒的半结晶生长环的无定形薄片中，这些无定形薄片通常由直链淀粉和支链淀粉分支周围的区域组成。因此，直链淀粉比支链淀粉对氧化反应更敏感，主要是因为它的结构更接近线形。值得注意的是，一些结构屏障的破坏会使支链淀粉容易被氧化。

3.11 小麦淀粉常见化学改性

小麦淀粉在食品工业中被广泛用作增稠剂、稳定剂、面粉替代品等。它是欧盟第二大淀粉生产类型（仅次于玉米淀粉），占欧盟淀粉总产量的 33%。从小麦胚乳中分离产生的天然淀粉，由于糊化、回生和糊化特性的限制，以及在高温和酸性条件下的稳定性，不能满足其在食品中应用的所有要求，因此应用有限。

用己二酸和乙酸酐的混合物改性淀粉是常用的淀粉交联方法。琥珀酸是用作食品添加剂和膳食补充剂的二羧酸，并被列入美国食品与药品监督管理局的 GRAS（公认安全）食品添加剂名单。除了在食品工业中使用，它还用于制药和化妆品。壬二酸是天然存在于小麦、黑麦和大麦中的二羧酸，小麦秸秆提取物的报道含量为 4.21%～13.76%。它是非致畸、非诱变的，并且没有急性或慢性毒性。

在凝胶化过程中，这些从小麦品种 Golubica（G）和 Srpangka（S）中分离并以 4%、6%和 8%的琥珀酸/乙酸酐（SA）和壬二酸/乙酸酐（AZA）混合物改性的淀粉，需要加入大量的水分并进行加热。加热过程导致了淀粉颗粒膨胀、直链淀粉浸出、凝胶状或糊状物质的形成和支链淀粉融合，并非所有的淀粉颗粒在完全相同的温度下开始胶凝，因此胶凝温度被定义为相对较窄的温度范围，而不是一个特定的温度。用所研究的二羧酸和乙酸酐的混合物对两种淀粉进行改性，开始温度、峰值温度和终凝胶胶凝温度都降低了。此外，凝胶化温度范围（Δt）增加。这些现象表明，改性影响了淀粉颗粒的内部晶体结构，改变了晶体的形状及大小、晶体的完美程度和链缠结的类型（线形-线形、线形-分支、分支-分支），使其在较低的温度下比天然淀粉更容易被破坏。羟丙基化和双改性小麦淀粉的胶凝温度都比天然淀粉低。当试剂混合物的含量从 6%增加到 8%时，凝胶化的起始温度和峰值温度略有升高，这可能是由于交联的作用更明显。各种比例的改性均提高了 Golubica 淀粉的凝胶化焓，降低了 Srpangka 淀粉的凝胶化焓[18]。

凝胶化焓是结晶度（数量和质量）的量度，是凝胶化时颗粒内分子有序性损失的指标。凝胶化焓增加可能是由于取代基的引入削弱了分子间和分子内的键而导致凝胶化的淀粉颗粒的比例增加，或者是由较高水平交联形成的高度有序的微晶破裂所需的较高能量引起的。

在 4℃下储存 7 天和 14 天后，用琥珀酸/乙酸酐和壬二酸/乙酸酐混合物改性的 Golubica 和 Srpangka 淀粉在所有研究浓度下的回生焓降低，用琥珀酸和乙酸酐的混合物改性效果更明显。回生焓降低表明在储存过程中形成的晶体较少，因此直接表明回生减少。此外，在回生测量过程中观察到的较低起始温度、峰值温度和终凝温度表明，回生导致晶体形式不同于未糊化淀粉中的晶体形式[19]。

淀粉的糊化特性是淀粉在食品中应用的另一个重要因素。糊化过程进行凝胶化。随着过热，更多的颗粒溶胀，黏度增加，当溶胀的完整颗粒数量达到最大时，黏度也会达到峰值。持续加热最终导致大多数淀粉的黏度降低，这是由于颗粒破裂和聚合物浸出。黏度降低与颗粒的分解成正比，结构完整性丧失。琥珀酸/乙酸酐和壬二酸/乙酸酐分别以 4%、6%和 8%的比例改性后，两种淀粉的糊化温度均有所下降，且比例相关。

分解值是对颗粒易碎性及其因加热和剪切而产生的抗崩解性的度量。从分解值增加可以观察到，两种改性都降低了淀粉糊的稳定性，除了用 4%和 8%的壬二酸/乙酸酐混合物改性的 Golubica 淀粉和用 6%的壬二酸/乙酸酐混合物改性的 Srpangka 淀粉。有学者指出，能够膨胀到更高程度的淀粉也不太耐分解，并且在达到最大黏度后黏度显著降低。改性 Srpangka 淀粉的直链淀粉含量降低，并且对于用 HCl 改性的小麦淀粉观察到相同的趋势。琥珀酸或壬二酸与乙酸酐的混合物可用于生产具有降低的胶凝温度和回生趋势，以及增加的溶胀力和溶解度的淀粉。琥珀酸/乙酸酐混合物在生产高凝胶倾向淀粉中具有应用潜力。用琥珀酸或壬二酸/乙酸酐混合物改性的小麦淀粉在需要高储存稳定性（低回生）和高糊黏度的系统中具有潜在的应用[1]。

参 考 文 献

[1] Amagliani L, O Regan J, Kelly A L, et al. Chemistry, structure, functionality and applications of rice starch[J]. Journal of Cereal Science, 2016, 70: 291-300.

[2] Hebeish A, El-Rafie M H, El-Sisi F, et al. Oxidation of maize and rice starches using potassium permanganate with various reductants[J]. Polymer Degradation and Stability, 1994, 43(3): 363-371.

[3] Wang S, Li C, Copeland L, et al. Starch retrogradation: A comprehensive review[J]. Comprehensive Reviews in Food Science and Food Safety, 2015, 14(5): 568-585.

[4] Liang J, Su Q, Zhao Y, et al. Theoretical insights into three types of oxidized starch-based adhesives: Chemical stability, water resistance, and shearing viscosity from a molecular viewpoint[J]. Journal of Chemistry, 2016, (6): 1-10.

[5] Uliniuc A, Hamaide T, Popa M, et al. Modified starch-based hydrogels cross-linked with citric acid and their use as drug delivery systems for levofloxacin[J]. Soft Materials, 2013, 11(4): 483-493.

[6] Seo T R, Kim J Y, Lim S T. Preparation and characterization of crystalline complexes between amylose and C18 fatty acids[J]. LWT-Food Science and Technology, 2015，64(2)：889-897.

[7] Chen Y, Kaur L, Singh J. Chemical modification of starch[M]//Sjöö M, Nilsson L. Starch in Food.2nd ed. Amsterdam: Elsevier, 2018: 283-321.

[8] Mitchell C R. Rice starches: production and properties[M]//BeMiller J, Whistler R.Starch.3rd ed. Amsterdam: Elsevier, 2009: 569-578.

[9] An H. Effects of ozonation and addition of amino acids on properties of rice starches[D]. Baton Rouge:Louisiana State University and Agricultural & Mechanical College,2005.

[10] Hong J, Zeng X, Brennan C S, et al. Recent advances in techniques for starch esters and the applications: A review[J]. Foods, 2016, 5(3): 50.

[11] El-Sheikh M A, Ramadan M A, El-Shafie A. Photo oxidation of rice starch Ⅱ. Using a water soluble photo initiator[J]. Carbohydrate Polymers, 2009, 78(2): 235-239.

[12] El-Sheikh M A, Ramadan M A, El-Shafie A. Photo-oxidation of rice starch. Part I: Using hydrogen peroxide[J]. Carbohydrate Polymers, 2010, 80(1): 266-269.

[13] Vanier N L, El Halal S L M, Dias A R G, et al. Molecular structure, functionality and applications of oxidized starches: A review[J]. Food Chemistry, 2017, 221: 1546-1559.

[14] Punia S. Barley starch modifications: Physical, chemical and enzymatic-A review[J]. International Journal of Biological Macromolecules, 2020, 144: 578-585.

[15] Xiao H, Lin Q, Liu G, et al. A comparative study of the characteristics of cross-linked, oxidized and dual-modified rice starches[J]. Molecules, 2012, 17(9): 10946-10957.

[16] Gadhave R V, Das A, Mahanwar P A, et al. Starch based bio-plastics: The future of sustainable packaging[J]. Open Journal of Polymer Chemistry, 2018, 8: 21-33.

[17] Palanisamy C P, Cui B, Zhang H, et al. A comprehensive review on corn starch-based nanomaterials: Properties, simulations, and applications[J]. Polymers, 2020, 12(9): 2161.

[18] Olayinka O O, Adebowale K O, Olu-Owolabi I B. Physicochemical properties, morphological and X-ray pattern of chemically modified white sorghum starch. (Bicolor-*Moench*) [J]. Journal of Food Science and Technology, 2013, 50(1): 70-77.

[19] Kumar R S, Yagnesh T N S. Synthesis, characterization and evaluation of starch xanthate as a superdisintegrant in the formulation of fast dissolving tablets[J]. International Journal of Applied Pharmaceutics, 2018, 10(6): 249.

第4章

谷物淀粉的酶法改性

4.1 谷物淀粉酶法改性概述

淀粉是一种碳水化合物或多糖，由大量的葡萄糖单元通过糖苷键连接在一起。化学结构简式为$(C_6H_{10}O_5)_n$，结构式如图 4.1 所示，式中 $C_6H_{10}O_5$ 为脱水葡萄糖单元，n 为组成淀粉高分子的脱水葡萄糖单元的数量，即聚合度。它广泛分布在以下方面：种子（如小麦、玉米、水稻、高粱和小米）；块茎及根茎类作物（如马铃薯、木薯、甘薯、芋头、山药、箭根等）；水果（如青香蕉、未成熟的苹果和青西红柿）。它们的淀粉含量高达 40%～80%。淀粉分子有两种主要形式：直链淀粉和支链淀粉，其中由 200～980 个单元以 α-1,4-糖苷键连接而成的为直链淀粉，可溶解，如图 4.1（a）所示；由 600～6000 个 α-1,4-糖苷键和 α-1,6-糖苷键连接而成的为支链淀粉，不可溶解，如图 4.1（b）所示。它们约占天然颗粒干重的 98%～99%，剩下的部分被称为次要成分，包括少量的蛋白质、脂质、矿物质和磷。直链淀粉影响结晶片层内淀粉颗粒中支链淀粉结晶的堆积，这种特性对吸水性能

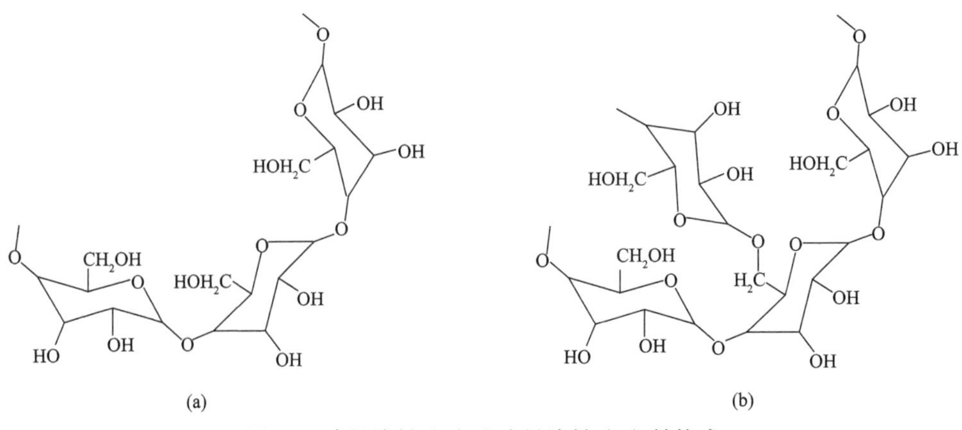

图 4.1　直链淀粉（a）和支链淀粉（b）结构式

（如溶胀和糊化）很重要。直链淀粉和支链淀粉会不同程度地影响淀粉的理化性质，这取决于淀粉的植物来源。即使在同一植物源内，直链淀粉含量也会发生变化，影响颗粒的大小和均匀性、直链淀粉和支链淀粉的分子性质以及糊浆特性。

谷物是日常饮食中主要的食物来源，它能满足我们对膳食能量、蛋白质和抗氧化物质的需求。虽然在发达国家，淀粉至少占每日热量摄入的 35%，但在一些地区，特别是非洲和远东地区，它可以提供每日热量摄入的 80%。小麦（*Triticum aestivum*）、玉米（*Zea mays*）和水稻（*Oryza sativa*）三大谷类作物通过饮食为人类提供了 2/3 的能量需求，因此被称为人类食物供应的基础。

小麦作为全球性主食资源，为人类提供了大部分营养。这主要是因为小麦面粉具有优良的物料特性，可以形成有黏性的面团，从而可以制成发酵过的面包和许多种类的面条、汤和其他食品。小麦淀粉是从非淀粉成分中物理分离出来的，采用发酵法，即将小麦加水浸软、磨碎后，进行加酸发酵，使包围在淀粉颗粒周围的细胞溶解进而使淀粉易于分离。小麦淀粉颗粒呈三模态分布，存在大颗粒、中颗粒和小颗粒，中颗粒由于尺寸较小，在小麦淀粉的商业化生产中尤为重要。一般来说，普通小麦淀粉含有 25%的直链淀粉和 75%的支链淀粉。小麦淀粉是一种精粮，它可以作为增稠剂、凝胶剂、黏合剂、稳定剂等。

水稻是碳水化合物的重要来源，主要成分是淀粉，存在于成熟糙米的胚乳细胞中，约占精米干重的 90%。在目前所有已知的谷物当中，大米淀粉的颗粒粒径是最小的，其平均粒径范围仅为 2～8μm，而玉米淀粉的平均粒径范围为 5～25μm，小麦淀粉的平均粒径范围为 2～45μm，马铃薯淀粉的平均粒径范围为 15～100μm，高粱淀粉的平均粒径范围为 5～25μm。大米淀粉的粒径小、比表面积高的特点赋予其许多优于其他淀粉的理化特性。首先，大米淀粉由于具有特殊的结构可以吸附更多的风味物质。它也可以用作素食等应用中的明胶替代品。此外，大米淀粉被用来生产麦芽糖糊精，它在食品中作为填料、风味载体、减甜剂和质地改良剂。其次，由于大米淀粉的颗粒大小与脂肪球相似，它被用作面包、乳制品、肉制品、沙拉酱、汤、酱料和肉汁加工的脂肪替代品，以保持全脂口感。另外，在所有的淀粉中大米淀粉的颜色是最白的，因此可以将其作为糖果或药片外的光泽包衣。除此之外，大米淀粉具有较好消化性，易消化，其消化率为 98%～100%。大米淀粉被认为是非致敏性的，可以广泛应用于婴幼儿和特种食品以及药品中[1]；同时还可以作为变形剂和稳定剂，提高产品的稳定性、黏度、持水性和延长货架期。此外，改良后的大米淀粉能使血浆中的葡萄糖和胰岛素含量下降，对高胰岛素患者、糖过敏患者、糖尿病患者均有较好的效果。美国路易斯安那州南方研究所[2]发明了一种适用于肥胖和糖尿病患者的产品，这种产品是以大米为基质的抗性淀粉，进入结肠后这种改性淀粉还可以有效地促进有益菌增殖，使结肠菌落结构得到改善，对于肠道类疾病的治疗也有特殊的功效。

玉米是世界公认的“黄金作物”，其脂肪、磷元素、维生素 B_2 的含量居谷类食物之首。它是世界重要的粮食作物，广泛分布于美国、中国、巴西等国家。玉米与传统的水稻、小麦等粮食作物相比具有很强的耐旱性、耐寒性、耐贫瘠性以及极好的环境适应性。玉米的营养价值较高，含有大量的维生素和核黄素，是优良的粮食作物。玉米经过清理、浸泡、粗碎、胚芽分离、磨碎得到玉米淀粉，再将淀粉筛分、蛋白质分离以及淀粉清洗、离心分离和干燥得到精制玉米淀粉。玉米淀粉中直链淀粉含量较高，可达 28%；糊化温度高（62～72℃），具有较好的抗剪切能力；颗粒紧密；脂类化合物含量多，易形成直链淀粉-脂类化合物。玉米淀粉占玉米籽粒干重的 70%左右，是玉米籽粒的重要组成部分。利用物理、化学等方法可以将淀粉转化为低分子化合物或高分子聚合物，其可以作为良好的加工原料。

天然淀粉是一种白色无味的粉末，由数百或数千个 D-葡萄糖分子组成。淀粉颗粒由于密度大，在水中形成沉积物。它们在冷水中不溶解，但在热水中会破裂，从而形成一种被称为淀粉糊的乳白色胶体。一般来说，谷类淀粉（如玉米、小麦和水稻）含有较高的脂肪（0.2%～0.8%）和蛋白质（0.2%～0.5%）。相比之下，块茎（如马铃薯）和块根（如木薯）淀粉的脂质含量（0.1%～0.2%）和蛋白质含量（0.1%～0.2%）较低。直链淀粉的聚合含量和聚合度对淀粉的物理、化学和工艺性能有重要影响。大多数淀粉含有 20%～30%直链淀粉和 70%～75%支链淀粉。糯稻淀粉中直链淀粉含量小于 2%，玉米淀粉中直链淀粉含量可达 50%，蜡质淀粉中直链淀粉含量较少（0%～8%），高直链淀粉中直链淀粉含量至少为 50%。观察 X 射线衍射图谱得出，天然淀粉的颗粒有 A 型、B 型和 C 型，支链淀粉和多数的谷物淀粉主要为 A 型，块茎类淀粉、高直链谷物淀粉以及老化淀粉颗粒主要为 B 型，块根类和豆类淀粉一般为 C 型，A 型和 B 型的混合物构成 C 型。

本章研究几种常见谷物淀粉通过酶的参与制备的改性淀粉，并展示了酶法制备的改性淀粉的应用。淀粉因其可循环再生、可生物降解以及价格低廉，已广泛应用在许多行业，如食品、纺织、造纸、医药、化工行业。但由于其流变性差和比表面积有限，其工业应用往往受到限制。为了扩大淀粉的应用，利用物理法、化学法以及酶法对淀粉进行适当改性处理备受关注。天然淀粉在加热时会产生黏稠的橡胶状糊状物，在冷却时会形成凝胶。因此，食品生产商通常更青睐具有更好行为特性的淀粉。改性淀粉在食品行业主要作为辅料用于面制品、肉制品、冷冻食品以及糖果等食品中，也被用作胶凝剂、增稠剂、稳定剂等，以食品添加剂的形式应用于食品中。随着现代科学技术的发展，以改性淀粉为材料研发出的各种新型产品也被广泛用于其他行业，具有广泛的应用前景。其中，酶改性不仅具有更好的工艺控制和最终产品的特殊性能，而且具有副产物少、水解产物更具体、产率高的优点。酶法改性（生物改性）是指通过酶作用改变淀粉的颗粒特性及糊化性质等特性，继而满足工业应用需要的一种改性技术。通过酶改性技术生产的淀粉主要有抗性淀粉、慢消化淀粉及多孔淀粉等。淀粉酶改性的关键在于根据淀粉的来源和特性利用不同的淀粉酶，实现对淀粉结构的修饰，改善其糊化特性，从而改变淀粉的加工性能，提高其营养价值，进而赋予原淀粉附加值，扩大其应用范围。在淀粉及其衍生物的加工中，需要用到大量的酶，这些酶对淀粉的反应途径各不相同，而且都具有很强的特异性。酶改性工艺条件温和，对环境无污染，并且能够生产出健康、卫生的淀粉。此外，其由于具有安全、生态、高度可控、可释放的优点，已引起人们的广泛重视。

酶改性大多采用单一的淀粉水解酶对淀粉分子进行降解，又或者是一种淀粉水解酶和一种转苷酶的复合改性（两种或两种以上的酶）。酶解反应主要集中在无定形区，或者在低结晶和低密度的情况下进行。酶解后，淀粉的结晶类型未发生变化，但其结晶度增加。酶解淀粉的物理性能发生了改变，表现为：糊化温度范围变小，抗剪切和搅拌能力减弱，黏度稳定性下降，糊透明度增加，冻融稳定性下降。用于酶解的淀粉酶的种类有 α-淀粉酶、β-淀粉酶、普鲁兰酶、异淀粉酶和糖化酶；而转苷酶主要包括葡萄糖苷转移酶、α-葡萄糖苷酶和分支酶。除水解酶外，脂肪酶、蛋白酶等也应用于酶法改性淀粉中。

4.2　淀粉水解酶对淀粉的改性

淀粉酶是水解淀粉、糖原的一种酶，一般用淀粉酶来水解织物上的淀粉浆液，其具有较高的效率和特异性，因此退浆率高、退浆迅速、污染小，所得产品比利用酸法、碱法更柔软，而且不会对纤维造成损害。淀粉酶的种类很多，因其结构和设备组合而异，可采用浸渍法、堆置法、卷染法、连续法等进行退浆，其机械作用较小、使用水量较少、能在较低的温度下实现退浆，因此具有明显的绿色工艺特点。按酶解物的构型，可将其分类为：α-淀粉酶和 β-淀粉酶。在食品行业，淀粉酶主要用于果汁加工过程中淀粉分解，以及在蔬菜加工、糖浆生产、葡萄糖加工等方面。

4.2.1　α-淀粉酶对淀粉的改性

α-淀粉酶是一种内切型淀粉酶，可以随机水解淀粉分子内的 α-1,4-糖苷键，能够快速分解长淀粉链形成更短的链，它能随机地切断淀粉、糖原、寡聚或多聚糖分子内的 α-1,4-糖苷键，产生麦芽糖、低聚糖和葡萄糖等，作用机理如图 4.2 所示。

α-淀粉酶的作用机制有两个特点，一是在淀粉链内部葡萄糖残基处攻击淀粉链，二是水解后新生成产物的还原端异位碳上为 α-构型。α-淀粉酶都含有 A、B、C 三个结构域（domain）。A 区是一个筒状结构，包括 8 个 α 螺旋，围绕着 8 个彼此平行的 β 折叠结构，被称作（β/α）8 结构（或 TIM-桶形）。B 区位于 TIM-桶形结构的第 3 个 β 折叠和第 3 个 α 螺旋间，其氨基酸序列的长度和结构因酶的不同而发生改变。结构域 C 和结构域 B 基本上位于结构域 A 的对立两端，该区域具有 β 片状结构，这个区域能保护中间的疏水性氨基酸的稳定性。α-淀粉酶由各种不同种类的酶组成，这些酶来自于各种生物种类的细菌、真菌、植物和动物，α-淀粉酶可在动物的不同部位或器官中发现，如哺乳动物的唾液腺和胰腺。这些 α-淀粉酶的结构不相同且具有不同的产品性质以产生特定类型的麦芽低聚糖产品。α-淀粉酶用量多少与淀粉糊的黏度大小紧密相关，如果添加的酶较少，则其分离程度不够，不利于直链淀粉分子间结合，导致淀粉糊的黏度较高，若酶的浓度过高，则减少了直链淀粉分子间的氢键作用，导致其黏度降低。因此，要获得具有中等长度的淀粉分子，必须控制酶发挥催化作用的活性和作用时间。可见，采用 α-淀粉酶可以使淀粉分子链发生降解，使其黏度下降。用 α-淀粉酶改性淀粉作黏合剂，其黏度降低率为面粉黏合剂的 1/10，抗霉性能良好。

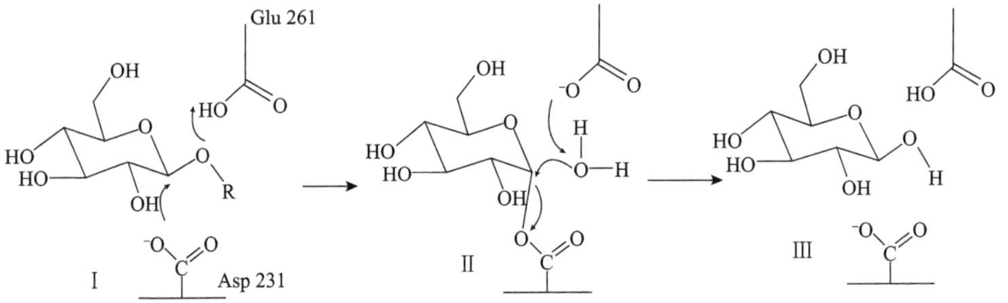

图 4.2 α-淀粉酶水解淀粉机理图

1. α-淀粉酶改性淀粉的制备及应用

称取适量谷物淀粉置于 150 mL 的锥形瓶中，倒入 24 mL 蒸馏水，搅拌调配成 20%的淀粉乳液。用同样方法再调配若干份淀粉乳液。用 HCl 和 NaOH 调节至实验所需 pH 值，加入适量的 α-淀粉酶，放入实验温度设定的水浴锅中，加热不同的时间段，至反应完后灭酶、离心，在 45℃烘箱中干燥后得到改性淀粉。利用 α-淀粉酶对淀粉进行处理，得到的淀粉水解产物的葡萄糖含量低，并且在部分水解的淀粉中发现了大分子量分布的寡糖，从而使其具备了脂肪替代品所需要的功能性质。酶解后的淀粉溶解度、膨胀度、吸水度、吸油度均高于原淀粉，且 α-淀粉酶水解后的淀粉流变性明显改善，进而使其表面施胶特性显著增强。

2. α-淀粉酶对淀粉特性的影响

1）对透明度、膨胀度、溶解度的影响

α-淀粉酶法改性淀粉溶解度和透明度比原淀粉高（$P<0.05$），膨胀度显著减小（$P<0.05$）。由于淀粉本身的溶解度较小，而经过酶化处理后的淀粉生成了麦芽糖、葡萄糖等易溶于水的小分子物质，溶解度大幅度增加。不同物质的膨胀度不同，经酶法反应后，所产生的物质不同，质点间结合力越强，膨胀度越小。

2）对淀粉颗粒形态的影响

如图 4.3 所示[2-4]，不同来源的淀粉经 α-淀粉酶改性后颗粒形态相似：原淀粉颗粒较完整，没有裂缝，表面光滑，形貌呈多面体，大颗粒淀粉周围附着许多小颗粒，α-淀粉酶改性淀粉颗粒完整，大颗粒淀粉周围附着许多小颗粒，较粗糙、多孔，呈多面体。

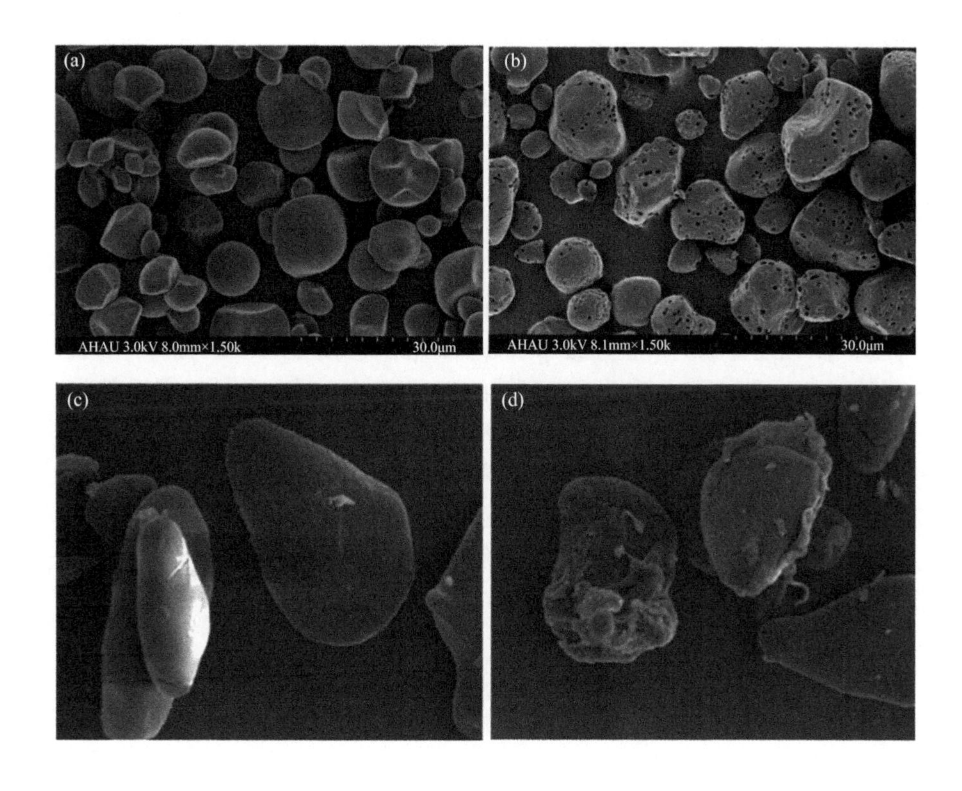

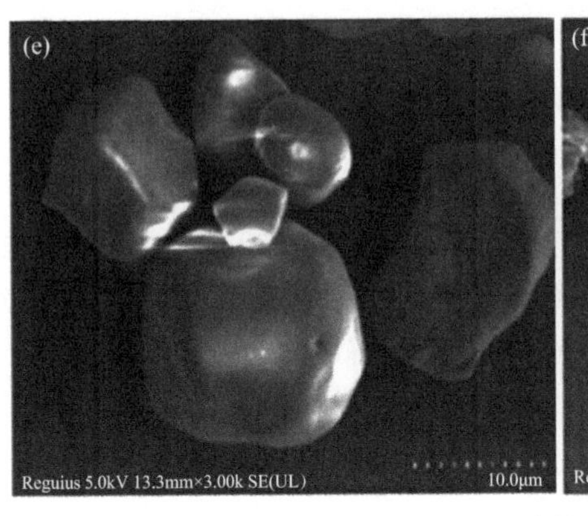

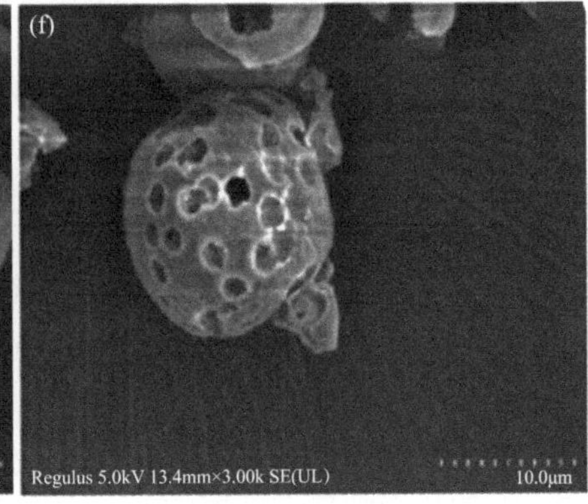

图 4.3　不同来源淀粉 α-淀粉酶处理前后的颗粒形态[2-4]

（a）原玉米淀粉；（b）α-淀粉酶改性玉米淀粉；（c）原香蕉淀粉；（d）α-淀粉酶改性香蕉淀粉；（e）原葛根淀粉；（f）α-淀粉酶改性葛根淀粉

3）对黏度的影响

α-淀粉酶水解变性淀粉的黏度与原淀粉相比明显下降，且黏度随温度升高呈现下降趋势。这是因为温度升高加快了液体分子的运动，提高了分子之间的相互作用，增大了液体的体积，使每一分子平均所占的体积增大，从而使液体的黏度降低。

4.2.2　β-淀粉酶对淀粉的改性

β-淀粉酶水解非还原性末端的 α-1,4-糖苷键去除麦芽糖残基，部分缩短外部支链长度，增加分支密度。β-淀粉酶作用于淀粉聚合物链或淀粉聚合物衍生链的非还原性末端，以麦芽糖为单位连续水解 α-1,4-糖苷键来减少淀粉的链长。β-淀粉酶分为两种，一种是作用后产生 β-麦芽糖的 β-淀粉酶，另一种是反应后产生 β-D-葡萄糖的 β-淀粉酶。麦芽糖 β-淀粉酶是植物中最常见的一种淀粉酶，目前已可以从甘薯、大豆、大麦、小麦等作物中分离得到大量的 β-淀粉酶，而在细菌中也有麦芽糖 β-淀粉酶。这种淀粉酶与淀粉发生反应时，由于其不能水解支链淀粉的 α-1,6-糖苷键，也不能跨过分支点继续水解，因此水解产物为 β-麦芽糖和大分子量的 β-极限糊精。

4.3　转苷酶对淀粉的改性

4.3.1　分支酶对淀粉的改性

分支酶（BE）是一种多功能的淀粉酶，它参与了淀粉或糖原的生成。分支酶是动物、植物组织和微生物中普遍存在的一类酶，其应用中涉及许多同工酶的相互作用，并且作用模式比较复杂，动物来源的分支酶很难在异源表达中形成可溶性蛋白质，但微生物来源的分支酶异源表达操作简单，表达量高。因而，越来越多的微生物衍生酶被用于研究与应用。分支酶是 GH13 或 GH57 的糖苷水解家族，但大部分的分支酶属于 GH13 家族。它们能催化链间支化、链内环化、链内支化，其作用机制是先将供体淀粉链上的一个 α-1,4-糖苷键进行水解，生成一个具有还原末端的链段，再将链段转移到受体糖链的葡萄糖分子 C_6 上，形成 α-1,6 分支，从而完成支化。因此可以根据其来源和基质类型，制备出各种功能性的改性淀粉[5]。

1. 分支酶改性淀粉的制备及应用

将谷物淀粉悬浮在 50 mmol/L 的磷酸盐缓冲液（pH 7.5）中。淀粉料浆在 50℃预热 15 min，然后加入淀粉分支酶，混合物放置在 50℃水浴孵化。孵化完成后用 10mL 去离子水清洗淀粉样本，高温灭酶，收集的固体在 50℃干燥 12 h，研磨，并通过 100 目筛过筛，得到分支酶改性淀粉。在过去的几十年里，许多研究者对分支酶在改性淀粉制备中的应用做出了诸多贡献。例如，利用来源于 *Geobacillus thermoglucosidans* 的糖原分支酶改性玉米淀粉、蜡质玉米淀粉、马铃薯淀粉、木薯淀粉，以提高 RS 含量，其中分支酶作用于玉米淀粉效果最为显著，改性后淀粉中 RS 含量由 11.30%增加到 13.00%；将 *Acidothermus cellulolyticus* 来源的分支酶改性玉米淀粉浆，使 RS 含量从 10.52%增加到 22.08%。

2. 分支酶对淀粉特性的影响

1）对淀粉链长的影响

用分支酶法改性的淀粉 A 链和 B_1 短链相对较多，导致平均链长减少。而且，随着处理时间的延长，这种现象更加明显，B_1 长链和 B_2 链相对较少。这表明淀粉分支酶主要作用于较长的支链上，通过形成新的 α-1,6-糖苷键将糖基残基转移到相同或不同的直链和支链淀粉分子上，从而使直链和支链淀粉的线形链长度较短。当这些糖基残基转移到不同的分子上时，淀粉分支酶处理过程中形成的 α-1,6-糖苷键到受体链上最近的 α-1,6-糖苷键的距离可能比供体链上的距离长。这导致了内链长度的增加。同时，新的短链可能作为分支连接到外链上，导致外链长度减小。从整体上看，平均链长变化不明显。

2）对晶体结构的影响

采用 X 射线衍射法测定淀粉分支酶处理前后的结晶度，不同的淀粉表现出不同的结晶结构。玉米淀粉、蜡质玉米淀粉和木薯淀粉的总体表现为 A 型结晶结构，而马铃薯淀粉表现出 B 型结晶结构，这与较短的支链可能导致较低结晶的形成有关。分支酶处理 10 h 后，玉米淀粉、糯玉米淀粉、马铃薯淀粉和木薯淀粉的相对结晶度分别降低了 30.8%、64.1%、33.4%和 22.9%。平均链长分布分别为 0.64%、0.34%、0.84%、0.45%，比对照短。其中，淀粉分支酶改性马铃薯淀粉的平均链长下降更明显，但相对结晶度下降不太明显，慢消化淀粉（SDS）含量显著增加。此外，该过程形成的是半结晶材料，其在未发生淀粉糊化和变质的情况下未被破坏。因此，改性后的淀粉颗粒结晶度有所提高，但结晶类型没有改变。

3）对淀粉消化率的影响

淀粉分支酶处理后，淀粉中快消化淀粉（RDS）的含量下降，且呈时间依赖性。但对不同谷物淀粉消化特性的影响不同。用分支酶处理 10 h 后，玉米淀粉、糯玉米淀粉、马铃薯淀粉和木薯淀粉的 RDS 含量分别降低了 7.96%、7.64%、7.69%和 7.80%。同一时期，这些淀粉样品的 SDS 含量分别提高了 34.4%、30.1%、46.5%和 47.1%。淀粉分支酶改性糯玉米淀粉的 SDS 含量较高（19.9%），这与其短链比例高、α-1,6-糖苷键分支点较多、相对结晶度较低有关。而经淀粉分支酶改性后，淀粉中的 RS 含量也有所增加。RS 淀粉含量的增加显著小于 SDS 含量的增加。同时，淀粉消化率的差异也归因于淀粉来源、颗粒大小、结晶度、分子精细结构、表面孔隙、内部通道等因素的相互作用。随着 SDS 含量的增加，支链淀粉和直链淀粉的链长部分降低，支链密度增加。另外，长链比例越高，螺旋越长，链间氢键越强，结构越稳定，结晶度增加。较短链的存在可能导致淀粉晶体结构存在弱点，使其对酶解的敏感性更强。这可能解释了分支酶处理降低了糯玉米淀粉的消化速率，但 RS 含量显著低于其他 3 种淀粉。其中木薯淀粉 SDS 含量增加最明显，相对结晶度下降最低，其次为马铃薯淀粉、玉米淀粉和糯玉米淀粉。

4）对淀粉颗粒结构的影响

淀粉颗粒结构是酶敏感性定量差异的主要决定因素。完整的淀粉颗粒没有广泛的表面孔，因此酶消化必须从外到内进行。颗粒外部区域分子结构较多，有效阻止酶进入颗粒内部。当淀粉颗粒在水的存在下受热时，淀粉链间和分子内的氢键被破坏，颗粒结构在一定程度上发生坍塌，酶进入颗粒内部似乎更容易。因此，酶促改性糊化淀粉可能比原淀粉的酶促改性更有效。即使使用淀粉分支酶来修饰颗粒淀粉样品，SDS 含量也较高。改性糯玉米颗粒淀粉和改性马铃薯颗粒淀粉的 SDS 含量分别为 19.9%和 18.6%。此外，原淀粉在改性过程中黏度较低，浓度较高。

4.3.2　葡萄糖苷转化酶对淀粉的改性

葡萄糖苷转化酶能将一种自由的葡萄糖残基转化为 α-1,6-糖苷键，促进新的分支形成，提高淀粉分子的分支密度。淀粉蔗糖酶是 GH13 家族中的一种优良的转化酶。它能通过蔗糖的作用，形成一个能结合 α-1,4-糖苷链的葡聚糖，并能释放出果糖。利用双重置换机理，淀粉蔗糖酶能促进以蔗糖为主要反应基质的聚合、异构化、水解，以及通过与 α-1,4-糖苷键结合的葡萄糖基单位，对多糖的结构进行修饰。与其他淀粉多糖聚合酶不同，淀粉蔗糖酶无须加入任何一种腺苷二磷酸或尿苷二磷酸，它可以通过蔗糖的糖苷键断裂而获得其他糖苷键。这一特点使其在工业上有很大的发展前景。

1. 淀粉蔗糖酶改性淀粉的制备及应用

将谷物淀粉加入到 50 mmol/L Tris-HCl 缓冲溶液中（pH 8.0，2000mL）。在 121℃下蒸压 20min 后，把得到的凝胶淀粉冷却到 30℃。将淀粉样品转移到带有单孔盖的水套容器（5000 mL）中，并加入淀粉蔗糖酶（1.0 U/mL）。适宜温度下使用搅拌器（配有搅拌棒）进行 48 h 持续搅拌（300 r/min）。然后加入 2000 mL 的无水乙醇终止酶反应，沉淀改性淀粉，并将反应混合物冷却 24 h 至 4℃。淀粉蔗糖酶处理的淀粉通过离心回收（11000*g*，4℃，20 min）。用蒸馏水洗涤改性淀粉颗粒 10 次，并在−72℃冷冻淀粉样品，用冷冻干燥机冷冻干燥 72 h（−60～−50℃）。冻干的样品磨碎，然后通过 100 目的筛子过筛，将改性后的淀粉样品置于干燥器中。利用淀粉蔗糖酶的转糖基活性对蜡质玉米淀粉（WCS）进行改性，改性后 WCS 的分子结构更加致密，表现出 B 型晶体特征；改性前后淀粉的支链长度分布有显著的改变，随着转糖基率（TR）的增加，FrI 聚合度（DP>30）组分所占比例显著增加；反之减小。与原淀粉的抗性淀粉（RS）含量相比，改性 WCS 的 RS 含量明显提高，随着 TR 的增加，改性 WCS 的 RS 含量呈现先增加后缓慢降低的趋势，在 TR 为 88%时 RS 含量达到最高。

2. 淀粉蔗糖酶对淀粉特性的影响

1）对链长的影响

淀粉蔗糖酶改性马铃薯淀粉的支链比不同于天然谷物淀粉。在总的转糖基化温度下，A 链和 B_1 链含量分别有显著和轻微下降的趋势。而 B_2 链和 B_3 链含量显著增加，以 B_2 链含量增加最为明显。在低温转糖基化反应中，淀粉蔗糖酶改性马铃薯淀粉的 B_2 链和 B_3 链含量增加，数均聚合度（DPn）也增加。在淀粉蔗糖酶转糖基化反应中，A 链和 B_1 链作为葡萄糖分子的受体，导致 B_2 链和 B_3 链含量增加。淀粉蔗糖酶主要是从支链淀粉团簇外表面 A 链的非还原性末端延长葡萄糖分子。在较低的反应温度下，淀粉蔗糖酶提高了转糖基化活性水平，而不是水解活性水平。因此，预计在较低温度下会形成更多的 B_2 链和 B_3 链。不同反应温度下产生淀粉蔗糖酶加长淀粉的 B_2 链和 B_3 链的比例不同，可能导致了不同的物理化学性质。例如，淀粉支链非还原性末端更多的葡萄糖分子的伸长可能会导致更完美的晶体的形成。由葡萄糖延伸温度引起的物理化学变化有可能也影响了产量。

2）对颗粒形态的影响

通过扫描电子显微镜可以看出，天然淀粉颗粒较大、表明光滑且呈均匀的圆形，直径从 10 μm 到 100 μm，而淀粉蔗糖酶改性后的淀粉形成不规则形状的颗粒，边缘粗糙。且颗粒形态的变化依赖于温度。在 30℃时产生的淀粉蔗糖酶拉长的淀粉颗粒表现为大的、厚的、有角的和直的表面形状，随着淀粉蔗糖酶延伸温度的升高（40℃），这种高密度结构的尺寸减小。随着延伸温度进一步增加到 50℃，颗粒的结构和形状变得难以区分。这表明，在较低的反应温度下，支链伸长增加，导致 DPn 增加。因此，可以解释为直链淀粉含量增加，重结晶淀粉颗粒变得更大、棱角分明、密度更大。

3）对结晶结构的影响

淀粉蔗糖酶长链淀粉呈 B 型结晶排列。随着淀粉蔗糖酶延伸温度降低，B 型晶体结构对应的峰强度显著增加，导致其相对结晶度增加。总的来说，淀粉的结晶结构序列受储藏温度、水分含量和支链淀粉支链长度的显著影响，因此，可以通过改变反应温度来控制支链长度。

4）对溶解度和溶胀力的影响

淀粉支链长度增加会降低其溶解度和溶胀力。这表明，外源葡萄糖分子伸长（缺少支链短链构成的 A 链）导致淀粉颗粒的无定形区结构增强，使得晶体结构稳定性增加。因此，水的溶解度和溶胀力降低是由水渗透到稳定的晶体结构（颗粒水化）的延迟所致。

5）对消化特性的影响

淀粉蔗糖酶改性淀粉的总 RS 含量高于原生淀粉，并且 RS 含量随淀粉蔗糖酶作用温度（30～50℃）的降低而显著增加，特别是在 30℃条件下产生的淀粉蔗糖酶改性淀粉的 RS 含量几乎是天然马铃薯淀粉的两倍。因此支链伸长增加了 RS 的含量，从而降低了 RDS 和 SDS 的含量，这些结果表明淀粉蔗糖酶延长的支链增加了晶体结构的稳定性。由于晶体结构的进一步稳定，其水溶性和溶胀力降低，这些特性使马铃薯淀粉对消化酶更有抵抗力。综上所述，通过控制反应温度，改变其支链长度，可获得具有不同消化特性的淀粉。

4.4 脂肪酶对淀粉的改性

脂肪酶是一类多催化力的酶，它能促进三酰甘油酯及其他一些水不溶性酯类水解、醇解、酯化、转酯化及酯类的逆向合成反应，此外，还具有磷脂酶、溶血磷脂酶、胆固醇酯酶、酰肽水解酶等酶的活性。不同的脂肪酶，其作用取决于反应体系的性质，如在油、水界面上进行酯化，而在有机相中则是酶法和酯交换。

脂肪酶是一种促进淀粉修饰的催化剂，通过脂肪酶催化基体进行酯化反应，从而获得酯化改性淀粉。与化学法相比，酶法具有反应条件温和、反应速率快、催化效率高、无化学废料等优点，是一种环境友好的制备方法。酯化改性淀粉可以改善淀粉的热塑性，改变其溶解度和水活度。利用脂肪酶的区域选择性和立体选择性可以高效制备特性突出的改性淀粉。

4.4.1　脂肪酶改性淀粉的制备及应用

脂肪酶是一类具有催化水解、醇解、酸解、酯化与转酯化等多种功能的特殊水解酶。脂肪酶存在着“界面活化”的现象，即在溶质条件下，底物的活性很低，只有在底物浓度逐渐升高到超过它的溶解度时，它的活性才会显现出来。这种现象与脂肪酶的结构和活性中心的结构密切相关。其中，以丝氨酸、组氨酸、天冬氨酸为主要的催化活性中心。通常该活性中心被包裹在一个或多个 α 螺旋结构多肽“盖子”下面，与基质分离。“盖子”的疏水基团与三元组的疏水基团相结合使其具有两亲性，“盖子”内部具有疏水性，“盖子”外部具有亲水性，以水分子与氢键相连接，反应机理如图 4.4 所示。脂肪酶改性淀粉的制备通常是利用脂肪酶的催化作用，使淀粉与酸底物发生酯化作用，不同的脂肪酶反应的条件、体系不同，催化效果也不同，但最终得到的淀粉都称为酯化淀粉。实验机理是：淀粉的羟基与脂肪酸作用后，分解为阴离子，亲和携带少许带正电的酯化剂的羰基，发生转酯取代反应，生成长链脂肪酸淀粉酯。与天然淀粉比较，发现其疏水、乳化性能较好[6]。利用脂肪酶（*Candida rugosa*）作为催化剂，以月桂酸淀粉酯为原料，酶催化月桂酸淀粉酯的取代度达到 0.165，而未用酶催化的淀粉酯收率只有

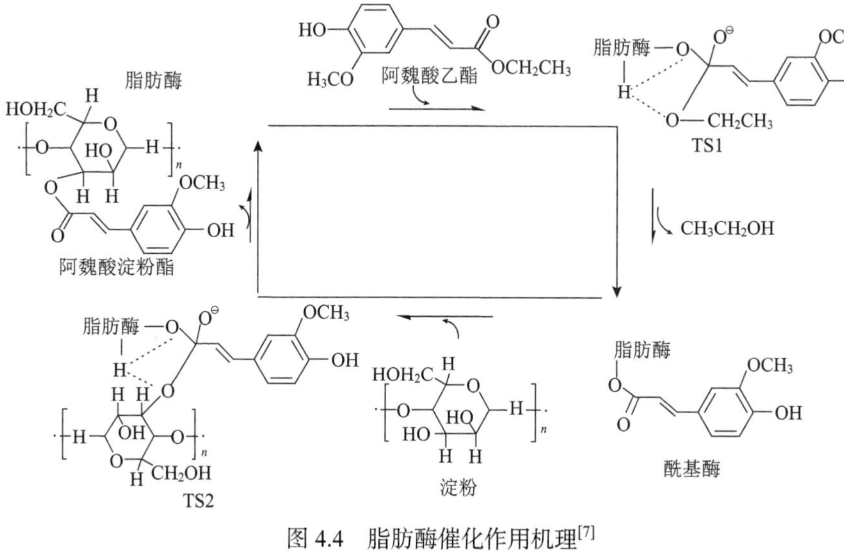

图 4.4　脂肪酶催化作用机理[7]

0.004。结果表明，脂肪酶对淀粉的改性效果是显著的。采用来自金黄色葡萄球菌（SAL3）的非商业性 $CaCO_3$ 固定化脂肪酶，在无溶剂体系中使用微波加热然后液态酯化来催化油酸和淀粉之间的酯化反应。所制备的疏水性淀粉脂肪酸酯可以作为表面涂层材料、食品工业中的调味剂和生物医学中的骨固定的替代物。

4.4.2 脂肪酶改性淀粉的特性

淀粉形态是由直链淀粉的半结晶结构决定的。羧基插入淀粉（直链淀粉）的酯型键减弱了天然结构中氢桥之间的相互作用，从而破坏了晶体构象。因此，改性后的聚合物出现了更宽的分子间间隙，很可能影响其形态特征和一些物理化学性质，如吸水和溶胀。改性淀粉的酯化作用使其膨胀力降低，疏水性增强，可作为骨固定和置换材料，以及药物和生物活性药物控释的载体，应用于生物医学领域。因此，酶催化酯化是一种生态友好的反应。

4.5 复合酶法对淀粉的改性

复合酶法是利用两种或几种酶的协同作用，改变淀粉的内部结构。由于淀粉酶的种类繁多，其效果也不尽相同，因此，可以通过多种途径合成淀粉，其中以水解酶和转糖苷酶为最主要的两类，以水解酶和转糖苷酶的结合来修饰淀粉是一种非常普遍的改性方法。

4.5.1 复合酶法改性淀粉的制备及应用

称取少量谷物淀粉样品，加入蒸馏水配制成体积为 200 mL（5%，质量浓度）淀粉浆液，90℃磁力搅拌 30 min 使淀粉糊化；待样液冷却至 50℃左右，向其中加入 0.02 mol/L NaAc 缓冲溶液调节样液 pH 至水解酶或转糖苷酶的最适 pH。每加入一种酶之前都要调节缓冲液的 pH，适宜温度下进行振荡酶解，反应完成后沸水浴 15 min 使酶灭活。待样液冷却到室温之后，向其中加入 2 倍体积的无水乙醇，然后设定条件为 3000 r/min、20min，进行离心，得到的沉淀进行冷冻干燥、研磨。分别用 α-淀粉酶和转葡萄糖苷酶对葛根淀粉进行不同时间的修饰，改善了葛根淀粉的功能性能，扩大了其更大规模的应用。

4.5.2 复合酶法改性淀粉性质分析

1. 对分支结构的影响

复合酶（分支酶、β-淀粉酶、葡萄糖苷转移酶）改性的过程中分支酶对淀粉的结构（分支结构）影响最显著，随分支酶添加量增加，淀粉分支度逐渐增大，这是因为分支酶能水解淀粉中直链淀粉和支链淀粉直链区的 α-1,4-糖苷键，并产生簇和一些线形的葡萄糖残基，同时催化转移葡萄糖残基连接到其他链上促进 α-1,6-糖苷键的形成，产生新的分支，使淀粉分子的分支度增加。但随分支酶添加量增加，淀粉的分支性呈现先增后减的趋势，这是因为在反应初期，葡萄糖苷转移酶能将游离的麦芽糖 α-1,4-糖苷键和游离的葡萄糖残基结合，使其产生新的分支，从而提高淀粉的分支性，但葡萄糖苷转移酶同时可以水解 α-1,4-糖苷键，添加量高于一定值后，分支度逐渐下降。淀粉的分支程度随加入量的增加呈先上升后下降的趋势，加入适量的淀粉酶可以促进淀粉分支。另外，酶解时间对酶解产物的分支性也有明显的影响，淀粉的分解程度随酶解时间的延长呈先上升后下降的趋势。因此，通过控制酶解的时间，可以有效地改善淀粉的分解能力。经分支酶、β-淀粉酶、葡萄糖苷转移酶的组合，其直链淀粉含量持续降低，随着处理时间的增加，其直链淀粉含量呈递减趋势。这是由于转葡萄糖苷酶的分解、分支，形成了新的 α-1,6 分支点，从而使其向支链淀粉的转化率显著降低。

2. 对结晶结构和形态特征的影响

复合酶（分支酶、β-淀粉酶、葡萄糖苷转移酶）使天然淀粉的晶体结构被完全破坏，意味着被破坏的晶体结构可能会纠缠并重新排列成弱 C 型晶体结构。天然淀粉的 A 型结晶可以转变成 C 型和 V 型的混合物，并且 V 型结晶是主要的。酶处理后的淀粉比天然淀粉的结晶程度要低。改性后的淀粉结晶程度与天然淀粉相比明显降低。而改性淀粉的相对结晶度随着分支的增加而增加。结果表明，高分支的改性淀粉含有较多的短链葡萄聚糖，有利于 V 型晶体的形成。随着酶量增加，淀粉的分支度增加，酶处理后氢键的强度下降。据推测，淀粉分子之间的氢键在一定程度上被破坏，可能会降低淀粉的有序状态，从而导致相对结晶度降低。此外，更多的酶处理后形成的较短的支链不容易相互缠绕，从而导致较低的结晶聚集。

3. 对水合性质的影响

与天然淀粉的溶解度相比，酶改性淀粉的溶解度显著高于天然淀粉，经分支酶→β-淀粉酶→葡萄糖苷转移酶复合处理后，酶改性淀粉的溶解度显著提高，并且随着分支度增加，改性淀粉的溶解度不断提高。这是由于淀粉的结构和链长分布发生了明显的变化，通过复合酶法改性的产物表现为一种簇状聚合物，直链淀粉含量和分子量较低，短链比例和分支化密度较高，故具有高分支化的聚合物在水中高度可溶。在直链淀粉中引入分支点，可抑制淀粉的重结晶，从而促进了溶解度增加。与天然淀粉相比，复合酶改性淀粉的老化程度低于天然淀粉，并且随着分支度增大，老化程度逐渐降低。经过复合酶（α-淀粉酶、异淀粉酶）处理之后，改性淀粉的持水力、溶解度和膨胀度均有不同程度升高。淀粉酶破坏谷物中支链淀粉的分支结构，改变直链与支链淀粉的比例，进而对持水力、溶解度和膨胀度造成影响。天然谷物淀粉改性后峰值黏度、谷值黏度与最终黏度都呈下降趋势，α-淀粉酶与异淀粉酶水解谷物中的直链淀粉与支链淀粉，切断淀粉间糖苷键，产生糖类，同时释放淀粉链之间固定的水分子，从而降低淀粉的黏度。改性后的淀粉糊化温度提高，原因是直链淀粉含量增加，直链淀粉不易糊化。但 α-淀粉酶→转葡萄糖苷酶复合酶改性处理得到的改性淀粉的溶解度和糊状清晰度明显提高。这是由于直链淀粉含量低，分子量小，短链数量多，分支度大。随着转葡萄糖苷酶水解时间增加，其溶解度和糊状物的透明度增加。这可能是由于转葡萄糖苷酶水解时间增加，加速了新的分支点生成，抑制了 α-淀粉酶→转葡萄糖苷酶复合酶处理后直链淀粉和支链淀粉重新排列，从而提高了溶解度和糊状清晰度。

4. 对流变学性质的影响

使用复合酶法（分支酶、β-淀粉酶、葡萄糖苷转移酶）改性红薯淀粉的实验表明，天然和复合酶改性淀粉糊表现为典型的弱凝胶三维网络。线性黏弹性区域范围内的天然和复合酶改性淀粉糊呈现类似固体的行为。然而，通过复合酶改性，改性淀粉糊显示出更像液体的特征。复合酶改性淀粉的黏性组分和弹性组分低于天然淀粉，随着分支度增加，凝胶的刚性、强度和黏弹性随着分支度增大而明显下降。天然和复合酶改性淀粉糊的表观黏度随着剪切速率增加而显著下降，表明天然淀粉糊溶液是一种剪切变稀流体，并且复合酶改性淀粉糊比天然淀粉糊有更大的剪切变稀行为。随分支度增加，淀粉的表观黏度随着剪切速率增加而逐渐减小，剪切应力随着剪切速率增加而增加，复合酶改性淀粉糊需要的剪切应力要远小于天然淀粉。随着剪切速率增加，所有淀粉糊的表观黏度均显著降低，表明天然淀粉糊和酶变性淀粉糊均为假塑性（剪切变稀）流体。

5. 对质构特性的影响

谷类淀粉的酶促改性导致淀粉的所有物理特性得到改善。内聚力增加主要是由于改性淀粉中直链和支链淀粉含量变化，增加了凝胶网络和分子之间的内部结合，从而提高了改性淀粉的内聚力。弹性、回复性、黏附性和咀嚼性增加表明，改性淀粉混合物的弹性更强，硬度更高。

4.6 酶法制备的改性淀粉概述

4.6.1 多孔淀粉

多孔淀粉是一种有机吸附剂和包埋材料，又称微孔淀粉。它是利用物理、化学或生物的方法改变原淀粉的颗粒形貌而形成的蜂窝状多孔性产物。具有生物活性的淀粉酶在糊化温度以下作用于淀粉颗粒，形成多孔产物。微孔淀粉的表面充满了大小不同、分布不均、直径约为 1 μm 的毛孔，从表面到中心的深度，孔隙度可以达到 50%的淀粉颗粒的体积，具有一定的强度、良好的吸附性能，可以用于功能材料吸附包埋。与原淀粉相比，多孔淀粉的基本性质没有明显变化，但多孔淀粉颗粒表面呈现出独特的蜂窝状多孔结构，导致比表面积增大，改变了原淀粉吸附材料的不稳定性。所以多孔淀粉本质上还是淀粉。在现代工业生产中，多孔淀粉因其独特的凹形结构而主要被用作吸附载体，具有很强的吸附能力，并能牢牢吸附物质于孔的内壁，不易脱落，并且其原料来源广泛、安全无毒、生产工艺简单，成为研究的热点。目前多孔淀粉的制备方法主要有物理法、化学法以及生物法。物理法主要是通过机械法、超声波法、喷雾、醇法改性等方法实现。化学法改性主要通过酸法处理，如盐酸、硫酸等。此处理方法的优势在于可以控制反应并方便工业化生产。但其主要缺点是存在安全性以及环境污染问题。由于化学变化，淀粉的基本结构改变，甚至遭破坏。

1. 多孔淀粉的酶法制备

酶修饰已被越来越多地用作制备多孔淀粉颗粒结构的替代技术。与需要苛刻条件和高反应性化合物的化学过程相比，主要优点是反应条件温和、选择性高、副产物少。根据所用酶的数量不同，用酶制备多孔淀粉的技术可分为单酶制备和复合酶制备。单酶或复合酶制备多孔淀粉的基本工艺流程为：原料淀粉浆调合→酶解→消酶→洗涤（脱酶）→离心→干燥→粉碎→多孔淀粉。酶促多孔淀粉形成类似于马蜂窝状的中空结构，是由于生淀粉的天然结构。淀粉粒具有层状结构，中间有脐点。在周期性的光合作用中，淀粉颗粒形成椭球形的生长环，其中支链淀粉双螺旋紧密排列形成结晶区。图 4.5 中（a）为淀粉颗粒的生长环示意，由交替的无定形层和半结晶层构成；（b）为生长环中半结晶层的放大图，由无定形层和结晶层交替组成；（c）为生长环中半结晶层的支链淀粉簇状结构。

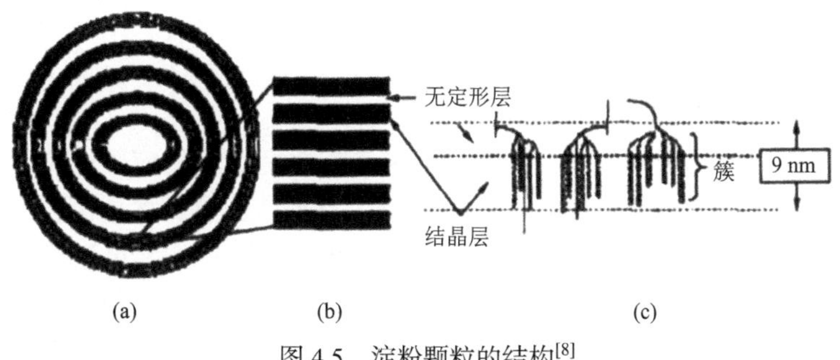

图 4.5 淀粉颗粒的结构[8]

2. 多孔淀粉酶法制备的影响因素

1）原淀粉种类

并不是所有的淀粉都可以用来制备多孔淀粉，如香蕉淀粉、百合淀粉、莲子淀粉等只能在颗粒表面形成鳞状结构。这主要是由于淀粉具有不同的颗粒结构、直链淀粉含量和聚合程度，对酶的敏感性程度不同。研究表明，直链淀粉含量高的淀粉水解速率较低，较难形成多孔淀粉。国内外许多学者的研究已经表明，木薯淀粉、玉米淀粉、马铃薯淀粉都可以作为原料制备多孔淀粉。

2）淀粉酶的种类

淀粉酶的来源和特性是影响多孔淀粉形成的重要因素。目前主要使用的酶有α-淀粉酶、糖化酶、β-淀粉酶。β-淀粉酶对生淀粉的水解能力较弱，而α-淀粉酶和糖化酶对生淀粉的水解能力较强。在相同的反应条件下，使用α-淀粉酶、β-淀粉酶、糖化酶、普鲁兰酶、胰酶等水解玉米淀粉的粒度为 100 目，以多孔淀粉的吸水率和吸油率为评价指标，α-淀粉酶和糖化酶水解能力较强，β-淀粉酶水解能力最弱。而在酶活性相同的条件下，α-淀粉酶酶解制备的多孔淀粉比糖化酶酶解制备的多孔淀粉具有更高的吸水率和吸油率。α-淀粉酶和糖化酶处理淀粉颗粒的区别在于其表面结构，有的淀粉颗粒孔隙分布均匀，孔深明显，有的仅在表面形成不规则形状。

3）淀粉的预处理

淀粉预处理的主要目的是改变淀粉颗粒的结构，破坏淀粉的结晶区，增加淀粉的溶解度，提高生淀粉对酶的敏感性。目前，超声波、微波和湿热处理在淀粉预处理中得到了广泛的应用。在超声波-微波复合条件下[9]可成功制备玉米多孔淀粉。交联反应可以改变淀粉颗粒的结构，增强其抗溶解、抗溶胀和冻融的稳定性，提高成浆温度，改善多孔淀粉的流变性能。在实际应用中，多孔淀粉通常是通过化学交联后酶解制备的，可以显著改善多孔淀粉的性能。与未处理的多孔淀粉相比，交联的多孔淀粉颗粒比表面积小，孔隙大而深，内部孔隙结构为内环层，吸油率和吸水率分别提高了 7.14%和 7.5%。同时，交联后的多孔淀粉具有抗糊化、抑制膨胀的性能，能够满足较高温度下制备多孔淀粉的要求。

3. 多孔淀粉的应用

由于多孔淀粉的优异性能，国内外研究者对多孔淀粉的应用进行了大量的研究。目前的研究主要集中在风味物质的保留、益生菌胶囊、食品保鲜、药物递送以及废水处理等方面。紫薯多孔淀粉包裹橄榄油制备的橄榄油微胶囊，与游离橄榄油相比，基于多孔淀粉的微胶囊封装显示出较高的橄榄油负载量，且氧化稳定性显著改善。经过酸、胆汁和热处理后，微胶囊化天然玉米淀粉和部分水解的玉米淀粉中益生菌植物乳杆菌 299v 的存活率与游离细胞 299v 相比，玉米多孔淀粉颗粒具有较高的益生菌装载效率，可在各种压力条件提供更强的保护作用。以环糊精和多孔淀粉作为壁材料，喷雾干燥法制备微胶囊化大蒜素，发现大蒜素的溶解度增加，可直接溶于水；此外大蒜素微胶囊对热、pH、光和氧气的稳定性也得到了改善，大蒜素的包埋量提高了约 20%～40%。基于多孔淀粉的自组装纳米递送系统用于装载亲脂性普罗布考，普罗布考分散在胃肠液中时，具有良好的稳定性[10]；普罗布考的水溶性增加了 50000 倍以上，并且在胃肠液中普罗布考的累积释放量增加了 80%以上；普罗布考的口服生物利用度与游离药物悬浮液相比提高了约 9.96 倍。用玉米多孔淀粉吸附茶多酚，与游离茶多酚相比，多孔淀粉茶多酚在室温下暴露一段时间后对 DPPH 自由基和 ABTS 自由基的清除率显著提高。

4.6.2　抗性淀粉

抗性淀粉（RS）最开始是指由于膳食纤维的包裹而触碰不到淀粉酶并不被消化的一类与众不同的淀粉，又称抗酶解性淀粉。后来联合国粮食及农业组织又对抗性淀粉的定义进行了改变，最终抗性淀粉定义为无法在健康人体小肠中消化吸收的淀粉及其降解产物的总和[11]。抗性淀粉由于有类似膳食纤维的生理功能而在后来归属于膳食纤维。抗性淀粉是一种持水力低、无异味、多孔的白色粉末，迄今为止在化学上仍无法对其进行详细准确的分类，1982 年，有研究者第一次发现不能被酶解的淀粉，并将其依照来源与抗酶解机制不同主要分为 RS1、RS2、RS3、RS4 和 RS5 五类。

1）RS1（物理包埋淀粉）

淀粉是植物发育过程中重要的能源物质，常见于植物种子和块茎中。淀粉一般以颗粒状态存在于植物体内，包括以单粒状态存在的玉米、小麦等，或以单粒颗粒的聚合体复粒存在的稻谷和燕麦等。RS1 是指由于蛋白质等保护作用而使其靠近淀粉酶困难，从而不被作用的抗酶解性淀粉，主要来源于谷物和豆类等，加工方式会对含量产生一定的影响，如粉碎、研磨等。通过一定的咀嚼和研磨后扩大其与酶的接触面，可以使部分 RS1 消化。

2）RS2（天然抗性淀粉颗粒）

RS2 是指天然具有酶抗性以及未经过糊化处理的完整淀粉颗粒，在马铃薯、玉米淀粉中较为常见。这类淀粉可以高程度地抗酶解，因为完整淀粉颗粒具有特别的结晶结构（B 型或 C 型晶体），但会由于热处理使淀粉逐渐糊化而丧失抗性。根据 X 射线衍射图谱，RS2 又可分为三种。A 型：主要包括小麦、玉米等为 A 型晶体结构的谷物类淀粉，这类淀粉即使不经过热处理也很容易被消化；B 型：主要包括薯类、高直链玉米淀粉等为 B 型晶体结构的淀粉，即便经过加热处理也很难消化；C 型（即 A+B 型，介于 A 型、B 型的中间型，豆类为此类型）：主要为豆类淀粉，其晶体结构属于 A 型向 B 型转变过程中的一种过渡结晶形式。其中，B 型、C 型结晶结构更加紧密，抗酶解性更强。天然抗性淀粉颗粒最主要的来源是青香蕉，其含量与香蕉品种、成熟度有关，成熟度越高，天然抗性淀粉颗粒含量越低。在加热条件下，抗性淀粉颗粒会发生溶胀和糊化现象，进而转变为可消化的淀粉。针对天然抗性淀粉颗粒在高温条件下容易降解、可以被利用的特性，可将其改性为回生抗性淀粉或化学抗性淀粉。

3）RS3（回生抗性淀粉）

回生抗性淀粉是指淀粉类食物在一定条件下，淀粉颗粒结构被破坏，水和直链淀粉形成凝胶，也就是发生了糊化，待冷却后，直链淀粉分子之间会发生缠绕形成螺旋结构，重新结晶，使得结构更为紧密，淀粉酶更难与其接触，不易发生酶解，又被称为老化淀粉，而大部分的支链淀粉老化所形成的抗性淀粉对酶高度敏感，容易被酶水解。回生抗性淀粉可通过加工处理得到，因而成为抗性淀粉中最常见并且最重要的一种。在冷米饭和冷的面包等食物中，都含有较多的回生抗性淀粉。通过“解构”使淀粉分子变成短链形式，重新“构造”这些分子来增加回生抗性淀粉浓度，可提高回生抗性淀粉得率。一定温度的液体乳溶液在酶或者酸作用下可切断分子中 α-1,6-糖苷键，提高直链淀粉比例，同时抗性淀粉原有结构被打破，回生阶段形成紧密结构；非抗性淀粉在酶作用下分解可提高回生抗性淀粉的纯度。与其他类型淀粉相比，回生抗性淀粉热稳定性好，其结构性能稳定、持水性低、透明度低、颜色乳白、颗粒细腻、口感醇厚。与膳食纤维相比，回生抗性淀粉能保持食物本身的味道与色泽，不会产生异味，有利于提高产品品质。因此，回生抗性淀粉具有巨大的应用价值。

4）RS4（化学改性淀粉）

化学改性淀粉是指利用某些化学试剂或者基因改变方法，对淀粉分子进行结构改变或引入一些化学官能团从而产生抗性的一种淀粉[12]。常见的酯化剂有柠檬酸，柠檬酸经过脱水能够形成酸酐官能团，酸酐和淀粉中的羟基官能团发生酯化反应形成具有柠檬酸的淀粉酯，酯化后的官能团空间位阻较大，能够降低酶对其的降解性，提高淀粉的抗酶解性，提升抗性淀粉的含量。

5）RS5（直链淀粉-脂类复合物）

RS5 主要是指淀粉和脂肪酸等在加工过程中形成的复合物，也称第五类抗性淀粉。RS5 的形成机理为：配体诱导淀粉分子构象从线形结构变成螺旋结构，外侧葡萄糖分子亲水基与水分子形成氢键，疏水基则促使螺旋腔水分子排除，疏水基脂类进入螺旋腔，最后形成外部具有亲水性而内部含有脂类物质的淀粉-脂类复合物。造成直链淀粉-脂类化合物具有抗酶解性的原因主要如下：脂类物质的加入改变了淀粉分子原来的结构，螺旋状结构减少了淀粉分子膨胀，与消化酶接触面积减少降低了对消化酶的敏感性。与其他类型抗性淀粉相比，直链淀粉-脂类复合物可在实验室条件可控的情况下制备。抗性淀粉能通过小肠和大肠完整程序的发酵产生短链的脂肪酸及其他产物。抗性淀粉在功能性上被认为是一种新型的膳食纤维，对人体健康有着积极的意义，但又与传统的膳食纤维不同。

1. 酶法制备抗性淀粉

有关抗性淀粉的制备，国内外研究最为广泛的是 RS3，形成过程主要是利用糊化破坏淀粉内部结构，使淀粉分子之间的氢键断裂，从而释放直链淀粉分子，利于直链淀粉分子互相接近并形成双螺旋结构。通过进一步叠加形成极其稳定的结晶体，无法被淀粉酶水解，即形成 RS3。目前，RS3 的制备主要有以下几种方法：热处理法、脱支法、螺杆挤压法、微波辐射法、超声波处理等。其中酶脱支方法绿色便捷，成为近年来研究热点。

抗性淀粉的形成与淀粉中直链与支链比例有一定的关系。一般来说，直链淀粉与支链淀粉的比例越大，抗性淀粉的含量就会越高，因此，在抗性淀粉的制备过程中，利用酶脱支处理使支链淀粉的链长和含量降低，以增大直/支链分子比例，可以有效提高抗性淀粉的得率。目前主要存在两种不同的脱支方式：一种是酶法脱支，另一种则是化学法脱支。化学法脱支主要利用酸水解法，工业上常用食品级的盐酸、硫酸和草酸等对淀粉进行酸解，其中以盐酸的催化效率最高。均相脱支和异相脱支都称为酶法脱支，均相脱支是淀粉在糊化后加入酶，降温进行脱支处理；异相脱支是不经过糊化的淀粉，在较低温度下进行一部分的脱支处理[13]。相比于酶法，酸水解法的脱支效果不够理想，且酸对设备有着严重的腐蚀作用。

酶法脱支中最常见的是利用普鲁兰酶（pullulanase）对淀粉进行脱支处理，该酶能专一、高效地作用于普鲁兰和淀粉分子中的 α-1,6-糖苷键，使其被催化发生水解。淀粉经糊化后原来的完整颗粒结构遭到严重破坏，分子结晶区的大多数氢键发生断裂，直链与支链淀粉分子因颗粒膨胀破碎而充分游离出来，此时加入一定量普鲁兰酶作用于 α-1,6-糖苷键，能使淀粉溶液体系中产生大量的线形淀粉链，线形淀粉链易于移动形成有序排列，可进一步促进抗性淀粉生成。相较于物理法与化学法，酶法脱支具有成本低、效率高、绿色环保等优点，因此被广泛关注。

2. 影响抗性淀粉形成的主要因素

1）直/支链淀粉比例

淀粉中的直链淀粉与支链淀粉比例对 RS3 的形成有较为显著的影响。一般来说，淀粉溶液中直链淀粉与支链淀粉比例越大，RS3 的得率就越高（表 4.1）。这主要是因为相比于支链淀粉，直链淀粉分子的分子量小、排列较为紧密，其链状结构空间障碍较小，更易于回生产生晶体结构。采用酸解（多用盐酸）或普鲁兰酶酶解对支链淀粉进行脱支处理，可相应地提高直链淀粉的含量，有效促进 RS3 的形成。

表 4.1　直/支链比对抗性淀粉形成的影响

直/支链比	抗性淀粉得率/%
100/0	36.45±2.31
75/25	28.06±1.46
50/50	21.48±0.41
40/60	19.07±0.40
25/75	18.16±0.23
15/85	8.97±0.29
0/100	7.61±0.38

2）直链淀粉聚合度

直链淀粉聚合度也在很大程度上影响淀粉回生。聚合度过高会增大淀粉分子的迁移阻力，使其难以取向重排；聚合度过低又容易运动扩散，减少了分子间碰撞作用的概率，均不利于抗性淀粉得率提高。采用脱支的西米淀粉制备抗性淀粉，发现抗性淀粉是由分散的聚合度为 20～25 的线形低聚糖结晶而成的。通过酶处理将玉米直链淀粉的平均聚合度降低一定水平，能够大幅度地提高抗性淀粉的得率。这表明将直链淀粉的聚合度控制在一个适合的范围内，对抗性淀粉的形成具有十分积极的促进作用。

3）淀粉的晶体结构

抗性淀粉主要来源于植物细胞中的天然 B 型晶体和高直链淀粉含量的淀粉。X 射线晶体衍射和差式扫描分析证实 B 型晶体结构包埋的片段扩大了淀粉内晶体结构，促成抗性淀粉形成。只要是破坏淀粉晶体结构或组织完整性的加工方法都会使淀粉酶的作用效果提高从而使抗性淀粉含量降低，但是利用化学法和重结晶法改变淀粉的晶体结构可以使淀粉的抗酶解性增强，提高抗性淀粉含量。

4）淀粉溶液的浓度

一定范围内淀粉溶液浓度升高可以增加淀粉分子之间的碰撞概率，使其更容易回生；但浓度过高会使分子运动受阻，不利于其相互靠近形成抗性淀粉。一般认为水分含量为 30%～60%时抗性淀粉的得率较高。

5）处理方式

将酶解、高压湿热、煮沸、微波、超声波、挤压膨化和反复加热-冷却等处理用于抗性淀粉的制备中，能有效促进淀粉溶液体系中直链分子溶出，加速回生形成抗性淀粉[14]。

6）储藏条件

形成抗性淀粉的重要条件包括水分和温度等。对于直链淀粉而言主要有三个阶段：形成核、结晶生长和结晶生成。而结晶的生长过程与核形成和晶体增长的速度相关，这一系列过程都会受到温度和水分的影响。水分较低而温度较高时会使 A 型晶体形成加快，水分较高而温度较低时会使 B 型晶体形成加快，而 B 型晶体的抗性淀粉含量一般较高[15]。回生直链淀粉的链长主要受温度影响，回生温度高，回生淀粉链长短，融化温度较高。通常认为最适宜形成抗性淀粉的储存温度是 0～4℃，该温度可加速淀粉回生；而缓慢冷却方式比迅速冷却更有利于抗性淀粉形成，主要是由于冷却速率较慢时，淀粉分子有充足的时间取向平行排列，进而产生重结晶。研究表明，4℃下储藏 12～24 h 可显著提高谷物等产品中抗性淀粉的含量。

7）蛋白质、脂质

蛋白质、脂质在抗性淀粉的形成过程中也起到一定的作用。直链淀粉分子在回生过程中会通过相互作用形成氢键，而蛋白质、脂质也能与其相互之间形成氢键从而产生直链淀粉-蛋白和直链淀粉-脂质复合物，一定程度上束缚了直链淀粉分子，抑制了其参与重结晶形成抗性淀粉，导致抗性淀粉含量降低。对淀粉进行脱脂后再处理，发现抗性淀粉的含量从 41.5%提高到 52.2%，证实了对淀粉进行适当脱脂有利于抗性淀粉的形成。

8）其他组分

向糊化后的淀粉中添加金属离子可使淀粉凝沉，会导致抗性淀粉的含量减少。食品中钙离子、钾离子等对抗性淀粉形成产生影响，金属离子吸附淀粉分子可抑制分子间氢键的形成。不溶性纤维素和可溶性纤维素也会使抗性淀粉的含量略降低。几乎多酚类物质都能减少抗性淀粉的形成，并且降低幅度大。

3. 抗性淀粉的应用

近年来，糖尿病、高血压等的发病率逐年提高，慢性疾病越来越年轻化，饮食导致的身体代谢疾病正逐年提高，已成为影响人体健康的主要因素，因此人们对于身体健康也越来越重视。抗性淀粉因不会被人体胃和小肠消化吸收，增加了饱腹感，减少了能量提供，对控制体重具有作用。抗性淀粉能够提高机体对胰岛素的敏感性，有效维持餐后血糖波动。抗性淀粉作为一种低热、高膳食纤维含量的食品组分，以其优良的加工特性和独特的生理功能而日益成为国内外研究者广泛关注的焦点，其在营养学和食品科学领域的应用无疑将具有重要的工业价值和广阔的市场前景。

1）在主食制品中的应用

目前，国内外对于抗性淀粉的应用已经非常广泛，如作为膳食纤维的营养强化剂应用于面包、面条、馒头等主食制品中，在面粉中添加一定比例的抗性淀粉后制得的面包，不但膳食纤维含量增加，且其体积较大、口感良好、表面蓬松，明显优于添加其他膳食纤维所制得的面包。添加 20%的抗性淀粉制作意大利面，可使其中抗性淀粉的含量从 1.9%升高至 21%，通过加工处理不会降低体外消化率，且对其感官品质和质构特性无明显影响。

2）在饼干、糕点等焙烤食品中的应用

将抗性淀粉应用于一些焙烤食品如饼干、面包等，可以有效地增加其中膳食纤维的含量，同时抗性淀粉因极低的持水力与令人满意的起酥性，适用于制作饼干与糕点制品。高淑云等的研究表明，将抗性淀粉作为新型食品添加剂应用于焙烤食品中，其作用优于普通膳食纤维，对产品的工艺操作、感官特性等几乎无不良影响，且可增加其保健功能。添加 25%抗性淀粉焙烤的饼干色泽均匀、香味纯正、口感松脆细腻、无颗粒感，且属于中等血糖指数食品。在饼干中加入 14%抗性淀粉时，其口感风味均较好，同时抗性淀粉的稳定性和起酥性提高了饼干品质。糕点制作中添加适量抗性淀粉，其由于持水力远低于传统膳食纤维，吸水少，对加工工艺影响较小，便于配方调配，因此可用于制作兼具良好感官和独特功能性质的大众化糕点制品，有益于增进人体的健康。

3）在饮料及发酵制品中的应用

抗性淀粉应用于酸奶等发酵制品中，不仅可作为乳酸菌的增殖因子，还能提高菌体的存活率。添加一定量的抗性淀粉发酵制备酸奶，使其活菌数和菌体存活时间相比于对照组均有显著的提高，因此抗性淀粉可以用作益生元被益生菌所代谢利用。抗性淀粉良好的稳定性使其可以作为食品稳定剂使用。另外，抗性淀粉能够增加酸奶的黏稠度及入口时的细滑感，同时还可改善其在储存过程中出现的乳清析出现象。将抗性淀粉应用于黏稠饮料中可以提高饮料的不透明度及悬浮度，而且饮料口感良好，无沙砾感。

4）在保健食品中的应用

抗性淀粉无法被健康人体的小肠直接消化吸收，而在大肠内通过微生物的发酵作用产生一系列短链脂肪酸（SCFA）等代谢产物，这些 SCFA 可维持肠道的酸性环境，减少肠功能失调，有效预防结肠癌、直肠癌等肠道疾病的发生。与此同时，抗性淀粉几乎不含热量，能够减少能量摄入、降低餐后血糖和血清胆固醇水平，对糖尿病、高血压、高血脂等患者具有保健作用。抗性淀粉添加到食品中能增加其中总膳食纤维的含量，有效控制体重，是一种非常有前景的减肥产品配料。这些优点及独特的生理功能决定了抗性淀粉可作为营养成分开发多种保健食品，奠定了其在食品营养学研究领域中的重要地位。

5）在医药工业中的应用

抗性淀粉具有独特的抗酶解性，且其生物相容性、无免疫原性非常突出，能够稳定储存，可用作生产微胶囊的壁材，包埋某些需要在特定位点释放的药物，保证其不被胃和小肠消化，有利于控制药物释放，从而提高药物疗效，在现代医药工业中具有很高的应用价值。抗性淀粉作为一种膳食纤维，在预防糖尿病、肥胖、炎症以及调节肠道健康方面有特殊的益处。抗性淀粉可以丰富肠道内有益菌的多样性，促进短链脂肪酸产生。肠道微生物群的变化可能会影响一些糖脂代谢相关基因的表达，导致葡萄糖和胰岛素反应降低。此外，抗性淀粉可以促进不同类型的肠道微生物的生长，这些微生物主要是 SCFA 的生产者。来自天然豌豆淀粉（RS2）的抗性淀粉主要降低了厚壁菌门/拟杆菌门的比例，但增加了双歧杆菌（醋酸盐的生产者），而酸水解和普鲁兰酶酶解豌豆淀粉（RS3）所得的抗性淀粉对粪杆菌（丁酸生产者）的影响更为显著。一些研究发现厚壁菌门/拟杆菌门比例与肥胖和糖尿病有关，但也存在矛盾的观点[16]。

4.6.3　慢消化淀粉

由于淀粉在人体消化过程中会影响人体的血糖指数，故英国学者 Englyst 等根据葡萄糖的释放效率及其在胃肠道等的吸收，将淀粉分为快消化淀粉（RDS）、慢消化淀粉（SDS）和抗性淀粉（RS）三类。其中，RDS 是指摄入淀粉后导致血糖快速增多的淀粉（0～20 min）；SDS 是指在小肠中可以被完全消化，但消化速率较慢的淀粉（20～120 min）；抗性淀粉是指在小肠中不被消化，但能在大肠中被微生物发酵利用的淀粉（＞120 min）。

SDS 比较温和，并且有助于预防慢性疾病。SDS 可以缓慢释放葡萄糖，在餐后持续向身体提供能量，可以维持较合适的血糖水平，也可以预防发生胰岛素抵抗的现象。人食用 SDS 含量较为丰富的食物，不仅有利于血糖控制、有益身心健康，还可以有效预防和治疗肥胖症、心脑血管疾病、糖尿病等各种慢性疾病及代谢综合征，在维持人体的饱腹感、改善人的认知功能等方面都起着至关重要的作用。因此，SDS 因其特殊的功能特性而日益成为食品、医药、化工等工业的研究热点。

1. 慢消化淀粉制备方法

SDS 在小肠中被消化吸收的速度较慢，但也可能被完全消化吸收，因此它的生理功能较特殊，目前已成为食品营养学等领域研究的热点，同样也引起了国内外学者对慢性淀粉研究的兴趣。目前国内市场普遍出现商品化的 SDS，因此更加深入地探究 SDS 的制备方法迫在眉睫。

1）物理法

物理改性淀粉制备 SDS 常用的方法有韧化处理、湿热处理、重结晶、微波、超声波处理等。韧化处理（AN）主要是在水分条件＞60%、低于糊化温度下进行的处理过程；而湿热处理（HMT）主要是在<35%的低水分条件、较高温度下的热处理过程。这两种是较为常用的物理改性法，共同点都是在淀粉的玻璃化转变温度（T_g）和糊化温度之间发生反应的。除了常用的韧化和湿热处理，近年来超声波处理等技术手段也加入制备 SDS 的行列。在酶法脱支的基础上加入超声波作为酶解的辅助手段，在一定程度上也较好提高了 SDS 含量，为制备高含量 SDS 提供了新思路。

2）化学法

化学改性淀粉是在实验、生产中非常重要且应用较为广泛的淀粉改性方法。采用交联羟丙基化（CL-HP）和交联乙酰化（CL-AC）分别处理蜡质玉米淀粉，发现 CL-HP 法可以有效改善 SDS 的含量，最高可达 21%[17]，而 CL-AC 法则利于产生抗性淀粉，抗性淀粉含量最高为 24%；先用柠檬酸酸解大米淀粉，然后在 100℃高温下进行热处理，使 SDS 含量提高了 14.2%，且热稳定性较好；使用三种酸（盐酸、硫酸、柠檬酸）分别处理脱皮绿豆淀粉，研究指出随着 pH 不断降低，酸热处理后的 SDS 含量逐渐增加，但是抗性淀粉含量则呈现相反趋势。

3）酶法

酶法处理一般是指淀粉酶进行催化水解或通过转苷作用对淀粉分子结构进行修饰重组。对普通玉米淀粉分别使用 β-淀粉酶、β-淀粉酶转苷酶、麦芽糖 α-淀粉酶、麦芽糖 α-淀粉酶转苷酶对淀粉进行改性处理，比较四种酶对 SDS 形成的影响，与原淀粉 SDS 含量相比，经过酶法改性的 SDS 含量均大大增高，分别提高了 9.0%、19.7%、5.7%、11.0%，同时提出淀粉分子分支密度和结晶结构增加会利于 SDS 形成。

2. 慢消化淀粉的生理学功能

研究表明，2 型糖尿病与餐后的快速血糖应答有很大关系。另外，RDS 容易引起肥胖症的高发病率，胰岛素骤升会引起饥饿感，从而摄取更多食物。因此，联合国粮食及农业组织建议糖尿病和肥胖症患者都应该选择不会引起快速血糖应答的 SDS。加拿大教授首先提出了血糖指数（GI）的概念，GI 反映了人体对食物中碳水化合物的吸收能力。根据 GI 值大小可将含有碳水化合物的食品划分为不同等级，通常设定 GI≤55 的食物被认为是低 GI 食物，GI 介于 56～69 范围的为中 GI 食物，GI≥70 的为高 GI 食物。低 GI 的食物进入胃肠道后，由于滞留时间较长，消化缓慢，当消化的葡萄糖进入血液后，血糖峰值变低，避免了餐后血糖剧烈变化；相反地，高 GI 的食物在胃肠道被迅速消化吸收，葡萄糖将快速释放，进入血液的峰值高，胰岛素升高随之变快。作为一种低 GI 的食物，SDS 不仅可以降低餐后血糖对人体造成的压力，有效缓解糖尿病患者的病情，而且肥胖困扰者多食用高 SDS 含量的食物还能够控制体重和预防肥胖[18]。

4.6.4　酯化淀粉

酯化改性淀粉是一种由酯化剂（有机酸或无机酸）取代淀粉中葡萄糖单元结构的醇羟基的淀粉。淀粉分子中存在大量的羟基具有一定的亲水性，但其机械性能较差，特别是在潮湿的条件下。酯化改性可以解决上述问题。通过与羧酸的酯化反应，得到了淀粉酯。由于酯化作用，淀粉糊化温度下降、糊黏度升高、糊透明度增大、回生程度下降、凝胶能力下降、抗冻性增强，更适合用作食品增稠剂和稳定剂。酯化后的淀粉分子间的氢键作用被削弱，从而使酯化淀粉具有热塑性和疏水性，淀粉糊的透明度、光泽度、黏度特性和凝胶质构也均有明显的变化。酯化淀粉已广泛用于纺织、水处理、医药、食品等行业。

1. 酯化淀粉的酶法制备

脂肪酶的催化机制如图 4.6 所示：丝氨酸是由脱质子化作用激活的，同时，组氨酸和天冬氨酸也会参与，如图 4.6（a）所示。因此丝氨酸上的羟基残基的亲核力会增加，由此攻击底物的羧基，形成酰基酶中间体，如图 4.6（b）所示。含氧阴离子孔提高了电荷分布的稳定性，降低了四面中间体的基态能。图 4.6（c）是脱酯步骤，这一步骤受到集中在界面处分子电负性的控制。一种亲核试剂（水或者单酸甘油酯）进攻酯化的酶会导致产物释放以及酶催化部位再生。

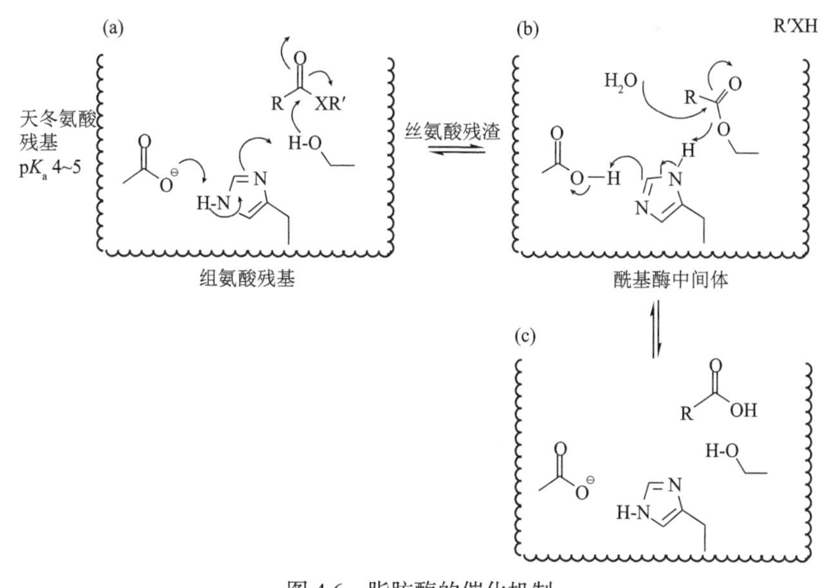

图 4.6　脂肪酶的催化机制

在酯合成反应中，由于水的生成会导致逆向反应（易于酯水解），因此水会对合成反应具有不利的影响。此外，在酯交换过程中，水会引起不良的副反应。

所以，在脂肪酶催化下，反应介质通常采用疏水性有机溶剂，或者采用非溶剂体系（由于反应物质是有机物）。采用脂肪酶催化法，在非水相中进行酯化反应，机理如图 4.7 所示。

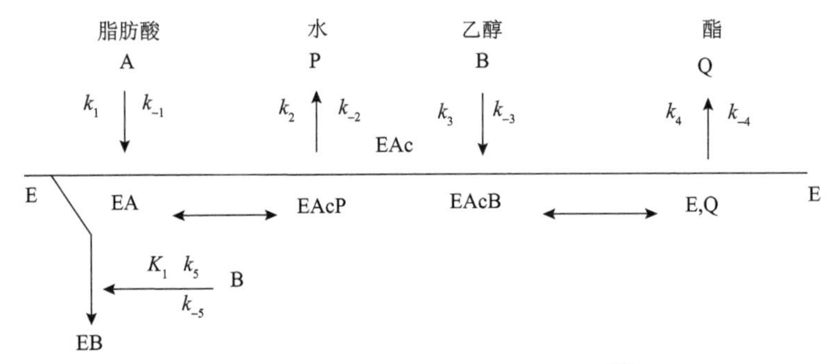

图 4.7　脂肪酶催化酯合成反应机理[19]

由反应机理可以看出，脂肪酶既可与脂肪酸反应形成脂肪酶-酸复合物 EA，也可与醇结合形成惰性脂肪酶-醇复合物 EB。然后 EA 转化为羧酸-脂肪酶中间体 EAc 并释放出水（P），随后与醇作用生成另一个二元复合物 EAcB，最终释放出酯类 Q 与游离酶 E。由于酶的来源、有机溶剂以及反应底物不同，各个反应体系又有其自身的特点。

2. 酯化淀粉酶法制备的影响因素

1）脂肪酶

脂肪酶是一种与油-水界面相结合的特定酰基水解酶。其在油-水界面上表现出强大的亲和力。不同来源的脂肪酶存在着显著的结构差异，在不同的底物催化过程中，其活力存在着很大的差别。同一种脂肪酶，催化香草醇和脂肪酸酯的转酯化作用达到 63%，而催化棕榈酸与维生素 C 酯化反应的酶活力为 52%。因此，恰当地选择脂肪酶的种类对催化反应的效率至关重要。

2）水活度

由于在不同的反应体系中，水在底物和反应介质中的作用不同，体系中相同的含水量对酶催化的影响程度也不同，所以通常采用水活度来描述系统中的水与其他组分的关系。水分子通过氢键、疏水性、范德瓦耳斯力等方式，直接或间接地保持酶的活性，而水的去除会引起这些构象变化，从而使酶失去活力。水分子可以和酶分子中的官能基团产生氢键，这样就可以阻止酶分子上的极性基团间的静电作用，从而使得酶分子在一定的构象条件下具有充分的柔性。保持酶的催化作用所需要的最小数量的水称为“必需水”，因此，只要有这一“必需水”，酶就能在宏观非水相中发挥催化作用。但是，水分过多会引起酶“热失活”。随着温度增加，酶分子会被反向折叠，从而导致酶的结构发生变化，引起失活。此外，在酯化、酯交换、肽合成等具有水的可逆反应中，水也会影响反应的热力学平衡。结果表明，在非水相的酶反应系统中，有“最佳含水量”，也就是最适水活度。此最适水活度除与酶类型有关外，还与所选择的有机溶剂有关。一般情况下，这种最佳含量非常低，达不到有机溶剂中的饱和水平。而无溶剂系统则是指含水量小于 0.01%的无溶剂系统，保持酶的催化作用需要水。对无溶剂系统中的 *Rhizopus oryzae* 脂肪酶在植物油和甲醇之间的酯化作用进行了研究。在完全无水的情况下，不会发生酯交换，也没有发现产物形成，而含水量在 4%～30%的情况下，脂肪酶对反应进行了高效催化。所以，在完全没有水分的情况下，不会出现酶促反应。

3）反应介质

不同的有机溶剂对酶催化活性的影响也不同。亲水的有机溶剂如丙酮、乙腈、叔丁醇等对水溶性底物具有良好的溶解度，但它们会掠夺维持酶催化作用的必要水分，导致酶的催化活性下降，甚至失去活性。己烷、异辛烷等疏水有机溶剂对酶的催化作用起着重要作用，但对水溶性底物的溶解不利，从而导致酯化反应的进行非常缓慢。另外，溶剂的极性也会影响产品的平衡转化。而在无溶剂系统中，某些辅助剂对酶的催化作用会产生一定的影响。在无溶剂系统中，尤其是在固态材料的作用下，添加一定数量的辅助剂，可以加速反应过程中的液相生成，从而提高反应速率。所添加的辅助剂是醇、酮、酯等亲水的有机溶剂。其主要作用是改进体系性能，而非反应溶剂。辅助剂在反应过程中扮演着非常复杂的角色，不仅影响着系统的液相成分、物理化学性能，还关系到酶的活性、产物的结晶度以及反应的产率。尽管辅助剂的种类和数量随反应和酶的不同而变化，但辅助剂的溶解度参数（D）值在 8.5～10.0 之间，lg$P$（表示一种有机溶剂在正辛醇和水两相溶液中的分配系数）在−1.5～0.5 之间为最好。

4）底物（以糖为例）

糖只有溶解在溶剂中才能有效参与酯化反应，但由于不同糖在有机溶剂中溶解度不同，在酯化反应中合成糖脂的反应速率会产生不同影响。除此之外，底物的摩尔比对反应的平衡有很大的影响，底物的浓度对酶的催化作用有很大的影响，所以，适当的基质的摩尔比和浓度是非常关键的。特别是在无溶剂体系中，反应底物的比例对无溶剂体系下的酶促反应产生重要的影响，因为无溶剂体系中存在着比有机溶剂和水溶剂体系中更大的扩散限制，底物比例改变会影响反应的速率和平衡。在无溶剂体系中利用 Lipozyme TLIM 催化马铃薯淀粉和棕榈酸发生酯化反应可以制备棕榈酸淀粉酯，且底物配比对达到平衡的时间和平衡后得到的棕榈酸淀粉酯的取代度有很大的影响。同样，无溶剂体系中 Novozym 435 催化辛酸与甘油酯化反应中，底物摩尔比不仅对反应平衡产生影响，对酶的催化选择性也有明显的影响，当辛酸与甘油摩尔比为 2∶1 时，反应 12 h 后甘油二酯的含量最高达 68.9%，辛酸转化率约为 92%，当摩尔比为 1∶1 时，尽管辛酸转化率高达 96%，但甘油二酯含量仅为 40%，当底物摩尔比大于 2∶1 时，随着辛酸浓度增加，甘油二酯含量和辛酸转化率都降低。

5）其他因素

大多数酶特别是固定化酶在非水相体系中几乎不溶，呈悬浮状态，受传质限制，酶反应速率较低。酶颗粒的大小以及酶颗粒之间是否发生团聚也是影响酶催化反应的一个因素。选择合适的方式进行酶的固定化、在反应过程中进行搅拌以及对酶进行修饰等都可以在一定程度上降低传质的限制。溶剂的介电常数、酶分子的电离状态等也是非水相酶催化反应的影响因素。

3. 酯化淀粉的应用

1）在食品工业中的应用

现代食品行业中食品加工、储藏的方法多样，淀粉作为辅助原料，由于其本身的特性，不能满足生产需要。例如，冻融稳定性差、糊化后容易凝固，不宜冷藏；而原淀粉则不耐高温，对食物进行烘烤、高温灭菌时，会影响外观、味道等。为满足生产需要，淀粉经酯化处理后，其固有特性得到改善，从而消除了许多工业上对淀粉的限制。酯化淀粉在食品行业中可用作乳化剂、稳定剂、脂肪替代物等。

2）在纺织工业中的应用

在纺织工业中，酯化淀粉主要用于经纱上浆，能部分替代聚乙烯吡咯烷酮（PVP），提高了淀粉浆料的利用率。辛烯基丁酸的酯化淀粉是从酸解玉米的酯化反应中得到的，这种酯化淀粉可与润滑油混合用于轻纱上浆，使之具有较好的织物性能和退浆性能。将烯基丁二酸酯化淀粉或丁二酸酯化淀粉应用到玻璃纤维上浆，可大大改善玻璃纤维的整体性能和运动阻力。

3）在造纸工业中的应用

在造纸行业中，磷酸酯淀粉可以用作纸浆的施胶剂，能提高纸的强度，在白色颜料中也能起到很好的分散和黏合剂作用，尤其适合于高档涂布纸的生产。辛基丁二酸乙酯和阳离子型淀粉混合后，可以使纸具有一定的耐水性能，并且可以形成一种密度较高的纸和纸板基材。用环氧氯丙烷作交联剂，对玉米淀粉进行改性，制得的不溶性淀粉黄原酸酯（insoluble starch xanthate，ISX）在造纸工业中抗破裂强度、抗折度、抗水性能均有显著的改善。

4）在塑料工业中的应用

淀粉基可降解塑料是一种很有发展前景的可降解塑料。其中，乙酸酯淀粉作为制备塑料材料较为常见。由于酯基的存在，淀粉的黏附能力减弱，使其成膜性能得到改善，从而弥补了原淀粉的耐水性和耐热性能差的缺陷。

5）在日用化学工业中的应用

磺基丁二酸酯淀粉在日用化学工业中可用作增稠剂、皮革膏、泡沫橡胶助剂。硬脂酸淀粉酯被广泛应用于日用品中，可以用作清洁剂、乳化剂、胶凝剂、悬浮剂、增稠剂等。亲水淀粉乙酸酯是由淀粉糖与脂肪酸（如月桂酸、油酸、硬脂酸等）酯化而得。在化妆品行业，它可以作为乳化剂用于护肤霜、滑石粉、眉笔或牙膏中。

6）其他应用

磺基丁二酸酯淀粉可用于其他领域，如作为电解质浆料的增稠剂以及模具砂中的添加剂。硫酸酯淀粉产品具有高度的亲水性，可作为水泥和钻井泥浆的水黏合剂；它的溶胶溶液即使在低温下也能很稳定，可用于某些药物的黏稠剂；有些硫酸酯淀粉对蛋白质有较强的生理活性，其结构中的某些基团可提供抗凝血特性，是一种廉价的天然抗凝血剂肝素的替代品。

4.6.5 表面施胶淀粉

淀粉具有低成本、可再生和可降解的优点，是造纸中除纤维和填料外的第三大组分。表面施胶淀粉占造纸淀粉应用总量的 80%，而酶改性淀粉是淀粉表面施胶应用中的主要类型。传统表面施胶增强是基于“三明治”原理在纸页表面涂覆多层淀粉。近年来，高分子聚合物协同淀粉表面施胶增强纸的研究呈现增长趋势。近几年来，为了提高纸张的挺度，研究者一直在进行对纸面施胶的研究。纤维之间的结合主要是通过化学键，如离子键、氢键、范德瓦耳斯力，以及纤维的表面交错力的连接。纤维素纤维胶体的强度特性取决于纤维之间的相互作用[20]。纸张强度很大程度上依赖于纤维之间的相互作用。研究发现，只有结合力较强的交联点才可以“激活”整个纤维网络结构，发挥纤维自身内在的强度优势，显著改善纤维网络结构的强度性能。化学交联是增强纤维间交联点处的结合力、提高纸张强度及挺度性能的重要途径。可以采用 2,2,6,6-四甲基哌啶-1-氧自由基氧化法（TEMPO 氧化法）赋予废旧办公纸浆纤维活性官能团（羧基），加入旧瓦楞纸箱显著增加了纤维间交联位点的数量，通过在纤维间缠绕形成互穿网络结构，实现了对纸张强度、挺度性能的改善。

1. *表面施胶淀粉的酶法制备方法*

酶改性淀粉是利用生物酶对淀粉进行改性。使淀粉施胶液能通过纸张孔隙渗入纸张内部的关键是淀粉分子的体积与尺寸，淀粉分子体积大或分子链长将因纸面孔径小而无法进入内部；分子量过低将失去增强剂增强的效果。在工业上，采用酶修饰的淀粉取代氧化淀粉和阳离子淀粉表面施胶，不但可以减少污染，而且可以有效地降低施胶成本。应用在淀粉改性中的酶种类繁多，包括内切淀粉酶、外切淀粉酶、脱支酶和转化酶，淀粉的主链切割酶主要由淀粉内切酶和外切酶组成，脱支酶主要攻击淀粉的 α-1,6-糖苷键，起到切断分支的功能，而转化酶能够将某些小分子物质连接到淀粉表面。目前在造纸中应用最广泛的酶是内切酶。其中，α-淀粉酶是一种提取容易、制备工艺成熟且价格便宜的淀粉酶，因此是目前应用最广的施胶酶。交联剂是一种用于促进或调节聚合物分子链间共价键或离子键形成的物质，它能在线形分子之间起桥梁作用，使多个线形分子通过键合而交联成网状结构。交联剂一般为具有特定官能团的分子物质，或者含有不饱和双键的化合物（二元酸、多元醇等）。交联剂在高分子材料生产中很常见，如橡胶和热固性树脂等。由于具有细长分子结构的聚合物很容易断裂，在交联之前，其强度、拉伸性能和弹性都很差，因此，交联剂可以在这些聚合物中随机发生化学结合，使得线形分子彼此结合，形成网状结构，如通过这种方式，橡胶的强度和弹性得到改善。在造纸业中，已有三偏磷酸钠、三氯氧磷、环氧氯丙烷、甲醛、乙二醛、戊二醛等对淀粉进行了交联改性。将交联剂添加到淀粉表面施胶液中，可以提高淀粉间的连接、纤维间的连接、淀粉与纤维的黏合，增强纸页的内部结构，提高其性能。

2. 表面施胶淀粉酶法制备的影响因素

1）反应体系 pH

在较高 pH 值时，淀粉容易生成淀粉氧负离子，其亲核性越高，越容易与交联剂发生亲核取代；但是，在 pH＞11 时，过高的碱性溶液会引起淀粉膨胀，从而提高系统的黏度，导致阻碍了淀粉分子和交联剂碰撞，降低了交联度，增大了沉降积。当反应系统中的碱性过高时，三偏磷酸钠会发生水解从而导致交联效果下降。

2）糊化特性

随着温度升高，淀粉的氢键受热能力逐渐降低，粒子的吸水性和黏度增大，当达到一定温度时，氢键发生断裂，粒子瓦解，黏度降低。但交联后的淀粉具有良好的化学键合能力，可以在氢键断裂后继续保持淀粉颗粒的强度，阻止淀粉膨胀，从而使淀粉具有更高的糊化能力，其特点是糊化温度比原淀粉高，黏度降低，并且在整个过程中黏度损失小，热稳定性好。

3）施胶温度和浓度

随温度升高，淀粉液黏度降低，流动性增加，利于淀粉向纸内渗透；并且施胶温度升高使淀粉液向纸内渗透时的水分蒸发速率加快，纸张纤维吸收部分水分，导致淀粉与纤维间通过羟基间的相互作用形成氢键，淀粉被固定在纸页内。施胶温度 70℃时渗透因子达到最大值 0.36，施胶温度 80℃时淀粉在纸内的渗透因子下降至 0.34，这是因为温度升高加快了水分蒸发，淀粉偏向于在纸张表面与纤维结合，不能渗透进入纸张内部。

4）淀粉分子量

淀粉分子量是影响淀粉向纸内渗透的主要因素。α-淀粉酶用量增加减小了淀粉的分子量和淀粉液的黏度，增强了淀粉的流动性。酶用量从 0.55 U/g 增至 1.65 U/g 时，淀粉的渗透因子由 0.36 增至 0.41，淀粉向纸内的渗透性能增强。淀粉的渗透因子在酶用量为 3.3 U/g 时达到最大值 0.52，此时淀粉向纸内均匀渗透。但当淀粉酶用量增至 4.95 U/g 和 6.6 U/g 时，淀粉的渗透因子分别减小至 0.5 和 0.47。淀粉在纸内的渗透分布下降，这是小分子量的淀粉渗出纸页所致。淀粉对纸张通孔结构的填充主要为堵塞填充。与原纸相比，淀粉表面施胶显著减小了纸张通孔的最大孔径；淀粉分子量减小导致纸张通孔的被堵塞程度减小，但有助于填充纸张开孔结构中的小孔。

5）交联剂

目前，用于造纸工业的淀粉交联剂有氨基树脂、无机交联剂、乙二醛等。但聚氨酯树脂中的脲醛、三聚氰胺甲醛树脂等都含有甲醛，目前已不能用于造纸。而锆则是一种无机交联剂，能在纤维表面形成络合物，并能有效地改善淀粉的交联性能。乙二醛可与含羟基、氨基的高分子聚合物形成半缩醛或缩醛结构，并进行席夫碱反应。碳酸锆铵（AZC）是一类含有氨基的无机交联剂，它是一种具有良好的自交联和共交联作用的生物高分子材料，如今常用来提高纸张等聚合物的疏水性。AZC 的水溶液体系受热可通过锆离子间的自交联，形成络合物颗粒。构建乙二醛/AZC 的二元溶液体系，利用醛基与氨基间的席夫碱反应和乙二醛增大 AZC 空间位阻的方式，理论上可对 AZC 水溶液体系的稳定性及交联性能产生重要影响。

4.7　酶法改性淀粉的应用

淀粉经过改性处理，具有以下优良特性：

（1）改善蒸煮特性，减缓老化；

（2）在高温或低温下具有稳定的黏度；

（3）具有较强的抗机械剪切能力；

（4）在酸性介质中、剪切状态下具有抗稀能力；

（5）改善糊液及凝胶的透明度及光泽，改善膜结构及黏着性；

（6）具有较高的抗阳离子能力。

改性后的淀粉因为具有很多优良特性，被广泛应用于各个领域。

4.7.1 在食品工业中的应用

改性淀粉具有许多产品的质构特性，在食品工业中可以作为增稠剂、稳定剂、胶凝剂、黏结剂等而广泛应用。在食品工业中，改性淀粉正在演变为一系列具有完美规格的产品，这些产品安全、健康、营养、低脂肪和环保。酶改性淀粉可以较好地应用于食品工业，羧甲基淀粉就是一种酶改性淀粉，这种淀粉可以应用于香肠中，增加持水能力和乳化稳定性，有效代替了香肠中的脂肪。

淀粉面条由各种谷物来源的天然淀粉制成，是亚洲面条的主要形式。它们的生产过程包括淀粉面团的形成、切割、冷却、悬挂或冷冻、解冻和干燥。面条中含有的主要成分是淀粉。因此，淀粉本身在淀粉面条的生产和最终面条质量的构建中起着重要的作用。淀粉改性可以改善淀粉的性能。在这一过程中，原生淀粉的物理和化学特性被改变，以增强其功能特性，因此改性淀粉可以适应不同的食品应用。微孔淀粉是一种广泛用于食品行业的改性淀粉，常被应用在微胶囊方面。微胶囊是通过微孔淀粉将目标物质吸附到适当的壁材上进行包埋，在一定的条件下通过力学和壁材的溶解来释放目标物质。微囊化能改善一些不稳定物质，这些物质在大气中容易氧化、分解，或在光照射下变色，包括二十二碳六烯酸（DHA）、二十碳五烯酸（EPA）、维生素 E、维生素 A、胡萝卜素、番茄红素、大豆磷脂等。

人们越来越重视低脂肪饮食和提高复杂的碳水化合物的摄入量。抗性淀粉已在食品领域得到广泛应用，如应用于各种米、面等制品中。抗性淀粉在面团中添加可以改善面条的色泽，降低面条的黏弹性；添加 10%的抗性淀粉和 3%的谷朊粉可以改善面包品质。在肉制品以及其他制品中抗性淀粉也有应用，在调理鸡排中可用抗性淀粉替代膳食纤维，如添加 20%的抗性淀粉能有效改善油炸制品含油量，使油炸制品的外壳金黄、面糊密实、脆性增加。抗性淀粉加入猪肉肉糜中可有效增加肉糜的持水性，抗性淀粉添加量为 4%时，肉糜持水性最强，利于提高香肠品质。制备高抗性淀粉的豌豆粉丝，不仅抗性淀粉含量高，而且性能良好，粉丝水解率低，可作为中等血糖指数食品开发利用。用 RS2 代替荞麦、高粱和小扁豆面粉的混合粉，制备的低 GI 饼干硬度降低。由于抗性淀粉的替代降低了饼干的蛋白质含量，降低了饼干的硬度和可断裂性，总膳食纤维含量增加，淀粉水解指数下降，饼干质地柔软酥脆，深受消费者的喜爱，尤其适用于糖尿病人群。面包是西方国家的主食之一，是一种高 GI 食物，因为面包烘烤的条件适合完全淀粉糊化。鉴于抗性淀粉有助于降低餐后血糖，将其加入面包中是开发低 GI 产品的常见策略。RS4（磷酸化交联）替代小麦粉，通过增加总膳食纤维量、胆汁酸结合能力、矿物生物利用度和降低 GI，增强了面包的营养特性。胆汁酸结合是膳食纤维最重要的特性之一。抗性淀粉与胆汁酸结合，阻碍胆汁酸再吸收，从而将其从体内清除出去，这种结合被认为是降低胆固醇的有效途径。据报道，食用含有 RS4 的面包可以提高大鼠的钙吸收和骨强度，这与较好的肠道平衡（较高的乳酸菌/肠杆菌比例）密切相关。在面包物理性能方面，添加 RS4 在很大程度上弥补了组织结构和感官性能的不足，添加 RS4 比例较高的面包具有更大的面包体积、更鲜艳的颜色和更高的硬度。RS4 也可以延长面包的货架期，这是因为 RS4 的高交联结构可以降低淀粉分子的迁移率，大大降低了变质率，从而延缓了面包的变质时间。对于纤维含量较低的 GI 面包，用 RS4（磷酸化玉米淀粉）强化 GI 面包可以改善其营养性能，但会对成品的口感和感官性能产生不利影响。意大利面是西方国家自古以来就流行的以小麦面粉为基础的食品之一。由于意大利面中营养成分（膳食纤维、矿物质、维生素和酚类）含量较低，近年来有研究者试图通过加入抗性淀粉来改善意大利面的营养特性。在意大利面中加入 RS4（磷酸化小麦淀粉）会降低意大利面的硬度，这可能是因为 RS4 增加了膳食纤维的含量，破坏了面食中的蛋白质-淀粉基质。

淀粉糖酶是一种具有碳水化合物活性的酶，它能以不成比例的反应帮助葡聚糖单位从一个 α-葡聚糖转移到另一个 α-葡聚糖。这些酶与植物中的淀粉代谢有关，在微生物中，它用于麦芽糖/糖原代谢。该酶被用来修饰马铃薯淀粉，导致直链淀粉部分消失，形成具有拓宽侧链组成的支链淀粉。淀粉麦芽糖酶处理后的马铃薯淀粉具有热可逆胶凝特性，可与明胶相媲美。由于明胶来自动物，它不被一些消费者接受。因此，其可能是一种很好的植物来源的明胶替代品。

4.7.2　在医疗卫生工业中的应用

淀粉在医药方面具有较好的应用，但是其应用常受到淀粉溶胀性能、溶解性能、凝胶作用、流变学性能、机械性能和被酶消化的特征等影响，改性淀粉可以改善原淀粉的不足。

（1）改善一些药物溶解性、流动性和压缩性等，提高人体对药物的吸收，减少药物的副作用。

（2）利用改性淀粉研制出一些新型的药物，这对于一些疑难杂症的治愈有重要贡献。医药关系着国民的健康、社会的稳定和经济的发展，改性淀粉在医学上具有重大应用价值和发展潜力。微孔淀粉可用于吸附药物，如阿司匹林、止汗药等，使其在特定时间和条件下释放。抗性淀粉被食用后，可以直接进入人体的小肠里分解，产生大量脂肪酸，对保持肠道健康和预防一些血糖疾病等有重要作用。在农业上，微孔淀粉可用作杀虫剂、除草剂载体，能有效控制农药挥发、漏失、分解和释放速度，明显延长农药有效期与使用时间。在化妆品中，微孔淀粉能吸附化妆品中各种有效成分，如保湿剂、表面活性剂、维生素、杀菌剂等，不仅可以减少化妆品对皮肤的刺激，还能改善产品涂抹性、潮湿感、滑爽感和平滑程度。在医药卫生上，微孔淀粉具有良好的生物相容性和生物可降解性，可以用于制作淀粉基质片、微胶囊、微球和淀粉纳米粒。在洗涤剂行业，微孔淀粉可以用来吸附香味或作为织物柔软剂，从而达到增香、消除异味、柔软衣物的目的。

4.7.3 在制浆造纸工业中的应用

目前造纸最常用的表面施胶剂是由氧化淀粉制成的表面施胶液，这种传统的氧化淀粉改性方法成本高、价格贵且对环境有污染；而采用酶改性原玉米淀粉工艺制备的表面施胶液，用于生产文化用纸的纸张涂布和表面施胶，不但能克服传统的氧化淀粉工艺所存在的不足，而且还能提高纸张的强度性能指标。对原玉米淀粉（未经氧化淀粉）进行酶改性制成的表面施胶液应用于机内施胶机进行表面施胶并配合中性施胶剂，使纸张获得更好的抗水性和伸缩性，提高了纸张的表面印刷性能并节约了生产成本。另外，对原玉米淀粉进行生物改性，添加淀粉酶转化剂制备得到改性淀粉，测定了其淀粉黏度和使用后的纸张物理强度。实验表明：当淀粉酶添加量由 0%增加至 1.0%，原淀粉糊化后黏度由 11000 mPa·s 降低至 135 mPa·s；而淀粉酶制剂用量为 0.5‰，改性淀粉用量为 2%时，80 g/m^2 纸张抗张强度和撕裂度比原样均提高了 30%左右，并且降低了生产成本。酶制剂的添加可以改变淀粉的内部结构，破坏支链和主链之间的连接链，并产生新的氢键，与纸张纤维结合后，可以增强纸张的物理强度。此外，利用热压法可制备出针对针叶木纤维和烯丙基缩水甘油醚改性马铃薯淀粉的新型热固定复合材料。为了提高该复合材料的加工性能和力学性能，部分采用 α-淀粉酶在 pH=6、45℃分别降解 0.5 h、6 h 和 18 h。实验显示，仅 30 min 酶解已经对改性淀粉的分子量和热性质产生了显著的影响。通过电镜研究发现，它具有良好的纤维分散性以及在纤维和基体之间具有优良的界面，提高了加工性能。随着条件改变，酶解复合材料的强度由 63 MPa 增加到 128 MPa，杨氏模量由 320 MPa 增加到 4500 MPa，材料的强度和杨氏模量增加都十分显著。传统的过硫酸铵淀粉降黏剂对设备有不同程度的腐蚀，成本偏高。而利用液体淀粉酶替代过硫酸铵淀粉降黏剂将玉米淀粉改性应用于箱纸板表面施胶，改善了生产环境，降低了表面施胶成本。液体淀粉酶与淀粉是一个生物变性过程，达到糊化温度时，淀粉浆开始变黏稠，随着淀粉酶作用于淀粉，淀粉链断裂导致了淀粉的黏度下降。继续升温最终导致酶失活，淀粉黏度稳定。这种方法可以根据工艺要求调节淀粉酶用量，达到生产工艺要求的淀粉黏度，提高纸张的物理指标，降低了生产成本。对原玉米淀粉进行酶处理制成表面施胶液，改性的玉米淀粉能使纸张有较好的表面性能。因为淀粉表面施胶可以使纸页耐摩擦，使纸张更具有较好的抗水性能和伸缩性。在纸厂内对天然淀粉进行化学处理

（酶处理）产生改性淀粉具有一定的优势：第一，工厂直接使用天然淀粉作为初始原料会更经济，使用第三方提供的已经对原淀粉进行了氧化改性后的淀粉，既没有价格优势，又因自身黏度已经定型而导致使用范围受到限制；第二，能够开发不同的淀粉酶和多种改性方法；第三，能提高成纸的挂胶量，降低生产成本。

参 考 文 献

[1] Schoch T J. Starch Chemistry and Technology[M]. New York: Academic Press Inc,1967: 79-86.

[2] Guo L, Li J, Yuan Y, et al. Structural and functional modification of kudzu starch using α-amylase and transglucosidase[J]. International Journal of Biological Macromolecules, 2021, 169: 67-74.

[3] 白永亮, 陈庆发, 张全凯, 等. 三种改性方法对青香蕉淀粉物化性质的影响[J]. 现代食品科技, 2013, 29(10): 2453-2460.

[4] Han X, Wen H, Luo Y, et al. Effects of α-amylase and glucoamylase on the characterization and function of maize porous starches[J]. Food Hydrocolloids, 2021, 116: 106661.

[5] Takata H, Takaha T, Okada S, et al. Cyclization reaction catalyzed by branching enzyme[J]. Journal of Bacteriology, 1996, 178(6): 1600-1606.

[6] Jiang L, Song X, Li Y, et al. Programming integrative extracellular and intracellular biocatalysis for rapid, robust and recyclable synthesis of trehalose[J]. ACS Catalysis, 2018(3): 34-45.

[7] 王艳, 辛嘉英, 刘铁, 等. 无溶剂体系酶催化油酸淀粉酯的合成[J]. 中国粮油学报, 2012, 27(11): 39-44.

[8] Horchani H, Chaâbouni M, Gargouri Y, et al. Solvent-free lipase-catalyzed synthesis of long-chain starch esters using microwave heating: Optimization by response surface methodology[J]. Carbohydrate Polymers, 2010, 79(2): 466-474.

[9] 徐忠, 王鹏, 缪铭, 等. 多孔淀粉的生物法制备、改性及应用[J]. 现代化工, 2005(S1): 77-80.

[10] Shariffa Y, Karim A, Fazilah A, et al. Enzymatic hydrolysis of granular native and mildly heat-reated tapioca and sweet potato starches at subelatinization temperature[J]. Food Hydrocolloids, 2009, 23(2): 434-440.

[11] 骆惹敏, 宁敏, 徐迎波, 等. 多孔淀粉对茶多酪的吸附性能及其复合物抗氨化能力的研究[J]. 茶叶科学, 2015, (5): 473480.

[12] 谢涛, 曾红华, 汪婕, 等. 4 种抗性淀粉的主要理化特性[J]. 中国粮报, 2014, 29(9): 19-23.

[13] Granfeldt Y, Drews A, Bjoerck I. Arepas made from high amylose cornflour produce favorable low glucose and insulin responses in healthy humans[J]. Nutrion, 1995, 125(3): 459-465.

[14] Sanglck S. Effect of partical acid hydrolysis and heat-moisture treatment on formation of resistant tuber starch[J]. Cereal Chemistry, 2004, 81(2): 194-198.

[15] Lu T, Jane J, Keeling P L. Temperature effect on retrogradation rate and crystalline structure of amylose[J]. Carbohydrate Polymers, 1997, 33: 19-26.

[16] Hsieh C,Wang L, Xu B, et al. Preparation and textural properties of white salted noodles made with hard red winter wheat flour partially replaced by different levels of cross-linked

phosphorylated RS_4 wheat starch[J]. Journal of the Science of Food and Agriculture, 2020, 100(15): 5334.

[17] Shin S I, Choi H J, Chung K M, et al. Slowly digestible starch from debranched waxy sorghum starch: Preparation and properties[J]. Cereal Chemistry, 2004, 81(3): 404-408.

[18] Wolf B W, WoleverT M S, Bolognesiet C. Glycemic response to a food starch esterified by 1-octenyl succinic anhydride in humans[J]. Journal of Agricultural and Food Chemistry, 2001, 49(5): 2674-2678.

[19] 董新荣, 刘仲华, 李雨虹, 等. 天然辣椒素酯的酶促合成与生物活性[J]. 天然产物研究与开发, 2009, 21: 570-573.

[20] Masruchin N, Park B D, Causin V, et al. Characteristics of TEMPO-oxidized cellulose fibril-based hydrogels induced by cationic ions and their properties [J]. Cellulose, 2015, 22(3): 1993-2010.

第5章

谷物淀粉物理改性

5.1 谷物淀粉物理改性概述

淀粉作为一种农业来源的聚合物，其获取方法简便，成本低，且淀粉是自然界中仅次于纤维素的最丰富的有机化合物，因此淀粉被广泛应用于食品、医药、纺织等领域。但是淀粉本身有些性质不适合被应用，如不溶于冷水等，因此对其进行物理或化学改性至关重要。

本章主要以淀粉改性的物理手段为依据，阐述物理改性淀粉在结构和理化性质上的变化、物理改性方法以及改性淀粉的应用。物理改性淀粉的制备方法按大类分为传统物理改性和物理场辅助改性。传统预糊化法、湿热法和干热法等手段可以改变淀粉的理化性质。然而，耗能高、工艺复杂和耗时长等缺点限制了它们的发展。近几年来出现许多新的物理场预处理手段，如微波场、超声波场和电场等。这些物理场由于在实现淀粉物理改性时具有优良的能耗低、绿色无污染等特点，逐渐成为淀粉改性研究的热点。本章主要介绍超声波辅助技术、微波辅助技术、超高压技术、挤压技术、球磨技术和现代脉冲电场技术在淀粉改性领域的应用、优势、不足以及相应产品在食品领域的应用。

5.2 传统物理改性淀粉

物理改性由于不需要任何化学试剂，因此具有安全、环保、经济、有效的特点。物理改性淀粉又称功能性天然淀粉，在处理上的耐受性、抗剪切力、耐酸性和黏度稳定性都与化学改性淀粉一致。常用的物理改性淀粉有预糊化淀粉、湿热处理淀粉、干热处理淀粉等。

5.2.1　预糊化淀粉

1. 预糊化淀粉工艺

预糊化淀粉是用一定比例的水和原淀粉混合，经加热使其完全糊化，再进行干燥粉碎。在高温下淀粉的氢键断裂，水分进入，使体积增大到数倍甚至数百倍，从 β 向 α 结构转化，因此，预糊化淀粉也被称作 *α*-淀粉。预糊化淀粉的加工方法主要有滚动干燥法和挤压膨化法两种。滚动干燥法主要设备为滚筒烘干机，在滚筒中通入蒸汽，经转动使 20%～40%的淀粉在鼓面上被热糊化，形成薄层，然后用刮板刮掉。挤压膨化工艺的生产设备是一种螺旋挤出器，它是利用压力和摩擦产生的热能，使淀粉糊化，然后从顶部小孔喷射出来，在压力作用下，瞬间进行压缩，使其膨胀，达到烘干效果。

2. 预糊化淀粉在食品中的应用

预糊化淀粉可直接与冷水接触而明显膨胀，使其在冷水中溶解，分散性能好，不需要蒸煮和糊化，达到增稠稳定的效果。在糕点、面包中加入 4%预糊化淀粉，可使产品膨胀，柔软蓬松。将预糊化淀粉用于木薯粉、土豆粉，能明显地减少断条，改善制品的整体性，吸水性强，黏度高。另外，它还被用于杏仁糊、速溶麦片、鸡精、果酱和苹果派，使其变稠、稳定。将其添加在速冻食品中能够维持产品在加工过程中的稳定性。加入到冷冻面条中可有效地提高冷冻面条的抗冻性，避免冻干时出现断裂，从而提高成品质量，延长产品保质期。

5.2.2　湿热处理淀粉

1. 湿热处理淀粉工艺

热液处理淀粉是一种将具有一定水分的淀粉在一定的温度下保持一段时间而制得的淀粉制品，是一种具有代表性的物理法改性淀粉。按水分含量和处理工艺的不同，可以分为韧化处理、湿热处理和压热处理三种。湿热处理后，水分含量通常为 20%～35%，水分平衡后在反应器中进行高温反应。大多数研究者都是采用 Sair 方法[1]。另一种方法则使用耐压容器进行反应，使得淀粉与水分充分反应。湿热处理工艺的两大要素是温度和湿度，在反应过程中只需用到水、热，不会对环境产生污染，具有很高的安全性。

2. 湿热处理淀粉特点

湿热处理后淀粉的物理化学性能变化主要是因为湿热处理后的淀粉中直链淀粉和支链淀粉的相对含量变化，使其结晶性增大。传统的湿热处理工艺中，常使用灭菌锅和烘箱来制备湿热处理的淀粉，压热处理能使淀粉性质发生较大的变化，这是由于热蒸汽更易于进入淀粉颗粒中，从而使淀粉的颗粒结构发生变化。在湿热处理条件下，玉米淀粉和马铃薯淀粉的黏度降低，糊化温度上升，其原因是淀粉溶解性和膨胀性降低。但在相同的湿热处理条件下，对大麦和小麦淀粉的溶解性有明显的提高[2, 3]。

3. 湿热处理淀粉在食品中的应用

湿法处理可降低淀粉的膨胀度，降低直链淀粉的浸出量，提高其热稳定性和剪切稳定性，其广泛应用于面条加工业。经过湿热处理后，马铃薯淀粉的储藏性能和抗震性能得到了改善，正逐步取代玉米淀粉用于方便食品中。经湿法处理的玉米淀粉可以取代小麦粉制成面食或面包，从而使面包的性质发生变化。另外，湿热处理淀粉在不改变淀粉颗粒结构完整性的同时，还可以提升淀粉中对人体有利的慢消化淀粉和抗性淀粉含量，因此湿热法处理淀粉在糖尿病患者的功能性食品中有一定的应用价值[4]。

5.2.3　干热处理淀粉

1. 干热处理淀粉工艺

干热处理是将淀粉经预烘干（通常水分为 10%），再经高温热处理，使之达到无水或相对无水（含水率小于 1%）状态，从而对淀粉进行改性。干热处理淀粉分为两类：一类是直接干热变性法，另一类是原淀粉辅助干热改性法。在原淀粉直接干热改性法中，淀粉的种类、性质（如 pH、水分）、热处理的时间、温度以及加工过程中淀粉的湿度变化情况，都是其制备改性淀粉的重要影响因素。其中，热处理温度对淀粉品质有很大的影响，温度太高会引起淀粉发生褐变。

2. 干热处理淀粉特点

干热处理是一种新的物理改性方法，它是将原料置于“干燥”状态下进行热处理，即通过发生反应使制品的理化性质发生变化，其具有热、干两种工艺的优点。采用干热法制备改性淀粉，其工艺简单、安全、环保，可进一步提高产品的理化性能，扩大产品的使用范围，提高产品的附加值。淀粉经过干热处理后，其性质会有所改变。经过处理后，玉米淀粉的颗粒形态和理化性质均发生了变化[5]。

3. 干热处理淀粉在食品中的应用

目前，干热处理淀粉已经在可食用膜的制备中得到了广泛的应用。以大米淀粉与 CMC 为主要原料，经干热处理后，以其混合物为原料制成可食性膜，结果表明：淀粉膜具有较大的抗拉强度、阻水性、阻氧性、成膜性等性能，可作为一种环保包装材料；利用离子胶对莲子淀粉进行干热处理，使其在果蔬保鲜中得到广泛的应用。另外，经过干热处理后，淀粉的流变性有了明显的提高，因此可以用于淀粉类食物（奶酪、酱汁），从而提高产品质量。

5.3　物理场辅助物理改性淀粉

5.3.1　超声波技术改性淀粉

1. 超声波场在淀粉改性中的应用

超声波是一种新型的非热加工技术，它具有绿色、节能、安全、使用方便等特点，逐渐成为食品工业中的一个研究热点。超声技术在淀粉改性方面的应用也很多，如表 5.1[6]所示，超声波作用于淀粉，使其分子量下降，且具有反应时间短、降解非随机性、操作简单、无污染等优点，是一种对环境友好的重要物理改性方法，最近几年得到了广泛的使用。

表 5.1　超声波场对淀粉改性的研究[6]

研究对象	反应条件	研究结果
玉米淀粉	温度 25～65℃，处理时间 5～15 min，淀粉质量分数 10%～20%，超声振幅 50%、100%（最大功率 150 W）	水溶性、膨胀力和糊透明度增加；相对聚合度、相对结晶度、糊黏度降低
山药淀粉	超声振幅 12%、40%、68%（最大功率 450 W），处理时间 3 min、6 min、9 min	山药淀粉表面受损，无定形区减少，结晶模式未变化，为 B 型
车前草淀粉、芋头淀粉	超声波频率 25 kHz，处理时间 20 min、50 min	较大颗粒尺寸的淀粉受超声波处理的影响更大，峰值黏度随超声强度和超声时间而增加，溶胀度和溶解度在处理后降低
糯玉米淀粉	超声波功率 100 W、400 W	糯玉米淀粉支化度较低，双螺旋的含量减少，单螺旋和无定形成分增加；A 型晶体结构几乎未受到影响
马铃薯淀粉	超声波功率 60 W、105 W、155 W，超声波频率 20 kHz，处理时间 30 min	淀粉颗粒表面形成凹槽，B 型晶体结构变化不大；淀粉结晶区的影响较大，直链淀粉受到的影响比支链淀粉无定形片层更大

淀粉在常温、高温条件下进行超声波处理后，其熔融焓和相对结晶性明显下降，结晶区域结构发生变化使其溶解度增加，且具有较高的吸水性和持水性[6]。

同时，高频超声处理淀粉的空穴效应产生的点蚀现象，会使得淀粉颗粒的表面结构发生破坏，产生孔径和通道，使得淀粉的比表面积增加进而改变其理化特性和化学反应活性。

2. 超声波对淀粉结构的影响

1）对淀粉分子结构的影响

超声波作用于淀粉后，组成淀粉分子的单体 α-D-吡喃葡萄糖结构和分子基团均不发生变化，但超声波会直接作用于淀粉分子的糖苷键，使得 α-1,4-糖苷键或 α-1,6-糖苷键发生断裂，从而导致淀粉脱支或降解。

2）对淀粉颗粒形貌及结晶结构的影响

超声波能够改变淀粉的粒径和颗粒形态，从而导致表面粗糙，表面出现损伤、孔洞，甚至导致淀粉颗粒破碎。但不同的超声功率和处理温度对不同来源的淀粉的作用效果不同，如图 5.1 所示[7]，在不同温度（25℃、60℃）、功率下（80 kHz、40 kHz+80 kHz）经超声波处理后的马铃薯淀粉和小麦淀粉，其淀粉颗粒变小，马铃薯淀粉的平均粒径降低 30.1%，小麦淀粉的平均粒径降低 7.93%。淀粉颗粒是在结晶区与无定形区交替形成的半晶体系，是组成淀粉聚集态结构的基本物质。超声波处理对淀粉的结晶性没有明显的影响，其衍射图谱稍有改变，而其结晶性则保持不变。

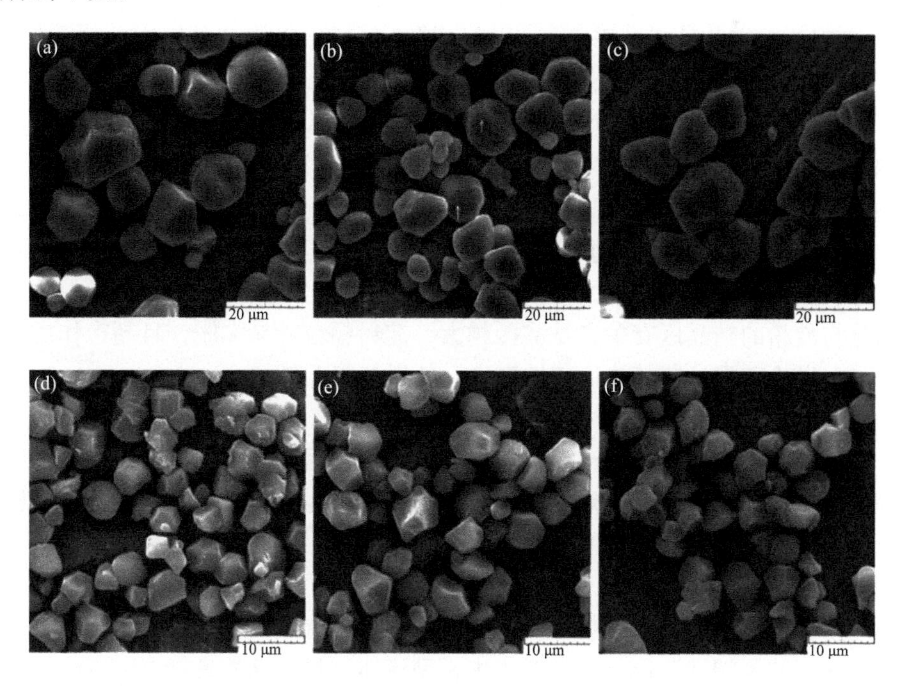

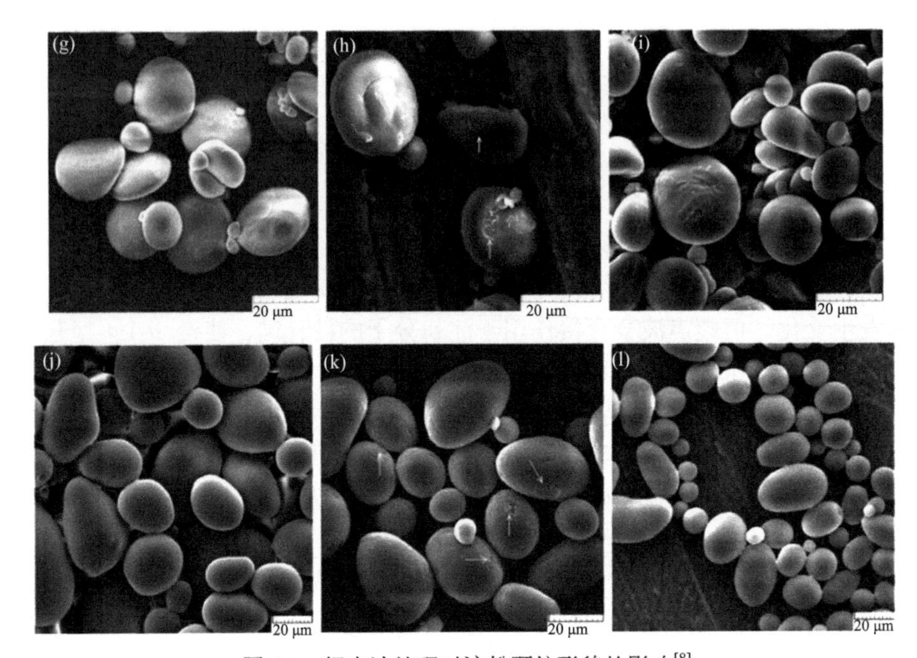

图 5.1　超声波处理对淀粉颗粒形貌的影响[8]

（a）、（d）、（g）、（j）玉米、水稻、小麦、马铃薯原淀粉；（b）、（e）、（h）、（k）水体系中超声波改性淀粉；（c）、（f）、（i）、（l）醇体系中超声波改性淀粉

3）对淀粉理化性质的影响

（1）对淀粉糊化特性的影响。

对淀粉进行超声波处理可以降低淀粉的黏度，从而对其糊化性能产生一定的影响，而且随着超声波作用时间增加，淀粉糊的黏度先由急剧下降后到平稳状态，最终达到了临界值。另外，超声波对稀淀粉糊的影响较大，随淀粉糊浓度降低，其黏度下降程度明显，因此黏度减小。超声波作用于淀粉双螺旋上的氢键，降低了双螺旋链之间的结合能力，从而提高了淀粉的糊化焓。此外，淀粉颗粒的膨胀和糊化与淀粉的结晶区有关，结晶区越大，淀粉颗粒越易膨胀，且超声作用可使其结晶区发生破裂，使其热稳定性提高，其崩解值下降。

（2）对淀粉流变特性的影响。

淀粉类食物的品质与其流变特性密切相关，在运输、搅拌、混合和能源消耗量等方面，流变特性是非常重要的。淀粉的流变特性与其化学组成、分子结构和分子间的相互作用有很大关系。超声波对淀粉的作用，能够有效改变淀粉的分子结构及流变性能。

淀粉经超声处理后，淀粉糊仍保持假塑性流体特征，但随着超声作用时间延长，淀粉糊从假塑性流体逐渐转变为牛顿型流体，且流动性良好。随着超声波作用时间延长，淀粉分子之间的作用力减小，使得淀粉糊中大分子的扩散和移动加强，淀粉分子在超声波作用下被破坏，有利于大分子分解；同时在剪切作用下，淀粉分子和水分子之间的相互作用会得到加强，从而使淀粉糊的流变性提高。因此，超声波作用的持续时间与淀粉糊的流变学特性成正比，即随着超声波作用时间延长，淀粉糊流变学特性增强。

（3）对淀粉透明度、溶解度的影响。

淀粉颗粒在经超声处理后会发生物理和化学结构破坏，使其吸水、持水性能得到明显改善，从而使玉米淀粉的膨胀性、溶解性得到显著提高。在一定时间内超声波处理淀粉能够增加其透明度，超声作用时间越长，其透明性越强，其原因是超声波对淀粉结晶区的破坏，淀粉颗粒遭到破坏，导致淀粉的溶解度增大，淀粉分子间缔合减弱，淀粉分子与水之间缔合增加，分子易膨胀，从而降低了光的折射与反射，增强其透明度[7]。经超声波处理后的淀粉其溶解度随着超声时间的增加而增大。这是因为超声波处理使淀粉颗粒和分子结构受到破坏，淀粉颗粒结构变得疏松，有利于水分子渗透进入淀粉颗粒，因此溶解度增大。

（4）对淀粉消化特性的影响。

经超声处理后的淀粉，其体外消化率随淀粉的粒度、结晶度、物理化学性质和淀粉结构的改变而提高。利用超声波对玉米淀粉进行改性，可引起淀粉内部颗粒结构进行重组，提高其长程有序性、结晶度和糊化焓，同时由于淀粉分子间的双螺旋结构的紧密重排，限制了其水解速率，从而降低了支链淀粉的降解速率。马铃薯淀粉经超声波处理时，其快消化淀粉含量随超声时间的增加而下降，当时间为 100 min 时，其快消化淀粉含量最低而抗性淀粉含量最大，比未处理淀粉提高 5.58 倍。马铃薯淀粉中的慢速消化淀粉含量随着处理时间的增加而升高，当超声时间为 20～60min，马铃薯淀粉中慢性消化淀粉含量迅速上升。

3. 超声处理淀粉的制备方法

1）超声波直接处理改性淀粉

称取适量淀粉，加入蒸馏水，配制成浓度为 20%～35%（质量占比）的淀粉乳，25℃下持续磁力搅拌 10 min 左右。采用超声波细胞破碎仪对均一淀粉乳进行超声处理，配备超声探头，直径为 10 mm，探头位置固定在液面下 2 cm 深处。超声条件：间歇脉冲模式（5 s 启动，5 s 关闭），超声处理 20 min，不同超声处理组的功率分别为 150 W、300 W、450 W 和 600 W。为了保持能量体积密度一致，每次超声处理的淀粉乳容量都控制在 50 mL，处理过程始终在 25℃恒温水浴锅中进行，以防止淀粉乳温度上升。超声处理后抽滤，滤渣在 40℃烘箱中干燥 24 h，干燥后过 100 目筛，置于干燥器中保存。

2）超声联合微波物理改性淀粉

超声-微波协同加热是一种新型的加热方式，是利用微波辐射使得极性分子快速运动造成物质分子氢键断裂而加热样品，同时辅助超声波的机械振荡使得体系加热均匀，进而提高物质表面传质速度，在加工处理中有着绝对的优势和广泛的应用前景。超声-微波协同加热对淀粉凝胶的含水量、凝胶的质构特性、淀粉凝胶的抗酶解能力、微观形态和晶型都会产生明显的影响。超声-微波协同加热可以实现淀粉完全糊化，明显增加淀粉的抗酶水解能力。

（1）对水分含量的影响。

由试验结果可知[8]，超声-微波协同加热、微波加热和传统加热制备的粳米淀粉凝胶的水分含量平均值为 58.56%±0.8%，糯米淀粉凝胶的水分含量平均值为 59.05% ± 0.6%，无显著性差异（$P>0.05$）[8]。

（2）对淀粉凝胶质构的影响。

超声-微波协同加热、微波加热与传统加热的粳米、糯米淀粉的凝胶的质构性质有很大差异。超声-微波协同加热和微波加热粳米淀粉凝胶强度比用传统加热的淀粉凝胶的强度要低，而且微波加热后的淀粉凝胶内聚能力更强。但在糯米淀粉凝胶中，超声-微波协同加热、微波加热、传统加热的凝胶在质构方面无明显差异（$P>0.05$）[8]。这是由于在超声-微波协同加热、微波加热和传统加热方式中，质热传递的形式有本质的区别。

（3）对淀粉凝胶酶解力的影响。

超声-微波协同加热、微波加热和传统加热的粳米淀粉和糯米淀粉凝胶的体外酶解程度存在显著的差异（$P<0.05$）。相对于传统加热的粳米淀粉凝胶酶解程度（78.5%±3.0%），超声-微波协同加热和微波加热的酶解程度均有所降低，分别为 66.1%±2.2%、60.8%±1.7%。对于糯米淀粉凝胶而言，超声-微波协同加热和微波加热的淀粉凝胶的酶解程度较传统加热的样品酶解程度小[8]。由于淀粉的酶解力主要与淀粉的晶体结构、颗粒的完整性和分子链状态有关，所以酶解性质试验结果进一步表明：与传统加热相比，超声-微波协同加热和微波加热的粳米淀粉凝胶的破坏程度更小；与微波单独加热的淀粉凝胶相比，超声-微波协同加热的凝胶对酶作用的敏感性更高。

（4）对回生淀粉凝胶微观形态的影响。

超声-微波协同加热、微波加热和传统加热的回生粳米淀粉凝胶的微观形态如图 5.2 所示[8]。淀粉凝胶回生样品表面均呈海绵状，但是传统加热的样品[图 5.2（a）]表面像揉碎的纸糊，而微波加热的样品[图 5.2（b）]表面更致密和平整，超声-微波协同加热的样品[图 5.2（c）]出现部分断裂片段。这是由于微波的高效加热、超声波的空化作用和机械振荡增加了淀粉分子间的碰撞频率，使得大米淀粉悬浮液迅速糊化；超声波和微波的协同作用产生了较大的压力，从而导致凝胶断裂片段的形成。Sanguansri 等研究发现，在重结晶过程中，淀粉凝胶形成的孔洞周围的基质壁越厚，表明凝胶的回生程度越大。图 5.2（b）和（c）表明微波加热和超声-微波协同加热的粳米淀粉凝胶具有较少的孔洞及较薄的基质壁，所以扫描电镜图像可进一步证明超声-微波协同加热和微波加热延缓粳米淀粉凝胶的回生作用。

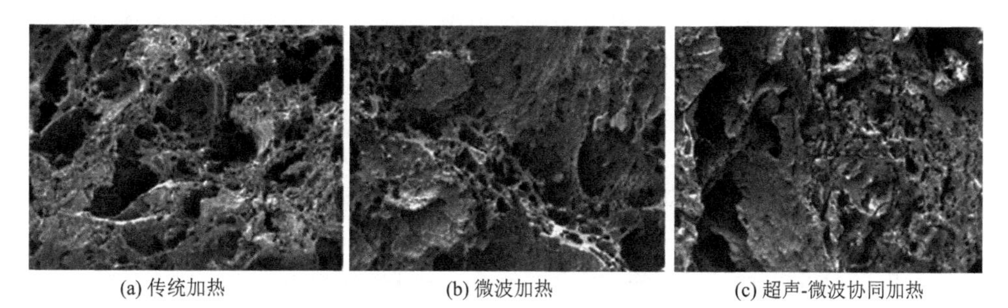

(a) 传统加热　(b) 微波加热　(c) 超声-微波协同加热

图 5.2　储存 21 d 的粳米淀粉凝胶的电子扫描图像[8]

4. 超声改性淀粉的种类及应用

超声技术是一种新型的物理淀粉改性技术，主要作用是改变淀粉的颗粒表面和分子量性质。从 21 世纪初开始，超声技术在有机合成中的应用研究迅速发展，应用范围日益广泛。相关研究有超声波辅助环氧化玉米淀粉的高效合成；超声处理制备纳米淀粉；超声辅助制备冷水可溶性淀粉；超声波促进淀粉液化和糖化以生产分子量适中的糊精，并应用于蔬菜替代品研发；利用超声波对淀粉反应活性的影响，制备出常规方法难以制备出的特种改性淀粉。

1）纳米淀粉的应用

纳米淀粉是一种优良的乳化稳定剂，可用来提高水油乳化液的稳定性。将 0.02%的纳米淀粉加入到等体积的水和石蜡乳液中后，乳液可保持 60 d 的稳定状态，不发生油滴聚集和分层；纳米淀粉还可以作为脂肪替代物在食品中开展应用。另外，纳米淀粉也可以与其他功能因子进行复合，形成功能型复合物纳米淀粉以提高功效因子的分散性和化学结构的稳定性，如用沉降法制备了淀粉-β-胡萝卜素复合的纳米颗粒。纳米淀粉特殊的乳化特性除了在食品方面可以作为乳化剂外，也可以用于化妆品和药品行业，纳米淀粉在这些领域的应用还需进一步的研究。

2）在复合材料领域的应用

在复合材料中，纳米淀粉主要是起到增强相的作用，从而改善复合材料的力学性能和阻隔性能。目前，无论是天然材料还是合成材料，均加入了纳米淀粉来起到增强相的作用。例如，在天然橡胶中加入适量的纳米淀粉可以显著提高天然橡胶的弹性模量，当纳米淀粉的添加量为 30%时，复合材料的弹性模量比天然橡胶提高 200 倍；另外，对纳米淀粉进行交联、酯化或交联-酯化双重改性，不仅可以提高复合材料的弹性模量，还可以赋予复合材料优良的拉伸性能。

3）在生物医药领域的应用

纳米淀粉与其他纳米材料相比，因安全无毒、良好的生物相容性和生物降解性成为递送药物的优良载体。纳米淀粉能够传递特定的分子到身体的不同位置，而且可以持续一段时间，与微米级的颗粒相比，细胞对纳米颗粒的摄取能力更强。纳米颗粒由于其微小的尺寸和流动性可以穿过多种生物组织。例如，用淀粉纳米颗粒包埋氟芬那酸（FFA），能有效地提高药物穿透皮肤屏障的能力。目前有关淀粉纳米颗粒作为药物载体的报道很多，但是其制备成本都很高，因此研究如何高效低成本制备淀粉纳米颗粒具有很重要的意义。

4）在水处理领域的应用

淀粉作为可再生、可降解的生物大分子，用其作为吸附剂处理废水备受关注。例如，聚乙烯苯改性后的淀粉纳米晶和硬脂酸接枝改性后制备的淀粉纳米颗粒对废水中的芳香有机分子均具有很强的吸附能力；纳米淀粉和淀粉纳米晶分别对污水中的邻苯二甲酸酯和甲苯具有良好的吸收作用。

5）冷水可溶性淀粉

天然原淀粉不易溶解于水，经化学、物理或生物加工技术的适当处理使得处理后的淀粉可以直接在冷水中快速形成糊状，因而通过增加其冷水溶解性，可提高其应用适用性和可行性。将颗粒状冷水可溶性淀粉直接溶于冷水，复水后的淀粉糊与原淀粉制成的淀粉糊性质基本一致，且具有良好的增稠、透明及冻融稳定性，因此颗粒状冷水可溶性淀粉在食品行业的应用价值很高，特别是用在果冻、甜点及馅饼内容物等。在饮品加工中，用颗粒状冷水可溶性淀粉作为调味料的乳化溶液和浑浊剂稳定剂，能有效提高产品的口感及风味。颗粒状马铃薯冷水可溶性淀粉已用于生产奶昔、酸奶果肉饮品、乳饮料及其他低脂或低热量的乳制品。

5.3.2 微波技术改性淀粉

1. *微波场在淀粉改性中的应用*

微波是指频率在 0.3～300.0 GHz 范围内的电磁波，波长范围为 1～1000 nm。微波场会以 4.9×10^9 次/s 的频率振动，使得极性分子和离子不断地重组，并通过电磁感应与其附近的分子发生摩擦、碰撞，由此产生热能。微波辐射作为一种新型的能源，其加热速度快，使用方便，因此在食品工业中得到了广泛的应用，如表 5.2[6]所示。与传统的加热方法相比，微波加热是以食物中的极性分子为基础，通过吸收和转换热量来实现的[9]。微波可以引起淀粉颗粒内结晶区域重排，导致吸水率、膨胀力和糊化黏度等理化性质变化，这取决于淀粉的类型和微波辐射参数。此外，微波处理会使直链淀粉含量增加，改善冻融稳定性，可以抑制淀粉回生。

表 5.2　微波场对淀粉改性的研究[6]

研究对象	反应条件	研究结果
莲子淀粉	样品含水量 30%，微波功率 2.4 W/g、4.0 W/g、6.4 W/g、8.0W/g，处理至淀粉糊化	随着微波功率增加，莲子淀粉的膨胀势、直链淀粉浸出率、分子性质和回转半径均减小；抗性淀粉和慢消化淀粉含量增加
籼米淀粉	微波功率 540 W，处理时间 0 min、10 min、20 min、30 min	微波预处理 20 min 可以增强淀粉的长程和短程结晶结构，增加糊化焓、粒径、峰值黏度、崩解度
马铃薯淀粉	微波功率 440 W、800 W，微波频率 2450 MHz，处理时间 5 min	淀粉的流变特性和热学特性改变，微波影响自由基的生成数量，并受到微波输出和淀粉结构的影响
芋头淀粉	样品含水量 25%，微波功率 180 W，处理时间 5 min	芋头淀粉呈现典型的 A 型衍射图谱，结晶度明显降低
糯玉米淀粉	样品含水量 30%，微波功率 1600 W（160 W/g），微波频率 2450 MHz，处理时间 5 min、10 min、20 min	支链淀粉短链（A 链）的数量较少，短 B1 和长 B2、B3 的比例较高，降低了淀粉的分子量和相对结晶度

2. 微波场对淀粉多尺度结构的影响

在微波场的作用下，淀粉颗粒瞬间被加热，吸收了大量的能量后，其支链淀粉断裂，直链淀粉增多。经微波处理后的淀粉，其颗粒形状和大小均不发生变化，但可以改变颗粒表面粗糙度从而影响淀粉糊化黏度。经微波处理后淀粉的结晶度明显降低，直链淀粉凝胶强于支链淀粉凝胶，其增加的直链淀粉能抑制水分排出，且水热处理也会使支链淀粉分子发生重排，从而暴露出更多的羟基，进而降低水分的脱水收缩行为。微波处理可以使淀粉颗粒中的水分分布发生变化，并使其双螺旋状结构增加，使淀粉-水相互作用区和结晶区增加，从而提高糊化温度，降低分子量、相对结晶度、黏度和水解度。

3. 微波介电效应导致淀粉结构变化的研究进展

介电特性是评价食品吸收微波电磁能并将其转化为热能能力的重要指标。介电特性受微波频率、系统组成、密度、温度和其他因素的影响。淀粉的介电特性因其组成的差异而不同，特别是水分含量和金属离子浓度。此外，淀粉体系的温度、孔隙率和其他参数在不同的处理过程（如捏合和膨化）中也会发生改变，从而导致介电特性发生变化。淀粉的介电和吸波特性如下。

1）介电特性

微波加热对分子物质的影响取决于其介电特性。介电特性一般指束缚电荷的响应，即只能在分子的线性范围内移动的电荷对外加电场的响应。淀粉的介电特性反映了它们对微波的响应，以及它们将微波能量转化为热能的能力，从而决定了微波在其中的穿透深度。

研究发现，淀粉-水混合物介电特性的影响因素有很多种，包括水分含量、水活性、温度、淀粉类型、微波频率和其他因素。不同的处理方法对介电特性有不同的影响。淀粉与水的结合过程降低了系统中流动水的含量，而膨化过程增加了孔隙率，两者都导致一定的介电参数下降。同时，高温过程也增加了介电损耗因子。实时监测微波处理过程中淀粉系统的介电特性，可以详细了解微波的影响，为后续阶段微波处理参数的设置提供理论依据[8]。与传导加热相比，微波加热下的样品具有更强的介电响应，特别是在45～65℃的低温范围内，表明微波与淀粉样品在后续阶段可能发生较高的相互作用[8]。因此，建议降低微波功率密度以避免淀粉结构不良损伤。

2）吸波特性

早在2003年，就已发现介电损耗较小的食品如果其尺寸足够大，可能有助于其吸收更多的能量，而介电损耗较高的食品通常在较小的尺寸下也能吸收更多的能量。这表明，食品的微波吸收不仅与食品的介电特性有关，而且与食品的形状、尺寸、阻力和渗透性等多种因素以及微波腔的材料和尺寸、食品在微波腔中的位置有关。

4. 微波处理下相关介质淀粉结构的变化

淀粉的细微结构决定了其物理化学性质，间接影响其加工性能和营养特性。在过去的30年里，许多研究报道了微波处理后淀粉结构的变化。介电特性是综合反映淀粉体系多种性质的参数，且操作简单。更重要的是，淀粉体系在微波处理过程中的后续响应可以通过实时监测介电特性来预测，这有助于解释淀粉在随后的微波加热过程中可能发生的变化。

1）微波对淀粉形态的影响

与传统的传导加热不同，微波过程中没有从外部到内部的温度梯度。淀粉颗粒的状态和形态可以直接指示淀粉在微波处理下的可能反应。淀粉介电特性的重要影响因素为含水量。一般情况下，介电损耗切线值随含水率下降而减小。因此，低含水量的淀粉体系具有较差的吸收和转化能力，且通过控制微波处理可使淀粉颗粒的形态保持完全完整。然而，一些研究人员也声称，在微波作用下，水分含量低的淀粉颗粒也存在变化。在水分含量高的淀粉体系中，介电常数和介电损耗值相对较高。这种系统可以快速地将微波能量转化为热能，这在实验上表现为系统温度升高。当微波的输入能量极低时，淀粉会发生不显著的形态变化[8]（番茄淀粉，94.34%水分，微波，0.19 W/g，2 min），当足够的微波能量被吸收并转化为热时，淀粉开始糊化。淀粉形态变化的程度被认为取决于微波处理过程中糊化的程度。而在淀粉-水混合物（50%～67%淀粉，微波）体系中，当微波处理时间足够长时，淀粉颗粒开始膨胀和破裂，且淀粉颗粒的膨胀并不与极化的消失同时发生。

2）微波对淀粉层状和结晶结构的影响

淀粉的片状和结晶结构直接影响糊化行为、可消化性以及淀粉的其他功能。马铃薯淀粉和大米淀粉经微波处理后，淀粉的结晶度均有一定程度的降低，同时非晶层厚度（d_a）减小，结晶层厚度（d_c）增加。而微波处理扁豆淀粉-水混合物时均发现微波加热降低了结晶性，增加了 d_a 和 d_c。根据 d_c 和结晶度推测微波处理降解了分子链，降低了淀粉聚合。

淀粉的晶体形态可能在微波处理下发生变化或保持不变，其方式取决于介电特性，特别是由于淀粉的含水量和类型不同。班巴拉花生淀粉（30%水分，微波）、小米淀粉（30%～50%水分，微波）和番茄淀粉（94.34%水分，微波）在不同参数的微波加热后仍保持其原始晶体形态（班巴拉花生淀粉：700 W，10～60 s；小米淀粉：700 W，60 s；番茄淀粉：0.19 W/g，120 s）。马铃薯淀粉的晶体形式（9.6%水分，微波）在微波照射后（4.5 W/g，15 min）从 B 型转移到 A 型，这与其他关于块茎淀粉的研究是一致的。淀粉经微波处理后其晶体形态转换大多伴随着结晶度增加。

3）微波对淀粉分子链结构的影响

淀粉分子链结构的变化主要是由于键断裂形成较短的链，或通过葡萄糖环链的振动，导致链段构型和构象变化。Nawaz 等[10]研究发现，淀粉在 3100～3700 cm^{-1} 处的红外吸收峰值随微波输入能量的增加而增大，表明微波加热后淀粉与水分子之间形成氢键。在分子运动过程中，构象的变化可能引起键振动强度的变化。用拉曼光谱研究了微波处理淀粉的链振动。结果表明，微波加热可降低葡萄糖环链中 C—H 在糊化温度附近的振动强度，但对淀粉分子中糖苷键、吡喃环、C—O 和 C—O—H 的振动强度无明显影响。

与上述研究相反，一些研究人员得出结论，微波可以打破淀粉分子的联系，而不仅仅是使它们振动。微波处理（160 W/g）糯玉米淀粉（30%水分，微波）的分支程度随微波处理时间的延长而降低，表明 α-1,6-糖苷键的数量减少。一般情况下，介电常数随温度的升高而降低。然而，烘焙过程中，升高的温度提高了面团的介电损耗因子。研究[11]推测局部温度升高导致介电常数较低，介电损耗因子较高。这进一步提高了淀粉体系的吸收和转化能力，导致更多的热量在局部积累。随后，α-1,6-糖苷键由于具有较低的空间位阻，优先被热能打破。最后，淀粉分子间的相互作用可能由于淀粉聚合度降低而减弱，使淀粉分子在交变电场下定向和极化更可行。这可能进一步改变系统的介电性能。

5. 微波的热与非热效应对淀粉性质的影响

1）淀粉糊化的微波热效应

微波热效应是指在微波场中，在电力矩的作用下极性分子和离子随着微波场的正、负极周期的改变而高频旋转振荡，将微波能量转换成动能，再通过分子之间的摩擦和碰撞，将动能转换成热能，使体系温度升高。在淀粉水合体系中，淀粉分子为非极性介质，水是主要的极性分子。水分子在无微波体系下做无规则运动，整个体系宏观上呈电中性；当通入微波场时，水分子在微波场的作用下在一定空间内做高频运动，水分子进行重新排列。

2）淀粉糊化的微波非热效应

微波非热效应是一种不能用温度改变来解释的特殊效应，它是微波功率、时间、方式、生物体属性等多种因素共同作用、相互影响的结果。非热效应对酶催化反应、细胞代谢、化学反应以及淀粉的理化特性等都有一定的影响。微波非热效应会导致超温沸腾现象，这是因为液体的温度升高，其表面张力会降低。但在同等温度下，微波处理的无水乙醇表面张力比传统加热方式更高。这些研究证明了微波非热效应真实存在，且对物料的处理效果产生了影响。目前，关于微波非热效应对淀粉升温糊化影响的相关研究见表 5.3[12]。

表 5.3　微波非热效应对淀粉升温糊化的影响[12]

所用淀粉	试验条件	作用效果
小麦淀粉 （料液比 10%）	微波辐射同步冷却处理 1500 s，功率 250 W	抑制糊化，淀粉前期老化速率逐渐增加
大米淀粉 （料液比 6%）	2.45 GHz，微波程序升温： 升温初期 1200 W，32 s； 50℃以下时 600 W，20 s； 50~60℃时 300 W，14 s； 60℃以上时 600 W，12 s	阻碍层状结构的不规则交替；促进样品活化能/糊化焓增加（50℃达峰值）；促进淀粉半结晶生长环层结构破坏；促进C—O 类化学基团振动：C—O、C—C 伸缩振动，C—O—H 弯曲振动；促进骨架相关振动：α-1,4-糖苷键（C—O—C）等相关骨架模式
马铃薯淀粉 （料液比 3%）	2.45GHz，微波程序升温： 低温阶段 1000 W，70 s； 50~65℃时 350 W，50 s； 65℃时 650 W，25 s	促进淀粉颗粒表面粗糙；促进淀粉分子间及淀粉与水之间氢键破坏；促进 C—H 类化学基团振动：CH_2 剪式振动，C—H 和 C—O—H 变形振动；促进 C—H 类化学基团振动：CH_2 扭转振动和 C—O—H 弯曲振动

6. 微波处理对淀粉结构物性的影响

微波处理能够降低淀粉的糊化焓，提高糊化温度，增大糊化温度范围，增强糊化淀粉稳定性，老化趋势延缓。糊化焓降低主要是因为水分子的高频率振动使得淀粉颗粒的结晶区或无定形区的部分双螺旋结构遭到破坏，导致分子间氢键作用减弱，使得解旋时所需能量减小；但是高功率微波会使淀粉的黏度降低，从而导致热焓值上升。此外，淀粉糊化焓的变化可能还会与不同来源淀粉颗粒中直/支链淀粉比例不同有关。

研究发现，在短时间内微波糊化的淀粉老化趋势得到延缓，微波处理可使淀粉分子具有趋向性，抑制了糊化淀粉晶核形成，提高了凝胶网络的稳定性。也有观点认为，微波处理使得直链淀粉分子链更短，在老化初始阶段不利于新的晶体结构形成，从而抑制了老化进程。当然在物料处理量较大的情况下，微波对物料的处理程度难以非常均一，体系中残存着一部分未完全膨胀糊化的淀粉颗粒，在老化的前期，这些具有晶体性质的物质会加速淀粉老化。

7. 微波处理对淀粉结构特性的影响

1）微波处理对淀粉颗粒表面的影响

在微波处理中，淀粉颗粒宏观结构变化从颗粒表面开始，如图 5.3 所示[12]，在颗粒的大小和形状尚未发生明显变化时，颗粒表面就已变得粗糙多孔，受损程

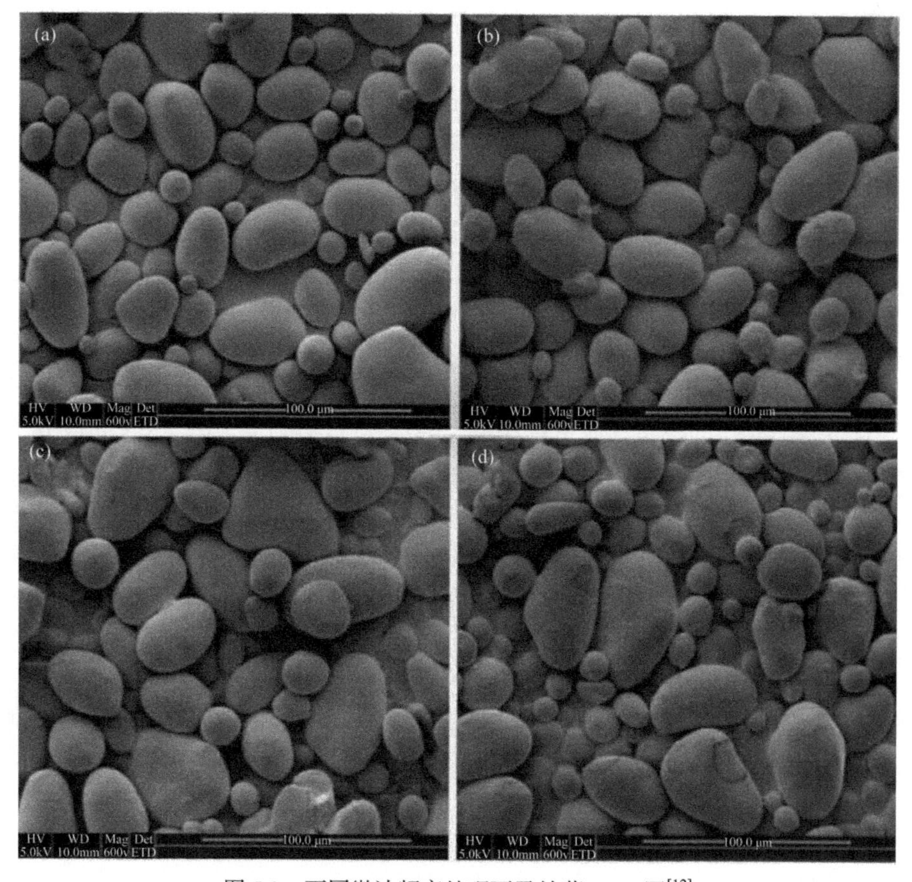

图 5.3　不同微波频率处理下马铃薯 SEM 图[12]

（a）天然淀粉；（b）27 MHz 微波处理干燥淀粉；（c）915 MHz 微波处理干燥淀粉；（d）2450 MHz 微波处理干燥淀粉

度与微波频率呈正相关。在微波作用下，淀粉水合系统中的水分子会优先将微波能量转换成自身的动能，增加扩散速度，并以较快的频率振动和摩擦产生热量，使淀粉颗粒中的水分升温变成水蒸气。在水蒸气产生速度大于向外迁移速度时，产生的水蒸气压力差会使淀粉颗粒表面产生凹痕和褶皱。

2）微波处理对淀粉晶体结构的影响

经微波处理后的淀粉晶型会发生改变。淀粉分为 A 型、B 型和 C 型 3 种结晶型。在糊化工艺中，A 型热稳定性最佳，B 型次之，C 型介于二者之间，而淀粉则倾向于向较稳定的结晶型转变。研究发现，经微波处理后高直链玉米淀粉的晶型会由 B 型变为 C 型；美人蕉淀粉和马铃薯淀粉微波处理后淀粉结晶度增加，结晶型均从 B 型转为 A 型。淀粉分子链能够组装形成螺旋、结晶、非晶体等结构，在晶体破坏方面，微波热效应与非热效应存在拮抗性。当淀粉水合体系温度低于糊化温度时，微波热效应会对其结晶区造成破坏，而非热效应则可以抑制此种破坏；而温度高于 60℃时，微波非热效应会使淀粉半结晶区破坏速度加快。

3）微波处理对淀粉分子结构的影响

微波场会影响淀粉中基团周围电子云的排布、化学键及其结构的稳定性。在糊化过程中，微波热效应是淀粉半结晶生长环等亚微观结构溃解的主要原因。在微波处理大米淀粉[8]与马铃薯淀粉的研究中均发现，微波热效应使极性基团的振动强度发生明显变化，引起淀粉双螺旋结构、V-型单螺旋结构、无定形结构含量变化。研究发现随着微波功率增加，淀粉的单/双螺旋含量降低、结晶度降低。

8. 微波辐射对淀粉安全特性的影响

自由基与淀粉的化学反应密切相关，如淀粉在热解过程中，分子间或分子内脱水形成的自由基会导致呋喃、醛类等小分子物质形成。应用电子顺磁共振检测技术发现，微波处理（80 W/g、160 W/g，1～5 min）后大米淀粉产生了 3 种以 C 为中心的自由基，它们分别为葡萄糖环 C1 位置 α-H 脱去形成的自由基、葡萄糖环侧链 C6 介导形成的自由基以及 C2 位置上 H 和 C3 位置上 OH 发生分子内脱水形成的自由基。根据半衰期长短，自由基可分为稳定型自由基和短寿自由基，后者形成后马上就会与其他分子反应而猝灭，很难被检测到，但是这类自由基会造成细胞损伤，致使疾病发生。因此，微波场下淀粉分子自由基形成机制对控制食品质量与安全具有重要的意义。

9. 微波技术在淀粉改性及淀粉质食品中的应用

1）淀粉改性

微波加热由于具有介电加热效应和电磁极化效应，近年来已被广泛用于淀粉的改性过程。微波是一种非电离能，能够在交变的电磁场下通过分子摩擦产生热能，导致淀粉结构及理化性能发生改变。微波处理提高了淀粉的糊化温度，降低了黏度。微波频率由于与化学基团的旋转振动频率接近，可以活化某些基团，加速许多有机化学反应发生。将微波技术用于淀粉化学改性受到了越来越多的关注。另外，微波处理破坏了淀粉的晶体结构，提高了淀粉的反应活性，使接枝反应不仅发生在淀粉颗粒的表面，而且在一定程度上深入淀粉颗粒的内部。

2）基于微波技术制备高抗性淀粉研究

微波辐射技术具有加热效率高、能量损失小、升温速率快等特点，为一种具有潜力的食品加工技术。适当的微波条件有利于抗性淀粉的形成。制备中影响抗性淀粉的因素依次为微波剂量＞淀粉浓度＞循环次数＞老化温度＞微波时间。其中微波剂量、老化温度及淀粉浓度对抗性淀粉最终含量影响极显著，且淀粉浓度与微波剂量、淀粉浓度与微波时间及淀粉浓度与老化温度之间具有交互作用。

3）微波熟化

微波熟化淀粉类食物的应用，主要是针对大米、面粉等食品的加工。在微波持续加热（150 W 微波持续工作 170 s，面团表面温度达到 75℃时，停止微波加热）下，即使表面温度达到淀粉的预糊化温度（60℃以上），面团表面的淀粉颗粒也没有被糊化，而在间歇加热时（通过开、关微波保持面团的表面温度为 60～75℃），由于微波加热的速度很快，所以面团表面的淀粉颗粒出现了不同程度的糊化，而淀粉的糊化是一种循序渐进的过程，因此需要充分的时间。对小麦面团糊化程度的预测表明，在微波间歇加热模式下，面团的糊化度缓慢提升，且面团内温度分布的数值预测可用二维导热方程描述。

4）微波解冻

目前微波已广泛应用于冷冻肉类及水产品解冻，但对其应用于冷冻淀粉类食品的解冻研究尚属空白。在面包、馒头等食品加工中，冷冻面团的解冻是影响产品质量的关键环节。对冷冻面团及成品馒头进行不同解冻方法对产品品质影响的对比研究。结果表明，与恒温恒湿解冻（相对湿度 85%，35℃，解冻 60 min）相比，微波解冻（微波炉解冻 210 s）的加热速率快，不容易控制，解冻后面团发酵不充分，成品馒头品质较差。微波复热过程中冷冻馒头内部的温度和水分迁移的变化是影响产品质量和风味的主要因素，原因主要在于微波加热引起温度分布不均匀，水分流失过多，因此，只需要调整配方，提高面团的持水性，就可以生产出优质的微波米面食品。

微波加热是一种新型的食品加工技术。微波作用会引起淀粉颗粒内部分子结构重新排列，分子结构发生改变，从而引起淀粉的溶解度、溶胀能力、热性能等理化性质等方面变化。此外，淀粉经微波处理后还能引发淀粉产生自由基从而影响其安全特性。基于微波的介电加热和电磁极化的特点，微波技术已被用于淀粉类食品的加工生产，主要涉及淀粉微波改性、微波熟化和微波复热 3 个方面。微波对淀粉和淀粉类物质的理化性质和结构的影响已经被大量的文献报道，但是由于微波作用不同，其结果也不尽相同。

5.3.3　超高压技术改性淀粉

1. 超高压技术在淀粉改性中的应用

超高压（UHP）技术又称高静水压技术，是指将食品物料密封在具有一定弹性的容器或在耐压设备中，在压力为 100～700 MPa 范围内，室温或低温下，改变酶活性，使蛋白质变性及淀粉糊化等，并将其细菌等微生物一并杀死的一种食品处理方法。在此过程中它不会对食品的风味、颜色、维生素等产生明显的影响，具有操作简便、成本低等特点。从 1980 年开始，陆续出现一些有关超高压技术应用于淀粉改性的研究。超高压能够引起淀粉结构、理化性质、淀粉类型改变，这主要取决于对淀粉的压力大小、处理时间、温度、水分含量以及对淀粉的糊化效果。

2. 超高压技术对淀粉结构的影响

1）对淀粉分子结构的影响

淀粉类型决定了淀粉的分子结构变化。在压力作用下，蜡质玉米的重均分子量（M_w）、数均分子量（M_n）都有所下降，而高直链玉米淀粉则不会发生明显的改变[13]。利用核磁共振波谱检测发现，经过超高压处理的玉米与未处理的玉米相比，其化学结构发生了明显的变化，其中变化主要表现在 C1 葡萄糖碳的信号共振上，其变化可能是由于双螺旋转换为单螺旋或二面角分布，其值与单螺旋中的值相似。经过红外光谱分析，结晶区与无定形区（1047/1022 cm^{-1}）比值降低。超高压对淀粉结构的影响如表 5.4 所示。

表 5.4　超高压对淀粉结构的影响

淀粉的结构	压力/MPa	淀粉种类	变化趋势
淀粉颗粒形貌	100～690	莲藕淀粉、玉米淀粉、木薯淀粉、马铃薯淀粉、蜡质玉米淀粉、高直链玉米淀粉	低压力条件处理对淀粉颗粒形貌影响不大，高压凝胶化的马铃薯淀粉会形成空壳，高压凝胶化的蜡质玉米淀粉颗粒完全被破坏，呈现凝胶状
结晶性	100～5900	玉米淀粉、大米淀粉、木薯淀粉、马铃薯淀粉、赤小豆淀粉、高直链玉米淀粉	超高压处理后的淀粉结晶度呈下降趋势；低压力条件处理的淀粉无明显变化，部分研究中会出现 A 型晶体向 B 型晶体转变的现象
短程有序性（红外光谱）	100～1000	大米淀粉、蜡质玉米淀粉、普通玉米淀粉、木薯淀粉、豌豆淀粉、马铃薯淀粉	短程有序性降低

续表

淀粉的结构	压力/MPa	淀粉种类	变化趋势
短程有序性（^{13}C-固体核磁）	100～650	大米淀粉、莲子淀粉、马铃薯淀粉、玉米淀粉、高直链玉米淀粉	无定形区含量增加

2）对淀粉颗粒形貌及结晶结构的影响

淀粉一般以颗粒形状存在，其形状包括圆形、椭圆形、多角形，通过扫描电镜（SEM）可以观察其形状分布。不同来源淀粉的形状、大小都不同，淀粉的平均直径和分布都会影响淀粉的理化性质。图 5.4[14]为在不同高静压物理条件下处理糯玉米淀粉的颗粒形态的电镜扫描图。从图中可以看出，糯玉米淀粉的糊化压力是 450 MPa，因为此时偏光十字完全消失，而木薯淀粉颗粒则在 600 MPa 下偏光十字完全消失，如图 5.5 所示[14]。高静压处理能够导致淀粉结晶结构消失，从而导致偏光十字消失。因此高静压处理会使淀粉颗粒发生明显的膨胀和聚合，在一定压力下淀粉颗粒会发生熔融和破坏从而改变淀粉的结晶结构。

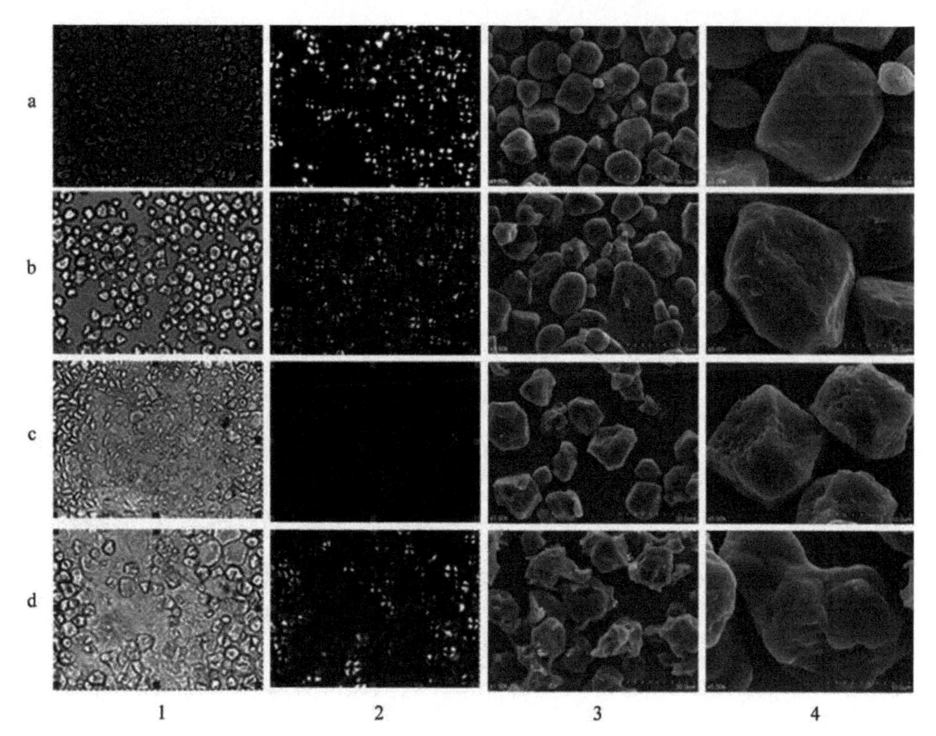

图 5.4　不同压力下糯玉米淀粉的普通光学显微镜及扫描电镜图

a、b、c、d 分别代表原淀粉、300 MPa 淀粉、450 MPa 淀粉、600 MPa 淀粉；1-正常光源；2-偏振光源，放大 400 倍；3-扫描电镜，放大 1500 倍；4-扫描电镜，放大 5000 倍

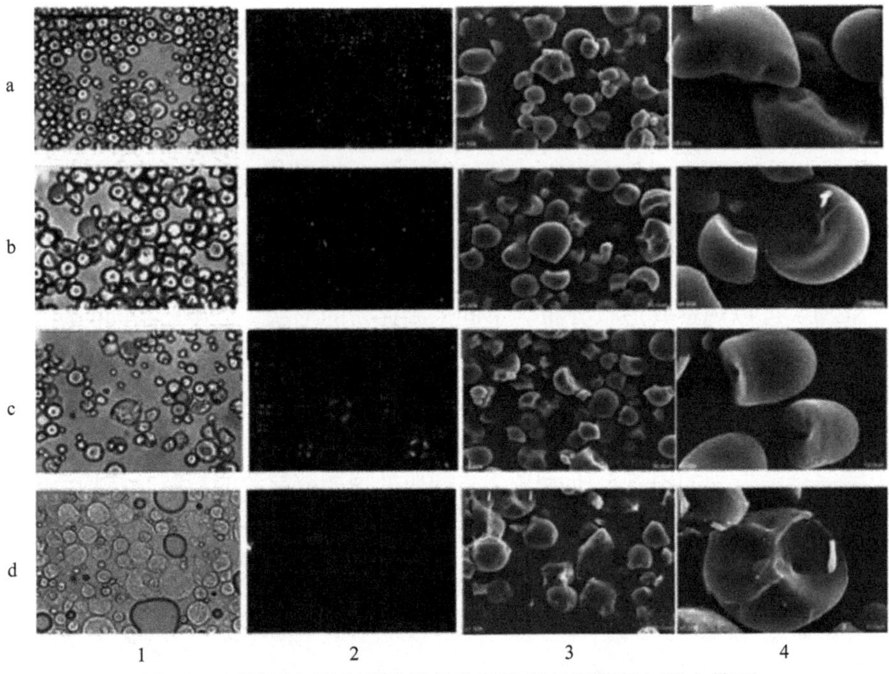

图 5.5 不同压力下木薯淀粉的普通光学显微镜及扫描电镜图

a、b、c、d 分别代表原淀粉、300 MPa 淀粉、450 MPa 淀粉、600 MPa 淀粉；1-正常光源；2-偏振光源，放大 400 倍；3-扫描电镜，放大 1500 倍；4-扫描电镜，放大 5000 倍

3. 对淀粉理化性质的影响

1）对淀粉糊化特性的影响

超高压通过水合作用来使淀粉糊化从而达到改性的目的，这就要求超高压改性需要有传导介质。实验证明：高压处理淀粉糊化的本质也需通过水合作用来实现，淀粉水悬浮液在一定压力下都能糊化，但干淀粉和淀粉乙醇悬浮液在同样的压力下不发生糊化。一般情况下，高压对淀粉糊化温度存在一定的影响，当压力小于 150 MPa 时，随着压力升高，糊化温度不断升高；当压力在 150～250 MPa 时，糊化温度变化不大，超过 250 MPa 时有降低，但降低值较小，这是因为水分子进入淀粉颗粒内部，无定形区的塑性增强，糊化温度随着压力的增大而降低。高压处理也对淀粉糊化焓的影响较大，主要分为三类：200 MPa 以下无变化，200 MPa 以上明显降低，如小麦淀粉、绿豆淀粉；超过 200 MPa 有降低，但较小，如莲藕淀粉、木薯淀粉、甘薯淀粉；超过 200 MPa 基本不变，在 400～450 MPa 反而略有增加，如马铃薯淀粉、玉米淀粉。一部分原因是淀粉经过高压处理后，其淀粉结晶结构发生改变从而引起糊化特性改变。

2）对淀粉流变学特性的影响

在超高压条件下，淀粉颗粒仍然保持完整，膨胀度受到抑制，仅有少量的直链淀粉溶出。经过超高压处理后，淀粉的晶体结构改变、颗粒形态改变，有少量直链淀粉析出，因此其流变特性发生一定的改变。研究者对大米淀粉及糯米淀粉进行对比发现，二者的起始表观黏度均随着压力的增大而增加；且延长高压时间、增加处理温度也会使淀粉的黏度增加。当压力和处理时间一定时，含水量对淀粉糊的流变特性也有一定的影响。Tan 等对比了超高压处理和热加工对大米淀粉糊流变特性的影响，结果表明，经一定的压力处理后，大米淀粉的稠度系数和储模能量显著增加，并且高于经热加工处理的大米淀粉，这提示将超高压处理和热加工结合可以作为一种新的技术来应用到淀粉质制品中。

3）对淀粉回生过程的影响

淀粉的回生程度与淀粉种类、淀粉浓度、储存温度等因素相关，其回生焓随淀粉浓度的增大而增大。超高压对大米淀粉的回生作用有一定的影响，可降低其回生程度，部分学者认为其原因可能与淀粉中直链淀粉的溶出有一定关系。而超高压处理却能使其保留较好的淀粉颗粒，减少直链淀粉溶出，使其难以回生。还有一些研究者提出，这是由于在超高压处理后淀粉颗粒中可冻结水分含量减少，从而使其回生能力降低。

4）对淀粉化学性质的影响

淀粉分子中存在着大量有活性的羟基，能发生氧化、醚化、酯化等反应，淀粉分子结构中的糖苷键能发生断裂反应。淀粉的这些化学反应，必须有足够的能量源来支持，而这些反应在超高压下进行时，所得产品要比普通改性方法所得产品性能好。例如，常温下的淀粉酸改性过程是一个缓慢的糖苷键的水解断裂过程，如果有了超高压这个外力的作用，水解速率将会大大加快，这是因为在高压下，氢离子受压力的作用，其扩散渗透能力得到大大加强，也更容易接近糖苷键并使之水解。如果在淀粉的化学改性过程中应用超高压技术，就会导致淀粉在发生物理变性的同时也发生化学变性。双变性会使所得产品具有更加优良的性能。

4. 超高压处理制备改性淀粉的方法

取适量淀粉，配制成淀粉乳液，搅拌均匀后装入聚乙烯薄膜袋中，用真空包装机抽真空包装后放入高压处理装置中进行超高压处理，分别改变其中一个因素的参数并固定另外两个因素的条件，超高压处理后进行酶法制备多孔淀粉。将 20 g 超高压预处理的淀粉干基置于 250 mL 的锥形瓶中，加入 100 mL pH 为 5.4 的柠檬酸-柠檬酸钠缓冲液，放入 50℃的恒温水浴锅中预热 10 min，同时不停地搅拌，添加以淀粉干基质量 2%的复合酶（α-淀粉酶与糖化酶配比为 1∶4），在 50℃恒温摇床中（120 r/min）充分反应 12 h 后，再加入 5 mL 4%的 NaOH 终止反应，取出后离心（3000 r/min，10 min）去掉上清液，水洗沉淀 3 次后，置于 50℃烘箱中干燥 24 h，研磨过 100 目筛，即得到多孔淀粉。

5. 超高压处理淀粉的应用

1）制备不同消化特性的改性淀粉

超高压能使淀粉的分子结构发生变化，从而对其消化特性产生一定的影响。研究发现，经过超高压改性的淀粉的消化速率较高，并且随着超高压压力增大，其消化率增加，并对淀粉中的快消化淀粉、慢消化淀粉、抗性淀粉的含量均产生了一定的影响。其中淀粉中的快消化淀粉和慢消化淀粉的比例随着压力的升高呈上升趋势，而抗性淀粉含量则有降低的趋势。在较低的压力下，淀粉的消化特性没有显著的变化。近来的研究显示，超高压处理可以减少食品加工后的淀粉葡萄糖释放量。

2）多孔淀粉的应用

天然淀粉是一种安全、无毒性、可生物降解的食品添加剂，改性成多孔淀粉后其吸附性能较好，因此在食品、药品、化工及农业等领域被广泛应用。目前，多孔淀粉的应用主要利用其对目标物质的吸附、缓释或保护作用等。在生物医药领域中，多孔淀粉可用作包埋剂。其可用于包埋岩藻黄素、紫杉醇、青蒿素、维生素 E 等生物活性物质，还可以包埋益生菌等。经多孔淀粉包埋后的生物活性物质其活性得到了改善。结果显示：多孔淀粉负载青蒿素所形成的微球能显著抑制人肝癌细胞增殖，其作用比青蒿素原药好，而且对正常肝脏细胞的毒副作用非常低。将姜黄素包埋于多孔淀粉中形成微胶囊后，其大部分抗氧化能力能够得到保留，但是在模拟胃肠道消化时发现释放效率不够理想（＜30%）。

5.3.4 挤压技术改性淀粉

1. 挤压技术在淀粉改性中的应用概述

挤压技术涉及各种操作的组合，包括混合、输送、加热、揉捏、剪切和成型。在此过程中产生的热能结合剪切效应会促使原料发生理化性质改变。挤压技术被广泛应用于食品和食品成分的生产。挤压机是一种高温、短期的生物反应器，可将多种原料经过挤压形成可食用产品。在挤压过程中，物料会经过从有序到无序的转变过程，如淀粉糊化、蛋白质变性、脂质与直链淀粉之间复合物的形成。在过去几十年里，挤压技术不断发展，目前已经成为一种良好的技术手段。淀粉作为广泛应用于食品挤压的主要原料在挤压技术中备受关注。挤压可以消除淀粉的结晶结构，淀粉颗粒结构遭到破坏，糖苷键和分子间氢键断裂，重新形成新的相互作用力，从而使自然淀粉在高温、高压和强力挤压下不可逆转地转变成热塑性淀粉。该产品既可以解决高脆度、低韧性等问题，又可以作为一种新型的环保包装材料。改性淀粉膜与天然淀粉膜相比具有更好的性能。挤压食品已经广泛供应于许多产品，包括零食、早餐麦片、意大利面和重组大米等。

2. 挤压技术对淀粉结构的影响

1）对淀粉分子结构的影响

淀粉聚合物在挤压过程中被降解，从而影响了淀粉的理化性质，如溶解度和黏度。在以往的研究中，经过挤压后降解的产物通常以大分子的形式存在，其大小与直链淀粉分子大小相似。经过挤压后 α-1,6-糖苷键的百分比与原淀粉中数量基本相似。挤压处理优先破坏淀粉分子之间的氢键，此外支链淀粉的大小分布发生了明显改变，而直链淀粉的大小分布变化不大。

2）对淀粉颗粒形貌及结晶结构的影响

不同来源淀粉颗粒大小和形态不同，其大小范围在 1～100 μm 之间。颗粒形态则为椭圆形、多边形、透镜状、细长或肾形，几乎所有的颗粒形态经过不同的加工技术都会失去完整性、分解和熔化。而这些分子在挤压过程中会重新组合形成新的结构，从而改变淀粉的一些性质。在挤压过程中，熔化的淀粉经过压力和水分的蒸发会发生膨胀，淀粉颗粒形态被破坏，因此呈现多孔蜂窝结构。挤压过程中，淀粉颗粒形态变化如图 5.6[15]所示。

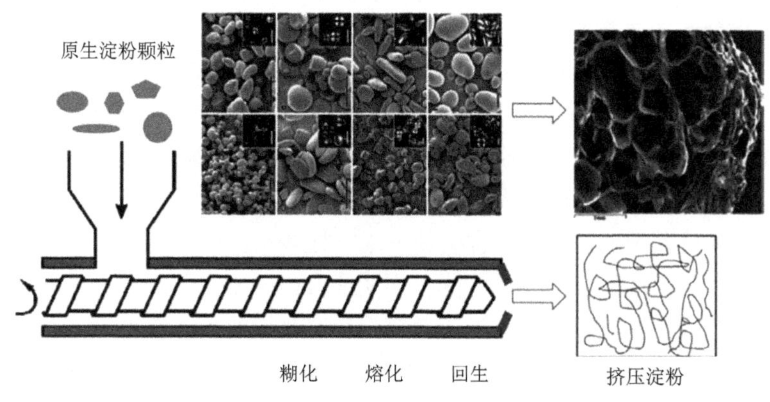

图 5.6　挤压过程中淀粉颗粒变化的示意图和图像

在挤压过程中，淀粉的部分结晶结构会转变为非晶态。挤压处理后淀粉的结晶度由直链淀粉与支链淀粉的比例来确定，高直链淀粉经过挤压处理后其结晶度保持不变，而支链淀粉在相同条件下挤压后为无定形状态。但也有少量报道称高直链玉米淀粉结晶度随着水分含量增加而降低。

3. 对淀粉理化性质的影响

1）对淀粉水化性质的影响

淀粉的水化特性反映淀粉的溶胀能力、持水能力以及淀粉颗粒内部的相互结合能力。挤压处理会使湿润的淀粉发生膨胀从而改变了挤压物的结构，改善其风味。经过挤压处理后的淀粉膨胀到原来的2～5倍。一般来说，膨胀比受进料湿度、桶温度和螺杆速度的影响。随着物料含水量增加，膨胀比减小。较高的含水量也会降低弹性，增加淀粉黏度。桶温度升高，降低了淀粉的黏度，产生过热蒸汽。因此膨胀比随着桶温度的增加而增加，当温度过高时，导致淀粉黏度过度降低，蒸汽压升高，气泡破裂从而降低膨胀比。

2）对淀粉糊化特性的影响

淀粉在含水体系下经过热处理会发生糊化，淀粉经糊化后更易于消化和吸收，因此，淀粉糊化是淀粉类食品最普遍和最主要的加工工艺。挤压加工显著改变了碎米淀粉的糊化特性，糊化参数值均明显降低，主要原因可能是结晶区和无定形区中分子链与链之间的束缚力发生了变化，挤压加工导致淀粉结晶区所占比例减少也可能促使相联系的糊化焓降低，使各项糊化参数值降低。挤压时温度高、压力大、剪切强度大，易导致淀粉分子间的氢键断裂，从而发生对糊化的催化反应，且挤压糊化后的淀粉具有冷黏性，因此经挤压后的改性淀粉糊的低温稳定性很高，但其热稳定性很差。

3）对淀粉冻融稳定性和透明度的影响

淀粉糊的析水率是影响其冻融稳定性的重要指标，析水率越低，其冻融稳定性越好。淀粉糊的透光率反映了淀粉透明度，透光率高则透明度高，而透明度还可以反映淀粉与水结合能力的强弱。挤压加工后的淀粉糊在经过4～5次的反复冻融后，仅有少量水分析出，淀粉糊的析水率明显降低，淀粉糊的冻融稳定性得到了显著提高，淀粉的凝胶结构也表现出较好的弹性和韧性且呈现出稳定的海绵状，但挤压作用会降低其透明度，同时也会使玉米、甘薯的淀粉糊透明度明显提高。然而挤压处理使荞麦的淀粉糊透明度下降，而明显升高了玉米和红薯的淀粉糊透明度。挤压改性有利于香蕉淀粉糊透明度以及淀粉感官品质改善，对冻融稳定性也有一定影响。挤压处理对于不同来源淀粉的透明度和冻融稳定性会产生不同的影响。

4）对消化特性的影响

挤压处理提高了天然大麦淀粉、高直链玉米淀粉、豌豆淀粉、水稻淀粉和高粱淀粉的消化率。淀粉的消化率取决于淀粉的结晶度、聚合度、非淀粉成分与淀粉成分的相互作用、直链淀粉与支链淀粉的比例等因素。挤压过程破坏了淀粉的颗粒形态，形成多孔的蜂窝状结构，从而提高酶的敏感性，提高消化率。经过挤压处理的高粱淀粉消化率高于原高粱淀粉，可达原来的10倍。因此，可以通过挤压技术改变谷物淀粉中抗性淀粉的含量，从而制备功能性食品。

4. 挤压处理制备改性淀粉的方法

将玉米原淀粉、甘油等在高速搅拌机混合均匀后，选配且固定好螺杆元件组合，淀粉以50 g/min的速度由双螺杆挤压机的喂料斗定量喂入，设置好2～6区腔体温度分别为 80℃、100℃、110℃、115℃、120℃，物料在温度、压力和螺杆剪切力的共同作用下混合，在第 5 区以恒流泵注入交联剂乙二醛，反应后，最终产品以丝条状从直径 2 mm 的圆孔模头中挤出。产品经低温干燥、粉碎后，过 80 目筛，得到玉米纳米淀粉。纳米淀粉具有独特的纳米特性，易被人体吸收消化，其具有良好的分散性、溶解性，同时纳米淀粉具有对高分子材料的增强作用，为制备纳米复合薄膜提供了新的方向，在食品加工领域、食品包装及生物医药领域的应用前景广阔。

5. 挤压处理淀粉的应用

1）在食品工业中应用

挤压处理是一种热和机械的过程，可用于生产预凝胶化淀粉。预凝胶化淀粉可以作为果冻凝胶剂，以及冰淇淋、发酵乳酸、饲料等的增稠稳定剂，可以代替明胶、羧甲基纤维素钠等胶凝剂和增稠稳定剂。

挤压处理能够导致淀粉的吸水性和溶解性增强，在面团的制作中会提高面团的水分含量，防止产品在储存过程中出现干燥。因此其被认为是最好的速食产品添加剂，常用于面条、汤料、速食粥等。同时，挤压淀粉还具有良好的冻融性，可作为良好的保鲜剂，延长食品的保质期。

2）制备功能性抗性淀粉

经过挤压处理后的淀粉为抗性淀粉，高直链玉米淀粉通过挤压处理，淀粉颗粒破坏不严重，凝胶作用小，导致挤出物的消化率低。可以看出，淀粉消化率不仅与结晶结构有关，还与其直链淀粉分子堆积密度有关。

在食品中加入抗性淀粉不会改变其外观和质地，因此抗性淀粉可用来增加膳食纤维含量或作为食品来调节血糖指数，适用于糖尿病患者、运动员及减肥人群。

3）在其他领域的应用

挤压淀粉除了在食品领域被广泛应用外，其作为可降解淀粉基薄膜材料也备受关注。淀粉不是一种热塑性材料，其作为薄膜材料具有低耐水性，且机械性能受到抑制。为了提高材料的柔韧性，改善加工工艺，还会用到其他的增塑剂。因此，挤压改性淀粉作为生物降解薄膜的原料应用广泛。

挤压处理是一种可以处理任何原料的有利技术手段，通过挤压技术能够充分利用食品中的营养物质和食品残渣。挤压处理的各项参数对制备改性淀粉十分关键，如挤压机类型、挤压温度、物料温度、物料水分以及螺杆速度。挤压能够使淀粉颗粒形态、晶体结构都发生改变，不同类型淀粉影响效果不同。随着分子结构的改变，其消化特性也发生改变。挤压处理会形成直链淀粉-脂类复合物，抑制小肠吸收碳水化合物，降低其消化特性。经过挤压后的淀粉其理化性质也发生改变，有良好的吸水性和溶解性。目前，利用挤压技术制备复合米为研究热点，但复合米的口感和质地与天然大米相比仍有一定差距。复合米中除了淀粉之外，还有蛋白质、脂肪等其他物质，研究挤压对其他组分结构和特性的影响对揭示复合米口感和消化特性的变化也至关重要。

5.3.5 球磨技术改性淀粉

1. 球磨技术在改性淀粉中的应用概述

球磨技术是指利用摩擦、碰撞、冲击、剪切等力学手段对淀粉颗粒进行结构和性能的改造。经过球磨加工后，球磨处理通过研磨体的冲击作用以及研磨体与球磨内壁的研磨作用对淀粉进行机械粉碎，淀粉在机械力作用下，使淀粉颗粒形貌、粒度、表面性能发生改变，晶体结构由多晶态向非晶态转变，同时也会造成淀粉分子链的排列、分子量分布和直链与支链含量比例变化，进而完成淀粉改性。球磨法由于工艺简单、成本低、环保、无污染等特点，为淀粉的改性开辟了一条新的、高效的、低能耗的道路。

2. 球磨法对淀粉结构的影响

1）对分子结构的影响

球磨可使淀粉的分子链发生断裂，使支链淀粉与直链淀粉的含量比发生变化。研究者比较了球磨后的玉米淀粉与木薯淀粉直链淀粉的含量变化，发现随着球磨时间延长，其直链淀粉的含量增加。稻米淀粉经球磨后，其分子量和碘值最大吸收波长范围的变化显示，稻米淀粉和支链淀粉都出现了断裂。

2）对颗粒形貌及晶体结构的影响

球磨过程中，大的淀粉颗粒被粉碎为更小的粒子，而小的淀粉粒子聚集在一起形成更大的淀粉粒子。不同的淀粉经过球磨处理后会产生不同的形态。淀粉颗粒经过球磨后，其相对平滑的表面变得粗糙，从中间或外围破裂成小颗粒，淀粉大分子逐渐破碎成小分子，这是因为磨球在转动时与淀粉颗粒之间产生压力和摩擦。淀粉的结晶度是衡量其结晶程度的一个重要指标，结晶度对淀粉的物理、化学性能等的应用特性有很大的影响。天然淀粉的结晶程度通常为 15%～45%，但可以通过物理、化学和生物等手段来改变其结晶程度。

3. 对淀粉理化性质的影响

1）对淀粉糊化特性的影响

球磨法对淀粉性能的影响主要与淀粉的类型、球磨处理时间、球磨转速、球磨功率等有关。球磨法对高直链淀粉结构和性质的影响很小，但对蜡质淀粉的结构和性质有很大的影响。高直链淀粉的半晶片厚度较大，晶粒面积大，结构刚性较强，在球磨处理过程中有较强的抗机械能力。但在此过程中蜡质玉米淀粉的糊化温度、糊化黏度有所下降。糊化稳定性提高，回生趋势减小。因此可以利用球磨法制备低黏度、高糊化特性的淀粉。

2）对淀粉冷水溶解度的影响

由于原淀粉在冷水中不易溶解，在加工和应用过程中必须先将其加热，然后再进行糊化，从而给生产和应用造成了一定的困难。经研究者不断地努力创新发现，淀粉经过机械处理后，其结晶结构发生改变，可制备冷水可溶性淀粉，球磨法就是制备方法之一。球磨破坏了淀粉的结晶结构，使一部分直链淀粉析出，而且球磨使淀粉分子断裂，还原性羟基增多，水分子与羟基结合机会增多，这些都会导致球磨淀粉的冷水溶解度增加。

3）对淀粉透明度及黏度的影响

随着球磨时间增加，淀粉的透明度均上升，黏度均下降。透明度反映了淀粉分子受到破坏的程度。对于原淀粉来说，在沸水中，从初始吸水膨胀到充分溶解，经过一段较长的时间，溶解度越低，其结构越致密，对光线的阻隔越大，其透光性越差。球磨时间延长，淀粉的粒径变小，结晶度降低，在水里容易形成伸展的分子态，降低了对光线的反射，增加了透光度。淀粉糊黏度与淀粉的分子结构、分子量大小等有密切的关系，球磨使淀粉颗粒破碎，分子量变小，因此黏度逐渐降低。

4. 球磨处理制备改性淀粉的方法

1）球磨直接处理

称取 80 g 冷冻干燥后的淀粉，置于球磨罐中，设置球磨机转速为 200 r/min，球磨处理时间分别为 0 h、1 h、2 h、3 h、5 h。球磨处理后的淀粉放置在自封袋中，4℃储藏备用。

2）球磨法辅助制备交联淀粉

首先向 100 mL 球磨罐中加入 25 g 淀粉和 50 mL 水作分散剂，放入磨球在转速为 300 r/min、350 r/min、400 r/min、450 r/min 下球磨 1 h，抽滤、干燥、粉碎后过 100 目筛。称取 10 g 过筛物，加入 1 g 三偏磷酸钠，再加入 90 mL 水后，分别加入 NaOH、NaCl 与 Na_2CO_3 调 pH 值至 10，在 50℃下反应 2 h 后调 pH 值至 6.6～6.9，抽滤、水洗 3 次后干燥粉碎即得样品。

3）球磨法辅助制备淀粉酯

由于球磨后，淀粉在冷水中的溶解度明显提高，黏度也随之提高，故需使淀粉以低浓度的球磨淀粉乳形式进行酯化反应。例如，将一定量的球磨淀粉混合制成 10%（质量分数）的淀粉乳，再与辛烯基琥珀酸反应，制得球磨辛烯基琥珀酸淀粉酯。对比原淀粉制备的辛烯基琥珀酸淀粉酯，取代度更高，酯化度提高，糊化温度明显降低，黏度提高。因此利用球磨法辅助可以制备出优良的低温糊化和增稠性能的淀粉酯。

5. 球磨技术的应用

球磨法属于一种机械力制备改性淀粉的方法，其不属于热加工。对比其他物理手段，其操作简便、工艺简单、成本低。因此，球磨法成为一种新兴的淀粉改性技术手段。在淀粉改性领域中，可以利用球磨法制备纳米淀粉、交联淀粉、酯化淀粉等。也可以在原淀粉的基础上改变淀粉原有的理化性质，提高透明度、溶解度、膨胀度，制备具有良好冻融性的淀粉，适用于更多加工条件。通过球磨法进行预处理的淀粉可以与其他营养物质进行复合，制备抗性淀粉。经过预处理后的淀粉，在复合过程中可以有效减少反应时间，提高复合率，制得更高含量的抗性淀粉，以便应用于更多特殊性人群。

5.3.6　脉冲电场技术改性淀粉

1. 电场技术简介

电场技术是强化生物大分子改性中普遍采用的一种物理方法，它可以实现绿色、高效、连续生产。与批次热处理相比，欧姆加热、感应电场等技术可以有效地改善反应的选择性，从而达到了快速传热和传质的目的。在淀粉生产中，常用的电场技术有感应电场、脉冲电场、欧姆加热等。它的构造如图 5.7 所示[16]。脉冲电场技术可以使淀粉的半晶体结构发生变化，从而提高酶或化学药剂与淀粉之间的结合。

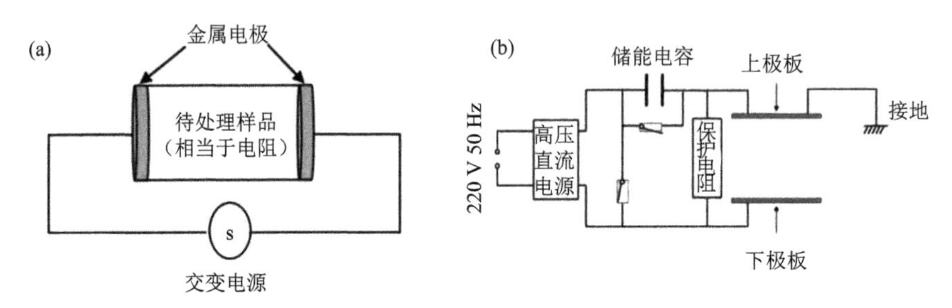

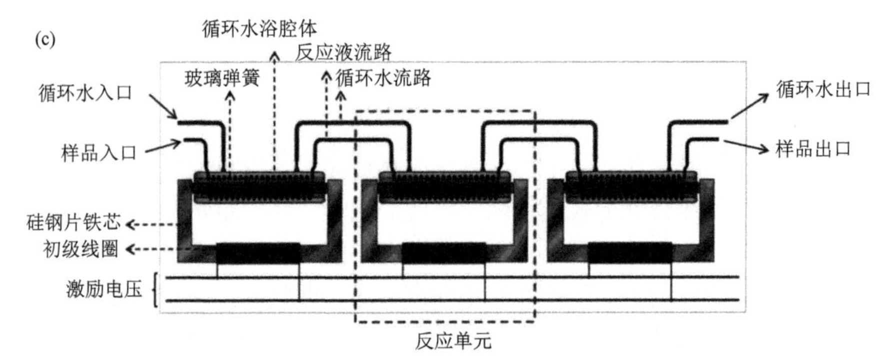

图 5.7　欧姆加热（a）、高压脉冲电场（b）和感应电场（c）的结构示意图[16]

1）脉冲电场

脉冲电场（pulsed electric field，PEF）技术是一种新型无须加热的食品加工技术，它能使食品在低温下进行加工，且不会对食品的颜色、香味和营养物质产生较大的影响。脉冲电场利用短脉冲（20～80 kV/cm，0～100 μs）连续向金属电极之间的材料重复施加高压，以实现处理的目的，具有能耗低、处理时间短和生产效率高等优点。高强度脉冲电场则可破坏淀粉的颗粒和结晶结构，促进带电化学试剂定向迁移，从而提升淀粉化学改性的速率。

2）感应电场

感应电场以变压器为基础，用液态材料取代常规的次级金属线圈，利用磁场诱发的电场来处理导电试件。感应电场既具有能改善传热、传质的优势，又能利用磁场感应电压对封闭管道内的试样进行处理，从而有效地解决了电化学污染、电极侵蚀等问题，并能提高加工效率，在医疗和食品行业具有很好的应用前景。目前，利用感应电场进行淀粉酸解是现阶段研究热点。

3）欧姆加热

欧姆加热是一种电场技术，它是在金属电极上施加电场，以加热为目的，将电场作用于具有电阻抗性的食品中，使其产生电流，并将电能转换成热能。欧姆加热根据电信号类型的差异可以分为直流加热、交流加热和脉冲加热三种。相对于常规的水浴/蒸汽加热，欧姆加热可以使食物直接加热并产生热量，而不会在固体和液体之间发生热交换，加热均匀，加热速度快，特别适用于具有较高粒度和较高黏性的材料。目前，欧姆加热多应用于有机合成、多糖提取以及淀粉糊化等。但是，欧姆加热过程会使金属电极表面发生化学反应，产生重金属污染物。

2. 脉冲电场对淀粉结构的影响

脉冲电场是一种典型的非热加工工艺，通常认为脉冲强电场产生的电荷极化作用可使淀粉的结构性质发生变化。对淀粉溶液中的带电粒子进行脉冲电场激发，使粒子向淀粉颗粒的表面聚集，从而产生了宏观的空间电荷。在电场强度达到一定程度后，淀粉粒子会在外层发生高压放电，从而使淀粉粒子发生分裂。但是，由于欧姆效应的存在，同时脉冲电场作用产生热量，淀粉粒子的导电特性会使淀粉颗粒表面局部发热。结果是部分淀粉表面出现淀粉糊，导致颗粒表面粗糙，颗粒之间聚集，平均粒径增大，淀粉糊温度和黏度下降。与大米淀粉、小麦淀粉相比，马铃薯淀粉具有 B 型结晶，晶胞中含有较多的水分，当脉冲电场发生作用，其电导性质存在一定差异，结构变化更明显。然而，脉冲电场对淀粉结构和性质的影响机理尚不清楚，有待进一步研究。

3. 脉冲电场对淀粉化学性质的影响

研究表明：在脉冲电场的作用下，淀粉粒子及晶体结构发生了变化，并且与化学药剂的亲和性得到了加强，改性效果也得到了改善。脉冲电场能促进带电颗粒的定向运动，加速了淀粉和化学物质的碰撞。使用脉冲电场对淀粉进行改性主要应用于淀粉酯化，脉冲强度、时间、乙酸酐的加成对脉冲电场作用于马铃薯淀粉、木薯淀粉、玉米淀粉、小麦淀粉的酯化度有明显的正向影响。以马铃薯淀粉为例，在脉冲电场强度为 3.5 kV/cm 的情况下，酯化 60 min，酯化率达到 0.130，淀粉乳浓度为 30%（质量分数）。其糊化温度比原淀粉低，水溶性增加，凝胶稳定性和冻融稳定性均有所提高。

4. 脉冲电场改性淀粉的应用

脉冲电场技术在食品加工行业中能够用于食品的保存、干燥、冷冻、萃取等，若与其他加工技术联用，发展空间更大，具有更广的应用范围和更高的加工效率。在淀粉改性应用中，可利用脉冲电场辅助酶制备多孔淀粉、利用脉冲电场制备酯化淀粉以及利用脉冲电场处理强度不同制备不同消化特性淀粉。

参 考 文 献

[1] Sair L. Heat-moisture treatment of starch[J]. Cereal Chemistry, 1967, 44(1): 8-26.
[2] Gunaratne A, Hoover R. Effect of heat-moisture treatment on the structure and physicochemical properties of tuber and root starches[J]. Carbohydrate Polymers, 2002, 49(4): 425-437.
[3] Radosta S, Kettlitz B, Schierbaum D, et al. Studies on rye starch properties and modification. Part Ⅱ: Swelling and solubility behaviour of rye starch granules[J]. Starch-Stärke, 2010, 44(1): 8-14.
[4] Maruta I, Kurahashi Y, Takano R, et al. Reduced-pressurized heat-moisture treatment: A new method for heat-moisture treatment of starch[J]. Starch-Stärke, 1994, 46(5): 177-181.
[5] Lim H S, Bemiller J N, Lim S T. Effect of dry heating with ionic gums at controlled pH on starch paste viscosity [J]. Cereal Chemistry, 2003, 80(2): 198-202.
[6] 李光耀, 李林波, 杨天佑, 等. 物理场预处理对淀粉改性及其多尺度结构的影响研究进展[J]. 食品与机械, 2021, 37(7): 213-218.
[7] Sujka M, Jamroz J. Ultrasound-treated starch: SEM and TEM imaging, and functional behaviour[J]. Food Hydrocolloids, 2013, 31(2): 413-419.
[8] 姜倩倩. 超声-微波处理对大米淀粉凝胶性质的影响及应用[D]. 无锡: 江南大学, 2011.
[9] Yuan T, Byac D, Fan D M, et al. Structural changes of starch subjected to microwave heating: A review from the perspective of dielectric properties[J]. Trends in Food Science & Technology, 2020, 99: 593-607.
[10] Nawaz H, Akbar A, Andaleeb H, et al. Microwave-induced modification in physical and functional characteristics and antioxidant potential of nelumbo nucifera rhizome starch[J]. Journal of Polymers and the Environment, 2020, 28: 2965-2976.
[11] Kremsner J, Kappe C. Silicon carbide passive heating elements in microwave-assisted organic

synthesis.[J]. Journal of Organic Chemistry, 2006, 71(12): 4651-4658.

[12] 刘昊, 顾丰颖, 刘子毅, 等. 微波的热与非热效应对淀粉性质的影响[J]. 核农学报, 2020, 34(2): 363-369.

[13] Amparo B. Pressure-induced changes in the structure of corn starches with different amylose content-ScienceDirect[J]. Carbohydrate Polymers, 2005, 61(2): 132-140.

[14] 任瑞林, 刘培玲, 包亚莉, 等. 高静压物理变性法对糯玉米淀粉理化性质的影响[J]. 中国粮油学报, 2015, 30(3): 23-29.

[15] Serge Pérez, Bertoft E. The molecular structures of starch components and their contribution to the architecture of starch granules: A comprehensive review[J]. Starch-Starke, 2010, 62(8): 389-420.

[16] 李丹丹, 陶阳, 杨哪, 等. 电场辅助淀粉改性的研究进展[J]. 食品科学, 2022(11): 1-20.

第6章 谷物基改性淀粉产品的开发与应用

谷物基淀粉因其具有食品级特性，常被广泛应用于食品加工和生物医药领域。然而，其天然淀粉具有溶解性差、亲水性强、消化性快等不良特性，从而限制了其在生产加工和产品开发中的应用范围。改性淀粉是通过不同的技术手段处理而得到的，可以获得不同的功能特性，如热稳定性、疏水性、两亲性、机械强度、抗逆性，并且可以增加淀粉的冻融稳定性、凝胶透明度和光泽等。谷物基改性淀粉的常见种类包括抗性淀粉、慢消化淀粉、预糊化淀粉、冷水可溶性淀粉、纳米淀粉等，这些改性淀粉拓宽了谷物基淀粉的生产和应用范围。

6.1 抗 性 淀 粉

长期以来，在各种排泄物检测中，一直没有发现淀粉成分的残留痕迹，因此许多研究者认为淀粉可以被人体完全消化吸收。但在深入研究淀粉的消化特性时，一些研究者发现不同食品中淀粉的消化特性存在差异。在人类食用富含淀粉的食品后，体内的消化酶会快速作用将淀粉酶解，由于淀粉是由多糖组成的物质，因此淀粉分解后成为葡萄糖，葡萄糖会随之流入血液中，对人的生理产生影响。然而，仍有一部分淀粉无法被体内消化酶分解，因此会使人产生饱腹感，最终这些淀粉会直接进入大肠，被菌群分解为有机酸等成分，这部分即为抗性淀粉。

6.1.1 抗性淀粉概述

1. 抗性淀粉的概念

抗性淀粉（resistant starch，RS）一词最初由 Englyst 等于 1982 年在英国剑桥大学医疗研究委员会邓恩临床营养中心提出。抗性淀粉也称为抗酶淀粉，是一种可分级、可吸收和可溶解的纤维的复合物。在健康人体的小肠中，抗性淀粉无法被降解和吸收，但在大肠中可以被肠道微生物群发酵并产生短链脂肪酸，其吸收和代谢速度较慢。1993 年，欧洲抗性淀粉协会将抗性淀粉定义为：在健康人体小肠中不被消化吸收的淀粉及其降解产物的总称。

2. 抗性淀粉的分类

目前，抗性淀粉按照抗酶降解的机制不同，可分为 5 种类型：RS1、RS2、RS3、RS4 和 RS5。

1）RS1 物理包埋淀粉

RS1 物理包埋淀粉（physically inaccessible starch）是存在于完整的或经轻度研磨的谷物、豆类、根茎以及种子中的淀粉。由于细胞壁的保护作用，包埋在食品基质中的淀粉颗粒不易与小肠淀粉酶接触，从而不能被分解，如图 6.1 所示。然而，在经过物理作用如咀嚼、碾磨和粉碎后，这些淀粉就可以转变为可消化淀粉。这种类型的抗性淀粉具有较高的热稳定性，因此广泛应用于经过蒸煮加工的传统食品中。

2）RS2 未糊化淀粉

RS2 未糊化淀粉（ungelatinized starch）是存在于某些天然植物淀粉颗粒中的抗性淀粉。相比其他类型的抗性淀粉，RS2 具有完整颗粒性，并且在结构上存在天然的特殊晶体构象，具有高密度和部分晶性，如图 6.2 所示。这些结构特征使得 RS2 免受各种淀粉酶的酶解作用，从而表现出高度的抗性。RS2 可以划分为不同的类别：A 类，未经加热即可在小肠中被直接消化，如小麦淀粉和玉米淀粉等；B 类，即使加热过也难以在小肠中被消化，如芋类淀粉、高直链稻米淀粉、生香蕉淀粉等；C 类，介于 A 类和 B 类之间，如豆类淀粉。

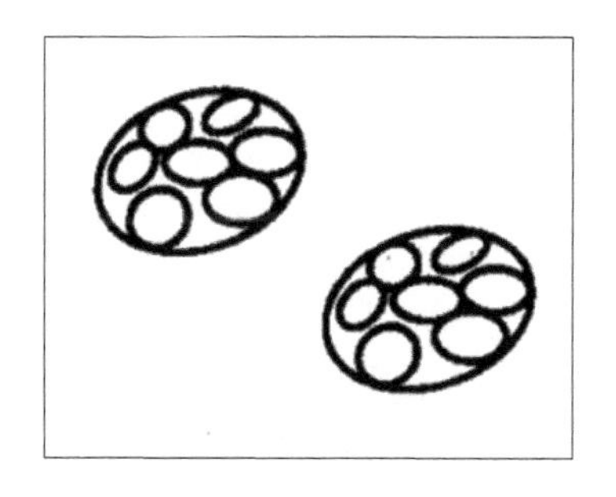

图 6.1　抗性淀粉 RS1 的结构

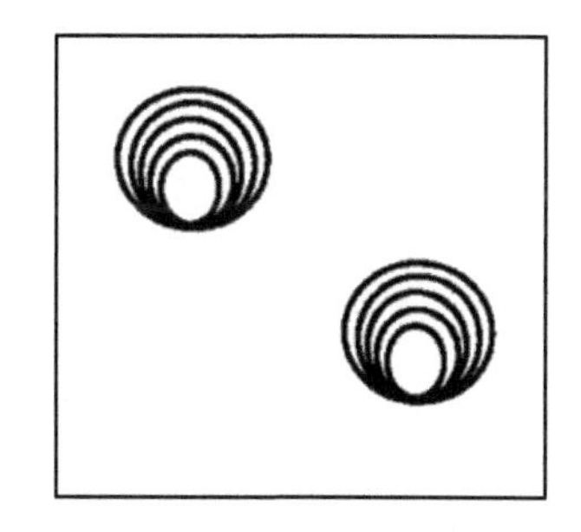

图 6.2　抗性淀粉 RS2 的结构

3）RS3 回生淀粉

RS3 回生淀粉（retrograded starch），是存在于某些食物中的抗性淀粉。当淀粉被加热后，在低温条件下形成的淀粉聚合物，由直链淀粉和支链淀粉中的长链相互缠绕形成双螺旋结构而形成，如图 6.3 所示。这种淀粉存在于谷物、面包、即食早餐和熟马铃薯等食物中。RS3 由于其独特的结构，在小肠中无法被淀粉酶分解，具有抗酶解性。RS3 是人类饮食中抗性淀粉的主要成分，因为它具有热稳定性，可以在食物加工过程中形成，且在小肠中难以被消化吸收。因此，RS3 被广泛应用于食品添加剂中，并具有巨大的商业潜力。

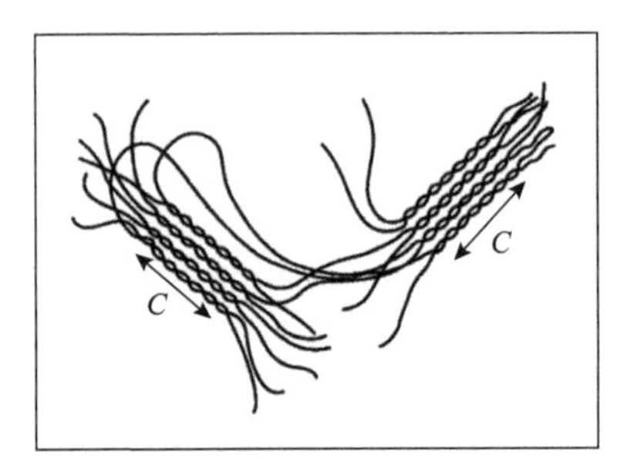

图 6.3　抗性淀粉 RS3 的结构

4）RS4 化学改性淀粉

RS4 化学改性淀粉（chemically modified starch），是通过基因改造或化学修饰方法改变淀粉分子结构而获得的。可利用转化、取代或交联等措施，阻断淀粉分子与酶的接触，防止淀粉消化；还可通过引入新的化学官能团（如淀粉与化学物质的醚化、酯化或交联等），提高淀粉分子对酶解的抗性。这是一种重要的生产商品化抗消化淀粉的方法，RS4 可作为配料在食品加工中添加使用。

5）RS5 复合淀粉

RS5 复合淀粉（complexed starch），是指直链淀粉的长链部分或支链淀粉与脂质、蛋白相结合形成的聚合物。这种淀粉需要较高的糊化温度且容易变质。RS5 的抗酶解性主要是由于直链淀粉与脂质复合形成了三维螺旋结构，从而难以与淀粉酶结合。RS5 可以作为一种营养补充剂来预防肠道疾病。目前，国内外对 RS5 的定义没有统一标准。

6.1.2　抗性淀粉的形成机制

抗性淀粉的形成机制是多方面的，包括结晶度的改变、分子量的改变以及分子结构的改变等，这些改变都能够使淀粉分子对酶的降解产生抗性。

1. 结晶程度的改变

抗性淀粉的结晶度较低，表现为淀粉分子链松散、无序，难以与消化酶接触和降解。这是通过破坏淀粉颗粒原有的结晶结构来实现的。

2. 分子量的改变

抗性淀粉的分子量相对较大，分子量越大，抗酶解性越强。这是通过化学修饰或基因改造来实现的。

3. 分子结构的改变

通过改变淀粉分子的化学结构或添加其他成分（如脂肪酸）来增加淀粉分子对酶的抗性。

6.1.3　影响食品中抗性淀粉含量的因素

1. 淀粉性质（内因）

内因包括淀粉的种类、结构、颗粒大小、结晶性、直支比、聚合度、老化与回生、支链淀粉的线形化转变以及淀粉中基本成分的含量等因素。

2. 处理方法（外因）

（1）淀粉乳的浓度：在一定范围内，增加淀粉乳的浓度会增加淀粉分子间的碰撞概率，从而促进抗性淀粉的形成；但浓度过高会使淀粉分子运动受阻，也会影响抗性淀粉的产率。

（2）制备工艺：超高压、湿热、微波、超声波、反复加热-冷却以及利用耐高温 α-淀粉酶和普鲁兰酶等酶处理的方法都可以用于制备抗性淀粉。

（3）储存条件：抗性淀粉最适宜储存温度为 0～4℃，这一温度有利于淀粉分子的回生和稳定抗性淀粉的结构。

6.1.4　抗性淀粉的制备

目前，制备的抗性淀粉主要为 RS3 和 RS4。抗性淀粉的制备过程主要是将淀粉经过充分的糊化处理，破坏淀粉颗粒的原有结构，导致淀粉分子内部氢键断裂，直链淀粉含量上升。糊化处理后的淀粉在温度较低条件下，储藏过程中直链淀粉间通过氢键结合重新形成双螺旋，这些双螺旋相互吸引靠近，从小结晶体形成大晶核，最终形成一个稳定致密的大结晶区，这些结晶体具有很强的抗酶解能力，形成抗性淀粉。抗性淀粉的制备方法包括热处理、酶处理、微波处理、超声波处理和其他方法[1]。

1. 热处理法

热处理法是制备抗性淀粉的一种常用方法。该方法利用高温处理淀粉，使淀粉发生糊化、分解和重组，形成抗性淀粉。该方法主要用于 RS3 型抗性淀粉的制备。根据热处理的温度及淀粉乳水分含量的差异，又可分为压热处理（autoclaving treatment）、湿热处理（heat-moisture treatment，HMT）及韧化处理（annealing，ANN），不同的处理条件对抗性淀粉的形成和得率具有不同的影响。其中，湿热处理过程仅涉及水和热，是绿色环保的物理制备方法。

2. 酶处理法

抗性淀粉的制备原理是提高直链淀粉的含量，需要支链淀粉脱支以形成直链淀粉，脱支的方法之一是加入淀粉酶。常用于制备 RS3 抗性淀粉的淀粉酶是 α-淀粉酶和普鲁兰酶。α-淀粉酶可降低淀粉分子的聚合度，使直链淀粉含量升高，而普鲁兰酶可以催化水解支链淀粉中的 α-1,6-糖苷键，产生大量的短直链淀粉，在老化过程中促使直链淀粉形成双螺旋结构，形成抗性淀粉。

3. 酸处理法

酸法制备抗性淀粉依据的是酸在一定温度下水解淀粉分子中的糖苷键作用。随着酸解温度、酸量和酸解时间的增加，淀粉链分子降解程度增高，从而有利于直链淀粉通过分子间的氢键作用形成双螺旋结构。研究表明，盐酸是一种高效的酸法水解淀粉的选择，同时也可以使用食品级的草酸等。

4. 超声波处理法

超声波在溶液中传播时产生的空化效应可以破坏淀粉颗粒的晶体结构，导致 C—C 键裂解，促进直链淀粉含量增加，有利于双螺旋结构的形成。超声波处理的淀粉样品表面呈现出孔状结构，这有助于直链淀粉分子溶解和双螺旋结构形成。超声波处理时间短、纯度高，是一种非常有效的制备抗性淀粉的方法。

5. 微波处理法

微波辐射对淀粉的制备作用主要是通过促进淀粉糊化和老化，从而提高效率。微波辐射可以改变淀粉颗粒内部的水分分布，促进淀粉内部氢键破坏，在冷却阶段相邻的直链淀粉间又重新形成氢键，提高抗性淀粉的得率；同时，微波辐射使水分汽化，在此过程中淀粉发生糊化，使物料产生多孔的网状结构，有利于酶的作用。微波处理时间短、效率高，可缩短制备时间。

6. 挤压处理法

挤压处理是食品加工的重要方法之一，也可用于抗性淀粉的制备。它可以使淀粉分子受到高温高压和剪切力等作用，从而引起糊化反应，同时也会导致糖苷键断裂，使淀粉分子发生解聚作用，从而改变其分子大小和分子量。通常认为，在挤压处理过程中，淀粉的解聚作用主要发生在支链淀粉部分，因此挤压处理对支链淀粉的降解效果类似于普鲁兰酶。

7. 其他方法

除了前文提到的制备方法，还有一些其他的处理方法，如蒸汽加热法、反复脱水法和压热-冷却循环处理法，也能够提高抗性淀粉的产率。这些方法都是较新的技术，尚未在工业化生产中广泛应用。另外，在制备抗性淀粉时，可以考虑将两种或两种以上的制备方法结合使用，以加速反应进程、增加抗性淀粉的含量[2]。

6.1.5　抗性淀粉的应用

1. 抗性淀粉在主食制品中的应用

抗性淀粉是一种不能被人体消化吸收的淀粉质，它通过在结肠内被发酵而产生有益的代谢产物，具有多种生理功能，如调节血糖、降低血脂、促进肠道健康等。因此，抗性淀粉已被作为膳食纤维的强化剂应用到主食制品中，如馒头、月饼和面包。对于我国传统食品馒头的制作，适量添加抗性淀粉可以增大馒头的比容、改善馒头的品质；面包中加入适量的抗性淀粉 RS4 可以使面包成为“良好的纤维来源”，增加膳食纤维的含量，提高气孔结构、体积和颜色等感官品质，使面包的品质明显提升。

因此，将抗性淀粉应用于主食制品中，不仅可以增加膳食纤维的含量，提高产品质量，还有助于提高人们的健康[3]。

2. 抗性淀粉在其他食品中的应用

除了应用在主食制品中，抗性淀粉还广泛应用于其他食品中。抗性淀粉可以用作肉制品（如香肠、火腿等）中的填充物，提高产品质量；可用作乳制品（如酸奶、乳饮料等）中的乳化稳定剂，提高食品色泽、口感和滋味，并可与果胶、琼脂等其他材料配合使用；可以用作烘焙食品（如饼干、蛋糕等）中的替代品，降低食品的能量密度和血糖指数值，增加膳食纤维含量，提高产品的营养价值；可用作发酵制品中的增殖因子，显著增加制品中益生菌（如双歧杆菌和乳酸菌等）的数量；可以用作饮料中的增稠剂，增加饮料的口感和稠度，使饮料更加稳定，并且能保持饮料原有的风味；可以用作零食（如膨化食品、薯片等）中的成分，增加膳食纤维含量，提高产品的营养价值；可以用作调味品（如酱油、调味汁等）中的稠化剂，增加产品的黏稠度和口感[4]。

可见，抗性淀粉在食品工业中有着广泛的应用前景，不仅能够提高产品的营养价值，还能够改善食品的质地和口感。

6.2　慢消化淀粉

淀粉是食品行业的重要基础原料之一，作为重要的碳水化合物提供人类所需的营养物质。然而，原淀粉容易被人体消化吸收，导致血糖升高，不利于特殊人群食用。为了解决这个问题，需要对淀粉进行改性，其中慢消化淀粉就是一种改性淀粉产品。慢消化淀粉是指在人体小肠内消化吸收速度较慢的淀粉。与快消化淀粉相比，慢消化淀粉被酶降解的速度更慢。

6.2.1　慢消化淀粉的生理功能

淀粉的消化与很多人类疾病有直接或间接的关系。尤其是糖尿病和心血管疾病患者，需要选择低血糖指数的食物，如含有高抗性淀粉和慢消化淀粉的食物。这些食物对患者的疾病有一定的益处。相反，高血糖指数的食物会对他们的疾病产生负面影响。此外，含有高抗性淀粉的食物还可以增加肠道内菌群数量，减少结肠上皮萎缩，并降低总胆固醇和甘油三酯的水平[5]。

1. 慢消化淀粉与血糖指数

血糖指数（glycemic index，GI）可用于衡量摄入的碳水化合物对人体血糖升高的影响程度。GI 是指食物进入人体后 2 h 内血糖水平应答与食用葡萄糖引起的血糖应答水平之比，用来反映机体血糖生成的应答状态，一般以葡萄糖的 GI 为 100 作为基准。最新的 FAO 报告指出，高 GI 食物在胃肠道中被快速消化成葡萄糖，导致血糖急剧升高，血糖波动剧烈；而低 GI 食物可以在胃肠道中停留较长时间，缓慢释放葡萄糖，不会引起餐后血糖剧烈波动，有利于控制血糖平衡，保持机体功能稳定。研究表明，高 GI 食物可能会引起多种疾病，尤其是肠道疾病，如结肠癌等；而低 GI 食物则可以降低患心血管疾病和糖尿病的风险。高含量快消化淀粉的食物可能导致血糖波动，而高含量慢消化淀粉的食物可以减少血糖负荷。慢消化淀粉可以降低代谢并发症发生的风险，改善机体代谢方式，保持餐后 2 h 的血糖稳定。

2. 慢消化淀粉与糖尿病

糖尿病是一种代谢性疾病，由于胰岛素不足，血液中葡萄糖堆积进而导致血糖偏高。因此，降低餐后血糖水平是预防和控制糖尿病的主要措施。慢消化淀粉的摄入能够有效降低血糖，预防糖尿病等慢性疾病的发生。研究表明，富含慢消化淀粉的早餐食物可以提高碳水化合物在机体内的代谢，减轻糖尿病患者对胰岛素的依赖。糖尿病患者食用富含慢消化淀粉的食品后，可以有效地改善下一餐的血糖应答水平，预防夜间低血糖的症状。

3. 慢消化淀粉与肥胖症

当人体摄入的热量超过自身消耗时，就会导致肥胖症，因为多余的能量会被转化为脂肪，随着脂肪堆积的增加，最终演变成肥胖症。慢消化淀粉可以在肠胃内缓慢持续地释放能量，因此可以带来较强的饱腹感，影响餐后血糖应答、胰岛素分泌和最终的代谢反应。适量摄入慢消化淀粉可以有效减轻饥饿感，减少热量摄入。对于肥胖人群或想要减肥的人来说，慢消化淀粉是一种控制体重、保持健康的良好选择。

4. 慢消化淀粉与心理表现

葡萄糖是向大脑提供能量的主要有机物，血糖水平跟人们的心理表现有关，尤其对记忆产生显著影响。碳水化合物的吸收速率与人的认知能力密切相关。慢消化淀粉可以帮助维持人体的认知能力，预防反应能力下降。例如，儿童和青少年食用富含慢消化淀粉的早餐可以促进机体功能平衡，有益于精神健康等[6]。

6.2.2　影响淀粉消化性的因素

对淀粉消化速率产生影响的原因主要分为内在与外在两个方面。

1. 内在影响因素

淀粉的消化速率受到多个内在因素的影响。这些因素包括淀粉来源不同、淀粉颗粒的形状大小和结晶结构、淀粉中直链淀粉-脂质复合物的含量、自身 α-淀粉酶抑制剂以及淀粉中直链淀粉与支链淀粉含量的比例等。不同来源淀粉的消化速率有差异，与谷物淀粉相比，豆类淀粉的消化速率要低一些。淀粉消化速率与淀粉颗粒形状的大小有关，淀粉的颗粒越大其消化速率越低。淀粉的结晶构型也会影响淀粉的消化速率，淀粉样品的 X 射线衍射图谱显示：A 型图谱主要是谷类的淀粉，其消化速率较快；而具有 B 型图谱的主要是块茎类淀粉，其消化速率相对较低；豆类淀粉的衍射图谱为 C 型，其消化速率比 A 型的慢一些而比 B 型的淀粉略快一些。淀粉中含有一定量的脂质复合物时也会使淀粉的消化速率发生改变，有研究报道，用乳化剂与大麦淀粉聚合后制备的淀粉样品，和原淀粉相比较，抗酶解淀粉的含量有所减少，这可能是因为淀粉构成中的直链淀粉与脂质复合物再聚合，而形成的聚合物是不具抗酶解性质的，由此可见直链淀粉与脂质复合物的聚合物对淀粉的消化速率有着一定的影响。此外，食品中的酶抑制剂和非淀粉多糖等其他因素也会影响淀粉消化特性；直链淀粉在食品中占比不同，其消化速率有明显差异。

2. 外在影响因素

淀粉的消化速率受多种外在因素影响，不同的淀粉改性方法、加工方式以及保存方法等对淀粉的消化速率均产生影响。其中，淀粉改性的物理方法包括湿热处理和机械球磨微细化处理等，这些方法能改变淀粉颗粒的结构，从而影响其在人体内的消化速率；化学方法改性包括乙酰化和羟丙基化等，用化学方法改性生成交联淀粉可使淀粉的消化速率产生明显变化；酶法和复合改性方法同样对淀粉的消化速率产生影响，以脱支酶处理大米淀粉，对其进行脱支制备慢消化淀粉，可较大程度降低淀粉的消化速率。不同的加工方式也会影响淀粉的消化速率，例如，豆类淀粉经过蒸煮后的消化性能会提高，而不同的韧化加工方式会导致淀粉颗粒吸水膨胀和糊化，导致淀粉颗粒发生破裂，从而影响淀粉消化。此外，淀粉产品的后期保存也会影响其消化速率，例如，冷藏能降低淀粉的消化速率，且直链淀粉易形成一种类似于三维网状的构型，这样的构型能较大程度降低淀粉酶解，因此冷藏后淀粉产品中的抗性淀粉和慢消化淀粉的含量会增加[7]。

6.2.3　慢消化淀粉的测定方法

慢消化淀粉的测定方法可以分为体外模拟法和体内法两类。体外模拟法是通过模拟体内消化的 pH 值、温度等条件，使用消化酶对淀粉样品进行水解，并在 20 min 和 120 min 这两个时间点测定反应体系内水解释放的葡萄糖量，结合总淀粉含量，通过公式计算出快消化淀粉、慢消化淀粉和抗性淀粉的含量。常用的体外模拟法包括 Englyst 法、Guraya 法和 Shin 法。

不同的测定方法可能会导致结果存在差异，对三种测定慢消化淀粉含量的方法进行比较，见表 6.1。Englyst 法使用混酶液（包含胰淀粉酶、糖化酶和转化酶）模拟淀粉在人体胃肠道内消化成降解产物葡萄糖的情况，该方法使用葡萄糖氧化酶（GOPOD）法测定其含量。因此，测得的慢消化淀粉含量的结果与体内法接近。

表 6.1　慢消化淀粉的测定方法

	体外			体内（*In vivo* 法）
	Englyst 法	Guraya 法	Shin 法	
酶液	胰淀粉酶+糖化酶+转化酶	猪胰 α-淀粉酶	猪胰 α-淀粉酶	—
测定原理	RDS：＜20 min 时水解的淀粉 SDS：20～120 min 时水解的淀粉 RS：＞120 min 时水解的淀粉	37℃反应 60 min，间隔一段时间测定	37℃下振荡水解 10 h	以人体为实验对象，测定 20～120 min 分解的淀粉
测定对象	葡萄糖含量（mg）	麦芽糖量（mg）	麦芽糖量（mg）	血糖量（%）
测定途径	葡萄糖氧化酶法	3,5-二硝基水杨酸法	3,5-二硝基水杨酸法	葡萄糖氧化酶法

相比之下，Shin 法和 Guraya 法测定慢消化淀粉含量时只使用猪胰 α-淀粉酶的酶液，导致水解产物不够完全，还含有麦芽糖、极限糊精等物质。此外，这两种方法使用的是 3,5-二硝基水杨酸（DNS）法，只能测出还原糖，从而存在局限性。因此，推算出的慢消化淀粉含量低于体内法的结果，重复性差，数据也有偏差。体内法（*In vivo* 法）是以人体为研究对象，因此结果较为准确，但测试费用较高，且对人体健康有害，所以不适合作为通用的测定方法。综上所述，Englyst 法更适宜作为测定慢消化淀粉含量的方法。

6.2.4　慢消化淀粉的制备

目前已有的研究表明，可以通过多种方式来制备慢消化淀粉，主要有基因改造、化学改性、物理改性、酶改性以及这些手段的结合技术。

1. 基因改造

基因可以调控淀粉的类型和结构，包括淀粉颗粒的精细结构、直链淀粉和支链淀粉的比例等，通过广泛育种和表征鉴定结果品种，以期得到想要的淀粉品质，这是一种可行的策略。此外，有学者通过基因修饰的方法，过度表达淀粉生物合成过程中的特定酶，从而成功开发出一种新型的慢消化淀粉（长链支链淀粉）。

2. 物理改性

常见的制备慢消化淀粉的物理改性方法包括挤压、水热处理、变温结晶和聚合物包埋等。研究表明，螺旋挤压处理可以同时提高马铃薯淀粉中抗性淀粉和慢消化淀粉的含量。水热处理是通过退火或湿热处理进行的，其中退火是在中等（40%～55%，质量分数）或高于 60%（质量分数）的水分条件下进行的热处理，而湿热处理则通常在低于 35%（质量分数）的水分条件下进行。研究表明，水热处理可以显著提高甘薯淀粉中慢消化淀粉的含量，有些研究甚至显示水热处理后的甘薯淀粉中慢消化淀粉的含量可以增加一倍。相较于未经处理的天然淀粉，经过熔融温度下湿热处理后的大米淀粉消化速率显著降低。湿热处理可以增加不同品种淀粉（包括玉米淀粉、马铃薯淀粉、山药淀粉和大米淀粉）中慢消化淀粉的含量。通过将直链淀粉融化并快速冷却，可以制备出含有丰富慢消化淀粉的产品。

3. 化学改性

化学改性可以有效地改变淀粉的功能特性，其中包括淀粉的消化特性。常见的化学改性方法包括酸处理、氧化、交联和取代，其中取代包括酯化和醚化。采用柠檬酸处理（2.62 mmol 柠檬酸：20 g 大米淀粉，128.4℃下作用 13.8 h）的方法，可制备慢消化淀粉含量高达 54.10%的大米淀粉。辛烯基琥珀酸酐乙酰化结合交联羟丙基化是利用蜡质淀粉制备慢消化淀粉的最佳化学改性方式。尽管化学改性方式已被证实对于慢消化淀粉含量增加有不同程度的作用，但它们的安全性和毒理性评价仍有待进一步研究。

4. 酶改性

酶改性方法安全、高效，一般情况下酶本身能够在正常食品加工中失活，也很少带入有害副产物，因此广泛应用于生产和生活中。普鲁兰酶、异淀粉酶、α-淀粉酶、β-淀粉酶或转葡萄糖苷酶等酶可用于制备慢消化淀粉。已有研究表明，增加α-1,6-糖苷键的相对数量可使淀粉支链密度增加，降低淀粉消化速率；用α-淀粉酶水解淀粉，然后储存在一定条件下，使其线形链部分结晶，也可以有效制备慢消化淀粉；以普通玉米淀粉为原料，利用β-淀粉酶制备慢消化淀粉比利用α-淀粉酶有更高产率；还有学者通过β-淀粉酶与葡萄糖基转移酶协同处理普通玉米淀粉，制备慢消化淀粉。

5. 复合改性

复合改性是指采用两种或两种以上的方法协同处理淀粉，从而使改性后的淀粉兼具多种改性手段的优点，进而提高改性淀粉的得率，增大其用途。常用的复合改性方法包括物理酶法改性、交联酯化改性、化学酶法改性等。例如，利用普鲁兰酶和月桂酸复合改性的方法作用于高支链玉米淀粉，可以制备出慢消化淀粉含量高达 14.2%的改性淀粉，而单一使用脱支酶制备的慢消化淀粉含量仅为11.2%。另外，经过交联酯化复合改性处理的糯米淀粉中，慢消化淀粉含量得到了提高，并且与单一的交联或酯化处理相比，复合改性使淀粉的消化性降低更为明显。复合改性处理方法具有高效、安全的特点，是目前研究淀粉改性的重要手段之一。

6.2.5　慢消化淀粉的应用

1. 在食品领域的应用

临床研究表明，淀粉的消化特性与多种慢性疾病密切相关。消化速率对于食品的血糖值上升速率有着决定性的影响，缓慢消化的淀粉可以稳定餐后血糖并逐渐释放能量，从而让人感到饱腹。慢消化淀粉无论是作为一种新型的功能性食品还是作为功能性配料加入食品中，均能实现能量缓慢释放的效果，改善葡萄糖耐量，提高机体对胰岛素的敏感性，从而有助于调节血糖、控制糖尿病和肥胖症等慢性疾病。因此，慢消化淀粉在食品领域应用是最主要、最具经济效益的应用之一。由于慢消化淀粉本身的性质及对人体特殊的生理效应，适量添加缓慢消化的淀粉到固体或液体食品中，不仅可以保持食品的原有口感，还能制成具有不同特色的功能性食品。

慢消化淀粉可以添加到多种食品中，如谷类食品、烘焙食品、淀粉基类零食和饮料等，可以缓慢升高机体内的血糖指数，对于预防和治疗糖尿病、心血管疾病、肥胖症以及某些癌症都具有积极的作用。也可将慢消化淀粉添加到布丁、能量棒和奶粉中，可以制成低血糖指数的食品。研究表明，含有约 20%慢消化淀粉的早餐谷类食品（如饼干）能够改善人体认知能力，特别是儿童和青少年的记忆保持力、注意力、集中力以及失眠症或精神健康。同时，慢消化淀粉中低 DE 值的部分可产生类似脂肪的口感，适合在冰淇淋等食品中作为脂肪替代品使用。

此外，慢消化淀粉的溶解性和流动性比常用的麦芽糊精更好，因此也可用作替代品。常食用麦芽糊精容易引起餐后血糖波动，而慢消化淀粉可以减弱这种波动，使食品更符合现代消费者对健康食品的需求。一些公司已经开发了含有高含量慢消化淀粉和低血糖指数特性的饼干等食品，例如，法国 Danone Vitapole 公司的 EDP 系列饼干，在欧洲和亚洲等地区均有销售。美国农业部南部研究中心研发的改进米淀粉新产品 Ricemic 具有缓慢消化的功能，而瑞士 Nestlé 公司的 Milo、Nesquick、Migros 等产品则添加了慢消化淀粉作为能量缓释饮料的成分。此外，慢消化淀粉还可以用于开发特定保健功能食品和运动员专用食品，如运动饮料和能量棒等，以提供能量持续缓释的效果。

2. *在医药领域的应用*

慢消化淀粉在医药领域的应用非常广泛。与快消化淀粉相比，慢消化淀粉在小肠中被缓慢消化并持续释放能量，有助于维持较长时间的饱腹感，避免过量摄入热量，对慢性疾病如肥胖症等具有预防和控制作用，因此被认为是一种有利于体重管理的营养成分。

与此同时，慢消化淀粉不会导致血糖迅速升高，有助于维持血糖稳定，降低餐后血糖负荷，对于非胰岛素依赖性糖尿病和心血管疾病具有辅助治疗作用，符合消费者对食品营养和健康的需求。慢消化淀粉可用于开发糖尿病患者专用的快餐棒，预防低血糖或治疗餐后高血糖，如已在国际市场上销售的 Extend Bar、Nite Bite Timed-Release Glucose Bar 等产品[8]。

3. *在饲料领域的应用*

慢消化淀粉在饲料领域也有广泛的应用。添加慢消化淀粉可以改善反刍动物的消化道健康和生长表现。具体应用如下。

1）改善反刍动物的瘤胃环境

添加慢消化淀粉可以减少可快速发酵的谷物对瘤胃 pH 值和纤维消化性的影响，持续提供可发酵淀粉，从而减缓瘤胃微生物的消化速率，维持微生物代谢，改善反刍动物的瘤胃环境。

2）提高禽畜的生产性能

添加慢消化淀粉可以改善禽畜对饲料的消化利用率，提高生产性能。例如，喂养肉仔鸡时，持续的淀粉消化能影响氨基酸保护效应和提高肉仔鸡的生长效率，因而采用慢消化淀粉喂养肉仔鸡能够改善蛋白质和能量的利用，提高饲料转化率。

6.3 预糊化淀粉

预糊化淀粉是一种通过物理手段处理得到的改性淀粉，容易分散在冷水中形成稳定的悬浮液。在一定的水分中将原淀粉进行高温加热，水分子剧烈运动，穿过淀粉孔隙进入颗粒结构内部，促使淀粉体积逐渐胀大，由于分子间的距离增大，氢键大量断裂，淀粉中有序的结晶结构和双螺旋结构遭到破坏，更多的淀粉从颗粒中析出，溶解在水中。糊化后迅速将淀粉干燥，淀粉的 β-结构转变为 α-结构，因此，预糊化淀粉又被称为 α-淀粉。

6.3.1 预糊化淀粉的制备

淀粉糊化的实质是淀粉颗粒结晶的熔化，即晶体态淀粉分子和非晶态淀粉分子之间的氢键断裂，经过不可逆的无序化转换。该过程可以分为以下三个阶段。

1. 吸水可逆阶段

淀粉加水后会悬浮在水中，在常温下搅拌时淀粉会略微膨胀，但不会改变淀粉的性质。虽然少量的水分子会进入淀粉颗粒内部，但干燥后可以恢复原来的状态。

2. 吸水不可逆阶段

对淀粉悬浮液进行高温加热，随着温度升高，水分子吸收能量，运动变得更加剧烈。此时，水分子可以进入淀粉颗粒内部，促使淀粉体积膨胀数倍，淀粉分子之间的距离增大，氢键断裂，规则有序的结构逐渐变得松散无序。若将该阶段的淀粉干燥，则不能恢复至原始状态。

3. 高温崩解阶段

温度继续升高，淀粉体积持续膨胀直至颗粒崩解，淀粉分子分散在水中，最终呈现为半透明的糊状物。

传统方法制备预糊化淀粉的过程是将淀粉加入水中，然后通过加热和搅拌使其充分糊化，接着将其干燥、粉碎、过筛并包装成成品。制备预糊化淀粉的主要工艺流程：淀粉+水→淀粉悬浮液→加热→干燥→粉碎→过筛→成品。

常用的生产方法包括滚筒干燥法、喷雾法、挤压膨化法、脉冲喷气法、微波法、真空冷冻干燥法等。其中，滚筒干燥法是应用最广泛的方法。

6.3.2　影响预糊化淀粉性能的因素

预糊化淀粉性能受到许多方面因素的影响，原料来源不同、加工方法及颗粒形状大小的差异等都会使预糊化淀粉的性质发生改变，从而影响它的生产应用。

1. 原料

预糊化淀粉的生产原料主要来源于含淀粉丰富的谷类、蔬菜根茎等。原料的种类、生长环境（如气候、土壤）和储存条件等都会影响淀粉的结构和性质，从而影响制备的预糊化淀粉的性质。在昼夜温差大的环境中生长的植物淀粉颗粒尺寸大、相对分子质量高，制备出的预糊化淀粉具有较高的黏弹性；淀粉纯度高、含有更多的直链淀粉的原料制备出的预糊化淀粉黏弹性较好；原料越新鲜，储藏时间越短，制备的预糊化淀粉品质越好。热处理可以降低普通和蜡质淀粉的颗粒溶胀度、直链淀粉的浸出程度、碘络合能力、峰值黏度、糊化焓等，但这两种淀粉的受影响程度不同。经过热处理的大米淀粉、马铃薯淀粉和玉米淀粉，由于其晶型不同，受热后的结构和性质也会发生不同的变化。

2. 颗粒形状及大小

预糊化淀粉颗粒的大小和形状会影响产品的性能和应用。若预糊化淀粉产品的颗粒是中空球状或片状结构，则具有较高的冷糊黏度和较低的热糊黏度，感官色泽好，复水速度快，但容易聚集成团状，分散不均。相反，如果预糊化淀粉产品的颗粒是类球状或立方体，则性质和中空球状或片状的淀粉性质相反。除此以外的颗粒在水中的分散性能较差，和水接触困难。预糊化淀粉颗粒的质量对产品的应用和加工处理都有很大的影响。

3. 加工方法

加工方法是影响预糊化淀粉性质和质量的重要因素。通常情况下，使用滚筒法制备的预糊化淀粉性能要比使用挤压膨化法制备的好。由于在挤压时，淀粉分子链易断裂，因此使用挤压法制备的产品比滚筒法制备的产品具有更小的黏弹性、溶解度和黏性。

操作条件的改变也会对预糊化淀粉的性质产生影响，主要的因素包括淀粉浓度、糊化温度、时间、pH 值等。在低浓度下制备的冻干糊化淀粉会形成较松散的结构，随着糊化温度提高，样品的吸水指数相对增长，消化率也会增加。当挤压温度为 90℃、湿度为 16%时，制备出的预糊化面团具有较高的吸附能力，可吸收水、油等液体。

4. 其他因素

为了满足不同的生产需求，可以在淀粉糊化过程中加入一些助剂，从而改变预糊化淀粉的性质。例如，添加盐溶离子可以显著提高淀粉的溶解度，有利于淀粉分子糊化，促进体积膨胀，减少反应所需的能量；随着乙酸浓度增加，预糊化淀粉的冷水溶解度增加，吸水率和冷水表观黏度降低。

6.3.3　预糊化淀粉的结构及特性

预糊化后，由于规则有序的微晶束遭到破坏，淀粉颗粒会崩解。预处理后的淀粉在偏光显微镜下观察不会呈现十字结构，双折射现象也会消失，颗粒形态呈多孔结构。利用 X 射线衍射分析，可以确定预处理后的淀粉中存在介于非晶态和微晶态之间的亚微晶结构。

经过预糊化后，淀粉能够在冷水中迅速膨胀，具有常温水可溶性、持水性、凝胶性和膨胀性等特点。预糊化淀粉常见的性质有以下几个方面。

（1）易消化性：预糊化过程中，水分子会破坏淀粉分子之间的氢键，从而破坏淀粉颗粒的结晶结构，使其溶胀于水中，易被淀粉酶作用，有利于人体消化吸收。

（2）较好的黏弹性：预处理过程中，淀粉颗粒膨胀时，能通过主键间的共价作用形成具有黏弹性的三维凝胶网络结构。

（3）较强的持水性：淀粉分子具有多孔结构，因此具有较强的吸水性和持水能力。

（4）冷水溶解溶胀性：预糊化淀粉形成的糊液具有一定的分散性，且有增稠稳定作用。

（5）强吸水性：糊化度及黏弹性较高，可增强食品的弹性和成型性。

因此，与天然淀粉相比，预糊化淀粉具有氢键断裂、多孔结构、冷水可溶性、高分散性、高黏度和高膨胀性、高吸油性等特点。

6.3.4　预糊化淀粉的应用

预糊化淀粉被广泛应用于冷制和热制食品，包括面条、速冻汤圆、鱼丸、面包、蛋糕和薯片等。

1. 在特殊人群食品中的应用

通过糊化过程，预糊化淀粉的晶体有序结构遭到破坏，使水分子可以进入淀粉颗粒内部，导致体积胀大，氢键断裂，因此预糊化淀粉容易被人体消化吸收，对淀粉酶敏感。这使其成为生产特殊人群食品的理想选择。

2. 在面制品中的应用

预糊化淀粉因其强吸水性、持水性和黏弹性，在面制品中得到广泛应用。添加方便、安全和环保的预糊化淀粉可改善面制品的外观、结构和食用品质等方面。据报道，利用马铃薯预糊化淀粉良好的黏弹性，将其作为制作馒头的原料以改善其感官品质。由于预糊化淀粉具有凝胶的优点，与面条中的面筋网络容易产生交联结构，因此可以提高面条的拉伸强度并减少面条断裂；同时，将预糊化淀粉加入面团中，其强吸水性和结构的无序化可改变凝胶特性，从而调节产品的品质。

3. 在米制品中的应用

预糊化淀粉在米制品中的应用十分广泛。通过研究富硒大米粉的预糊化和复配代餐粉的制备方法，评估了不同加工方式对大米粉硒保留率和品质的影响，制备了以预糊化富硒大米粉为主要原料的代餐粉。通过预糊化淀粉对糯米粉微观结构、糊化和流变性能的影响研究，发现预糊化淀粉的添加对形成稳定性更高的强凝胶结构的糯米有益。此外，预糊化淀粉的添加可以增强颗粒表面结构的致密性，有助于形成三维网状凝胶结构。

4. 在烘焙食品中的应用

预糊化淀粉是一种在烘焙食品中广泛应用的成分。其良好的持水性能可以增强面团的持水和持气能力，从而使得面包、蛋糕等食品的质地更加松软，老化程度降低。研究表明，在蛋糕面糊中添加预糊化小麦淀粉可以明显改善面糊的性质，降低蛋糕的黏度，最佳添加量为 3%。此外，添加预糊化淀粉可以改善食品的营养成分、糊化温度和稳定性，但是添加比例过高可能会对口感等造成负面影响。在小麦面粉中添加部分预糊化淀粉可以抑制磅饼在储存过程中老化，而在麻薯面包中添加一定比例的预糊化木薯淀粉和预糊化马铃薯淀粉可以提高麻薯面包的质构和口感[9]。

5. 在冷冻食品中的应用

预糊化淀粉在冷冻食品中的应用广泛，因为其具有良好的冻融稳定性，可稳定产品的内部结构。在速冻汤圆中添加预糊化淀粉可以显著改善汤圆的品质，减少开裂。预糊化淀粉在低温下较为稳定，添加后可以改善产品的失水率、冻裂率、透光率、色泽和质构品质等。另外，预糊化淀粉具有较好的凝胶性能，有利于提高汤圆的弹性，减少汤圆的变形和塌陷现象。除了在速冻食品中的应用，预糊化淀粉在肉类食品、调味品和软饮料等食品行业中也得到了广泛应用。研究表明，预糊化淀粉等淀粉衍生物可以缓解冷冻馒头面团品质劣化，显著提高馒头的容积，降低馒头的硬度。此外，预糊化羟丙基木薯淀粉在冷冻面团中的应用也可以改善面条的抗冻性和食用品质。

6. 在方便食品中的应用

预糊化淀粉具有很好的冷水溶解性、高溶胀性和优异的分散性，因此广泛应用于各种方便食品中。添加预糊化淀粉到沙拉酱、酸奶、速溶汤料、营养糊等产品中，可以改善食品的流变性质，缩短蒸煮时间，提高食品口感。例如，添加预糊化变性淀粉可以提高沙拉酱的黏稠度，改善其烘焙性能，并使产品口感更为顺滑；预糊化淀粉具有较强的凝胶强度，因此可以用作布丁的替代品；在欧美国家，预糊化淀粉被广泛应用于速溶布丁粉的制造中，加入适当的营养强化剂、甜味剂等，深受消费者的青睐[10]。

6.4 纳米淀粉

淀粉纳米颗粒是通过化学、机械或生物等方法对原淀粉进行处理，使其从大颗粒状态变成小颗粒状态，粒径介于 1～1000nm 之间，如图 6.4 所示。这种处理方式赋予纳米淀粉粒径小、结晶度高等特性。纳米淀粉的性质与结构密切相关，由于其小尺寸效应、表面效应和量子尺寸效应等特性，纳米颗粒的物理和化学性质得到了新的拓展和提升，从而使其在各个领域的应用得以拓宽并提高效果。

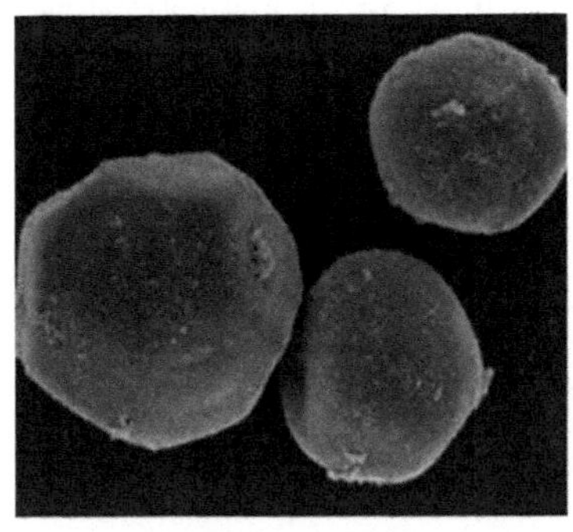

(a) 薏米原淀粉

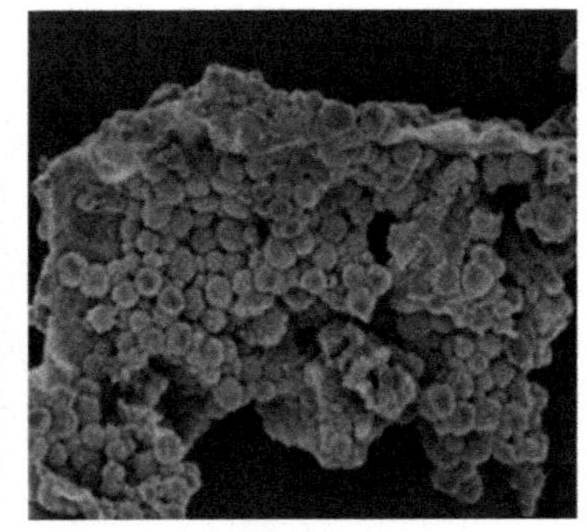

(b) 薏米纳米淀粉

图 6.4 纳米淀粉形态对比图

6.4.1 纳米淀粉的制备

1. 球磨法

球磨法是一种机械作用力下对淀粉进行挤压的方法，在此过程中加入水或乙醇等介质。通过挤压力的作用，淀粉颗粒逐渐破碎、剥落，最终形成大小不均、形态各异的小颗粒。球磨法能有效地降低淀粉颗粒的粒径，从而实现对淀粉颗粒的改良。

2. 研磨法

研磨法是一种制备纳米淀粉的方法，利用研磨产生的机械力来改变淀粉的结构和性质，形成纳米淀粉颗粒。研磨过程中产生高频振荡力、摩擦力、剪切力等机械力，粉碎时间、转速等因素都会影响制备纳米淀粉的效果。

3. 超声波法

超声波法利用超声波的高能作用，产生空化作用，高压、高温、高速的瞬间冲击波对淀粉分子进行机械强化处理，使淀粉分子化学键断裂，形成纳米颗粒。超声时间和功率是其主要影响因素。超声波法具有作用时间短、操作简单、不易随机降解等优点，在工业上具有良好的应用前景。

4. 高压均质法

高压均质是一种通过能量释放将物质粉碎成纳米颗粒的过程。高速运动和高压产生的能量，可以促使大分子结构发生变化，形成纳米淀粉。为了形成纳米淀粉晶体，通常将高压均质过程与淀粉的酸碱水解过程结合。例如，可以使用质量浓度为 0.032 g/mL 的红薯淀粉，在 80 MPa 的均质压力下均质 25 次，得到平均粒径为 214.3 nm、呈椭圆形的纳米淀粉颗粒。这种高压均质技术具有高效、易操作等优点，在工业生产中有广泛应用前景。

5. 酸水解法

酸法水解是一种将淀粉在酸性条件下水解，使淀粉分子链断裂、颗粒变小，从而形成纳米淀粉的方法，水解过程通常发生在淀粉的无定形区。淀粉的结晶区域结构紧密，淀粉链之间排列规律，外部分子和离子几乎不能进入。无定形区域则具有淀粉分子排列不规则、结构疏松、易水解的特点。在酸性条件下，淀粉颗粒的无定形区域被消除，结晶区域内的淀粉颗粒变小。酸水解法的优点在于操作简单，缺点在于对反应设备要求高，产率较低，需要较长的反应时间。通过酸水解法处理的淀粉颗粒直径小、结晶度高，但热稳定性较差，因此，在材料领域的应用受到一定限制。

6. 碱水解法

碱水解法是一种制备纳米淀粉的方法，相对于其他方法，它对设备的要求较低。在碱性条件下，淀粉分子中的 α-1,4-糖苷键和 α-1,6-糖苷键可以被水解，从而形成纳米淀粉。与酸水解不同的是，碱水解法不会对设备造成很强的腐蚀。氨水是常用的碱性物质之一，水解尿素在 90℃下也可以形成碱性条件，含氨水解废液可以被作为高效氮肥循环利用，后处理时可直接用作肥料。碱水解法具有制备过程简洁、粒径分布小等优点。

7. 化学共沉淀法

化学共沉淀法是一种用于制备纳米级淀粉颗粒的技术。该方法利用淀粉在非理想溶剂中的低溶解性，将淀粉稀溶液中的分子通过表面张力的驱动力聚集成团，进而析出形成细小的纳米级淀粉颗粒。这一过程涉及淀粉分子链的重新排列和凝聚，最终得到具有特定大小和形态的纳米淀粉。相比于其他制备方法，化学共沉淀法具有简便易行、纳米颗粒尺寸易于控制等优点。但是，该方法由于使用有机溶剂，可能会对环境造成污染及有机溶剂残留。

8. 交联沉淀法

交联沉淀法是一种制备纳米淀粉的方法，其中淀粉在水中溶解后加入适量的交联剂进行快速搅拌，淀粉分子在交联剂的作用下交联成微小的微球，然后在液相中析出，完成固相成核，颗粒成长受到液滴大小的限制，可以通过调节微球尺寸来控制淀粉颗粒的大小。该方法操作快速简便，能耗少，对环境无污染。但是，沉淀法难以控制纳米淀粉颗粒的大小、结构和形态。

9. 生物酶法

糖基化酶可以分解淀粉分子中的糖苷键，使其还原为纳米级颗粒，因此酶解法可用于制备纳米淀粉。生物酶法具有无污染、反应时间短、产率高、易于控制、对设备无腐蚀等优点，可用于规模化生产。但是，由于水解速率不均匀，因此产率较低。

10. 微乳法

微乳法是将适量的表面活性剂添加到非极性有机溶剂中作为油相，可溶性淀粉溶解于水中作为水相，再分散于油相中，制得透明、均匀、稳定的微乳液。在快速搅拌过程中加入交联剂，可以使溶解的淀粉分子形成小颗粒沉淀出来。液滴是颗粒的生长体系，颗粒的成核和生长也是在液滴中完成的，因此颗粒的大小受到液滴大小的限制，通过控制液滴的大小可以控制纳米淀粉颗粒。微乳液法具有工艺简单、反应温和、纳米淀粉粒径小、分布均匀等优点。缺点是使用有机溶剂，可能会造成环境污染。

11. 自组装法

自组装法是指将淀粉改性成两亲性淀粉衍生物，然后在水中自组装成淀粉纳米胶束。影响颗粒尺寸的因素包括疏水改性剂的种类、疏水取代度、透析时间和聚合物浓度等。自组装法具有成本低、时间短、工艺简单等优点，但缺点是制备的纳米颗粒准确度和可重复性不够高。

12. 反应活性挤出法

反应活性挤出法是指将原料通过螺杆挤压进入连续反应器，在反应过程中形成纳米淀粉颗粒的方法。采用反应挤出法可制备粒径约为 160nm 的规则球形淀粉颗粒。该方法具有效率高、成本低的优点。不足之处在于难以设计出不同反应挤出机和不同反应方式，而且很难观察材料的反应程度，反应过程中材料的黏度、结构和形态会发生变化，未反应的单体和副产物也不易去除。

13. 超临界流体萃取法

超临界流体萃取法是一种将有机和无机液体通过重结晶的方式制得超细粉体的方法。超临界流体萃取的优点在于其反应条件温和、工艺简单、粒径分布可控、粒径小且溶剂残留少。

14. 辐射法

辐射法是一种利用高能射线与介质中的物质电离和激发相互作用，产生各种效果的方法。辐射法还原金属离子和高负离子等，产生纳米颗粒。在室温下进行还原反应，使用的活性粒子无需化学还原剂。辐射法的优点在于反应温和、产物纳米颗粒粒径小、生产成本较低。缺点是操作过程中存在辐射风险和粒径分布不均等问题。

6.4.2　纳米淀粉的结构和热稳定性

1. 形态结构

淀粉的来源和制备工艺会影响纳米淀粉的形态结构。研究表明，纳米淀粉的形态结构与天然淀粉的晶型有关，A 型晶体的淀粉（如玉米淀粉、蜡质玉米淀粉、小麦淀粉）制备的纳米淀粉普遍呈立方体状，而含 B 型晶体的淀粉（如高直链玉米淀粉、马铃薯淀粉）制备的纳米淀粉则呈椭球状。此外，纳米淀粉形态结构也受到制备工艺的影响。

2. 晶体结构

纳米淀粉的晶体结构受制备过程和天然淀粉晶型的影响。通常纳米淀粉有四种晶型，即 A 型、B 型、C 型和 V 型，与天然淀粉类似。但是，在使用酶解回生法制备蜡质玉米纳米淀粉时，研究人员得到了 B+V 晶型，使用 XRD 分析 2θ 分别在 5.9°、17.1°、22.5°和 24.3°处观察到了明显的衍射峰。

制备方法也会影响纳米淀粉的晶体结构。酸解法对淀粉的结晶度几乎没有影响，而机械法和超声波则会改变天然淀粉的晶体结构并降低其结晶度。化学沉淀法也会改变天然淀粉的晶体结构。而酶解回生法不仅可以改变天然淀粉的晶体结构，还可以增加其结晶度。

3. 热稳定性

纳米淀粉的热稳定性可通过热重分析（TGA）和差示扫描量热法（DSC）进行表征。研究表明，纳米淀粉的峰值温度 T_p 范围比天然淀粉宽，且不同回生时间制备得到的纳米淀粉的峰值温度 T_p 和终止温度 T_c 值均高于天然淀粉。此外，与天然淀粉相比，纳米淀粉的热焓值 ΔH 也有不同程度的降低。

6.4.3　纳米化处理对淀粉性质的影响

为了扩大淀粉纳米颗粒的应用范围，研究者对其进行了改性并赋予其特殊的性质。淀粉纳米颗粒在其表面存在许多具有极性的羟基，导致其兼容性和分散性差。解决这一问题最常用的方法是化学改性。

1. 接枝共聚

淀粉纳米颗粒具有化学反应表面，可以通过接枝反应来控制表面的疏水性，增强其在水中的分散。例如，利用 $KMnO_4/HClO_4/HNO_3$ 复合引发体系接枝共聚，将甲基丙烯酸（MAA）接枝在淀粉纳米颗粒表面上。在这个过程中，$KMnO_4$ 将淀粉纳米颗粒的葡萄糖环结构中的伯羟基氧化为醛基，而少量 $HClO_4$ 将淀粉纳米颗粒分子葡萄糖环结构中的另外 2 个仲羟基氧化为另外 2 个醛基。醛基通过烯醇形式产生自由基，从而使接枝反应效率和接枝产率最大化，并减少均聚物形成。

2. 交联

使用支化淀粉酶对玉米淀粉进行预处理，然后采用 1%硼砂和 2%脱支淀粉（DBS）进行交联，制备出交联改性的淀粉纳米颗粒，其粒径在 100～200 nm 之间，结晶度在 13.6%～23.5%之间。将 10%的淀粉纳米颗粒添加到淀粉膜中时，膜的抗拉强度提高了 45%。

3. 酯化

有机酸酯化是一种能够改善淀粉纳米颗粒疏水性的表面化学改性方法。以 2-辛烯-1-基琥珀酸酐为原料，通过酯化反应改性糯玉米淀粉纳米颗粒。在改性过程中，支链淀粉分子转化为直链淀粉，但晶体结构没有发生变化。酯化淀粉纳米颗粒纳米粒子在食品、医药、生物和材料工程等领域具有广泛的应用前景。

4. 其他方法

淀粉纳米颗粒的热处理方法称为退火，它是一种可靠且环保的表面改性方法。使用退火方法将淀粉纳米颗粒于 55℃热处理，可提高淀粉纳米颗粒的相对结晶度，并提高了其热稳定性。这种改性方法在食品、医药和材料工程等领域具有广泛的应用前景。

6.4.4 纳米淀粉颗粒测定方法

淀粉纳米粒子尺寸和分布对于应用具有重要地位，如作为药物的载体、纳米粒子靶向给药等，纳米颗粒的平均粒径、尺寸分布和表面电荷直接影响纳米颗粒悬浮液稳定性和纳米粒子再分散性以及在体内的分布。目前测定纳米颗粒大小和尺寸有以下方法。

动态光散射（DLS）也称光子相关光谱（PCS）法或准弹性光散射（QELS），广泛用于测量亚微米范围分子和颗粒的粒径以及粒度分布。当单色光通过溶液中的颗粒时，一部分光被吸收，而另一部分被散射。由于颗粒的布朗运动引起的多普勒频移，散射光的频率会发生变化，这种变化与颗粒的大小有关。DLS 通常用于准确测定粒子的粒径、粒度分布和多分散性指数。

分析性超速离心（AUC）技术是一种可以描述粒子在溶液中的大小、分布和估算粒子摩尔质量的方法，尤其适用于球形粒子。该技术主要用于研究离子沉降特性和结构，并且其光学系统可以在转子旋转时测量分子分布。

6.4.5 纳米淀粉的应用

1. 纳米淀粉在食品工业中的应用

纳米淀粉在食品工业中应用广泛，可以用作增稠剂、乳化剂、稳定剂、流变调节剂和纤维素替代品等。

1）纳米淀粉在食品包装中的应用

由于其小尺寸效应和表面丰富的羟基，纳米淀粉具有许多独特的物理和化学性质。相比于原淀粉，纳米淀粉的分子间和分子内作用力更强，且一般结晶度更高，这使得纳米淀粉成为一种优秀的成膜剂，并在制备可食用包装材料方面提供了新的思路。纳米淀粉的添加可以显著提高热塑性淀粉复合薄膜的机械性能和阻隔性能。使用溶液共混法制备的纳米淀粉复合薄膜，如纳米淀粉-大豆分离蛋白复合薄膜和纳米淀粉-羧甲基壳聚糖复合薄膜，具有优异的拉伸强度和断裂伸长率，并且其吸湿性和水蒸气透过率显著减小。

2）纳米淀粉在功能性食品中的应用

近年来，随着经济的发展，高脂高糖饮食人群逐年增加，导致肥胖及相关代谢疾病的患病率增加。利用抗性淀粉制备的纳米抗性淀粉具有很小的胃液消化量，但在结肠液的消化量超过 89%。因此，纳米抗性淀粉可以靶向递送功能性膳食成分。此外，纳米抗性淀粉具有粒径小、颜色浅等特性，还可以调节人体肠道菌群，预防结肠癌。因此，可将其添加到食品中作为一种膳食纤维，制备功能性食品，以满足人们对健康饮食的需求。

3）纳米淀粉在食品添加剂中的应用

纳米淀粉天然、无毒、无味、绿色健康且具有良好的生物降解性等优点，因此在食品领域被广泛作为稳定剂、增稠剂、乳化剂和悬浮剂等食品添加剂使用。纳米淀粉糊化后，会表现出润滑、快速吸水和柔软等特点，与奶油非常相似。在食品中使用纳米淀粉来代替全部或部分脂肪可以降低食物的热量，避免血脂升高、减少肥胖，特别是对特殊人群的营养和健康具有巨大意义。

2. 纳米淀粉在药物载体中的应用

淀粉纳米颗粒作为碳水化合物，具有良好的生物相容性、生物降解性、无免疫原性、适度的溶胀性和较好的机械强度，因此在生物医药领域具有广泛应用前景。然而，原淀粉颗粒的尺寸较大，其比表面积较小，限制了其在负载能力方面的应用，且在静脉注射给药时可能产生生理毒性。因此，淀粉被改性成淀粉纳米颗粒后，其体积小、流动性好，可以作为药物递送的良好载体。淀粉纳米颗粒主要通过内部氢键和疏水作用等结合药物成分，包裹在颗粒内部，从而有效地保护药物成分，避免在消化道中被过早分解。在人体循环系统中，淀粉能够稳定储存并最终降解为水和二氧化碳排出体外。因此，淀粉纳米颗粒作为药物载体具有很大的研究潜力，可在生物医药领域发挥重要作用[11]。

3. 纳米淀粉在化妆品领域的应用

淀粉纳米颗粒可作为一种绿色乳化剂应用于化妆品、催化和功能性纳米材料等领域。这些颗粒可以吸附在油/水界面来稳定乳液，用量少，环保无害。将黏性玉米淀粉制备成淀粉纳米颗粒，并加入到石蜡水分散液中，可以得到更加稳定的石蜡水分散体系。该体系在室温下储藏数月仍能保持稳定状态。

4. 纳米淀粉在智能响应材料领域的应用

淀粉纳米颗粒在智能响应材料领域具有广泛的应用前景。智能响应通常包括 pH 响应和温度响应两种形式。通过控制溶液 pH 值，可以实现 pH 响应，从而调节材料的化学性质和界面特性。由于非共价相互作用的可控性和可逆性，纳米颗粒可以通过分子组装和拆卸的外界刺激反应来实现响应调节。

5. 复合材料

纳米复合材料指的是填充有纳米级颗粒的聚合物。纳米复合材料具有出色的机械性能、阻隔性能和热性能等。采用纳米淀粉作为填料填充聚乙烯基体，可提高其光降解能力和热性能；通过熔融共混聚丙烯碳酸酯（PPC）和核壳淀粉纳米颗粒制备的 PPC 纳米复合材料的力学性能和热性能显著提高；添加纳米淀粉到天然乳胶中，其机械性能和黏度发生了变化，同时硫化天然乳胶膜的性质也有所改善。

6.5　冷水可溶性淀粉

预糊化淀粉是一种冷水可溶的淀粉，但其复水后稳定性较差，无法保持完整的颗粒形态。随着科技的进步，出现了一种新型的冷水可溶性淀粉——颗粒状冷水可溶性（granular coldwater-soluble，GCWS）淀粉。相比于预糊化淀粉的片状形态，GCWS 淀粉仍保留颗粒形态、良好的糊状光泽度和在水中的黏弹性，如图 6.5 所示。在常温水中，GCWS 淀粉可分散且形成具有一定黏度的糊状物，其溶解后糊液的黏度更高、光泽度更好，更适用于生产加工。GCWS 淀粉具有良好的颗粒状和光滑的质地结构，同时具备改性蒸煮淀粉的典型功能特性和传统预糊化淀粉的快速、易使用的优点。在非食品工业领域，它还具有生物相容性好、生物降解性好、材料来源广泛、成本低等优点，可作为药物载体使用。

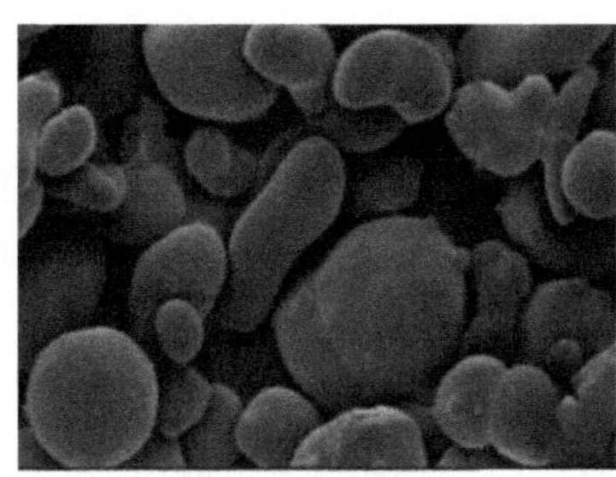

(a) 玉米原淀粉

(b) 颗粒状冷水可溶性玉米淀粉

图 6.5　颗粒状冷水可溶性淀粉形态对比图

6.5.1　冷水可溶性淀粉的制备

1. 滚筒干燥法

在制备颗粒状冷水可溶性淀粉时，传统的工艺方法之一是滚筒干燥法。这种方法首先将原淀粉样品加水混合成淀粉乳，然后通过高温蒸汽对淀粉样品进行加热和预糊化处理，使淀粉样品糊化成溶液。接下来，将糊化淀粉溶液均匀地涂抹于滚筒内壁上，注意涂抹均匀并不要过厚，以防淀粉干燥不充分。最后，通过滚筒干燥淀粉乳。然而，这种加工方法存在一些缺陷，即经过干燥后的淀粉样品不具有完整的颗粒形状。这是因为淀粉颗粒经过加热和预糊化处理后已经完全破坏，不再具有完整的颗粒形状。通过滚筒干燥的方式得到的淀粉已经呈现不规则的块状结构，降低了淀粉的完整性，使其应用范围受到限制。滚筒干燥法制备的颗粒状冷水可溶性淀粉呈现片层状，虽然产品收益率高，但生产中需要高温环境，耗费能源较大，不适用于低能耗的生产环境。因此，目前通常将滚筒干燥法与其他改性方法混合使用来制备颗粒状冷水可溶性淀粉。

2. 双流喷嘴喷雾干燥法

1981 年，Pitchon 等开始尝试使用双流喷嘴喷雾干燥法制备颗粒状冷水可溶性淀粉。这种改性方法跟普通喷雾干燥方法不同，它在喷粉时采用了双流喷嘴结构。双流喷嘴喷雾干燥法是指将淀粉浆注入一个喷嘴，同时在另一个喷嘴中喷出高温高压的蒸汽，高温使淀粉糊化，并通过干燥制得冷水可溶性淀粉。采用双流喷嘴喷雾干燥法制备的冷水可溶性淀粉中有 80%的原淀粉颗粒保留完整，淀粉糊化均匀，符合即食食品配方的要求。然而，这种制备方法存在许多破损颗粒，具有中部凹空的结构，而且操作过程中需要不断喷射加热蒸汽，且具有一定的危险性。此外，该方法需要专用双流喷嘴进行反应，该设备价格昂贵，维修成本高，能源消耗大，因此在实际加工生产中受到限制。

3. 高温高压醇法

1984 年，Eastman 等开始使用高温高压醇法制备颗粒状冷水可溶性淀粉。首先将淀粉与水、乙醇或丙醇混合成一定浓度的淀粉乳，将混合后的淀粉乳置于密闭的反应仓内，并在适宜的压力下加热保温一段时间。然后冷却并分离得到颗粒状冷水可溶性淀粉。这种方法可以基本保持淀粉颗粒的原始状态，但是需要在高温高压环境下进行生产，因此不能用于高支链淀粉的制备。此外，该方法需要使用乙醇作为溶剂来清洗淀粉，不仅会消耗能源，还会产生工业废水污染环境。因此，该制备方法的工业化生产成本高昂，且会对环境造成污染。

4. 常压多元醇法

1990 年，Rajagopalan 等开始使用常压多元醇法来制备颗粒状冷水可溶性淀粉。首先，将淀粉、水和多元醇混合以制备淀粉乳，然后在适当的温度下加热并保温一段时间，最后冷却并用乙醇多次洗涤混合淀粉糊液以分离出颗粒状冷水可溶性淀粉。通过真空干燥机将洗涤后的沉淀物干燥即可。该方法适用于各种类型的淀粉，包括谷物淀粉、块茎淀粉、根茎淀粉和豆类淀粉等。使用的多元醇可以是乙二醇、甘油、1,2-丙二醇或 1,3-丙二醇和丁二醇的四种异构体，其中 1,2-丙二醇、1,3-丁二醇和甘油更适合制备食品级颗粒状冷水可溶性淀粉。虽然这种制备方法不需要高压，但仍需要高温环境，同时产生废液。此外，由于淀粉物料的流动性差，产品的传热效率不高，因而生产得率不高，产品质量也不易控制。因此，在实际生产加工过程中，这种方法的应用受到限制。

5. 乙醇-碱法

1991 年，Chen 等使用乙醇-碱法制备了颗粒状冷水可溶性淀粉。首先需要将淀粉和乙醇混合制成淀粉乳，随后采用碱法糊化淀粉颗粒。由于乙醇的存在，淀粉颗粒的膨胀程度可以控制，因此淀粉颗粒可以保持完整性。糊化后的淀粉乳需用乙醇溶液洗涤两次，最终干燥得到的样品即为颗粒状冷水可溶性淀粉。该方法适用于普通玉米淀粉、高直链淀粉和蜡质玉米淀粉等各种淀粉。该方法制备的颗粒状冷水可溶性淀粉表面具有一定的韧性，有利于保持淀粉颗粒完整性，在糊化状态下不易溢出，黏度明显提高，性能更加稳定。该方法在常温常压下反应，无须加热和加压，产品质量易于控制。但是该方法也存在一定的弊端，因为在生产过程中需要大量的乙醇试剂，且制备完成后会产生大量的废液，对环境造成污染。目前，乙醇-碱法在生产工艺和糊剂性质方面还存在局限性。

6. 化学法

制备颗粒状冷水可溶性淀粉的过程包括淀粉和磷酸盐反应形成磷酸单酯淀粉，该反应在高温下（130～180℃）进行，使用浸泡法或干法工艺。磷酸基团的取代度约为 0.07 时，所得到的磷酸单酯淀粉能在冷水中膨胀溶解。研究表明，颗粒状冷水可溶性淀粉最佳制备条件为磷酸盐和淀粉的摩尔比为 0.11，酰胺用量为 0.113%，在温度为 130～170℃的条件下反应 1～8 h，单一的取代度为 0.035。研究还考察了普通玉米淀粉和蜡质玉米淀粉在使用磷酸二氢钠作为酯化试剂时的实验结果，其中蜡质玉米淀粉减少了正磷酸盐的添加量，因为其淀粉支链与直链淀粉比例的关系。采用化学法制备的冷水可溶性淀粉的冷水溶解度主要取决于取代度的高低，只有取代度高才能具有冷水可溶性，这使得制备过程要求标准高、成本高。

6.5.2　冷水可溶性淀粉的特性

冷水可溶性淀粉相较于未经处理的淀粉，其理化性质发生了显著变化，包括但不限于冷水溶解度、颗粒形态、晶体形状、黏度、冻融稳定性和热力学性质等方面。冷水可溶性淀粉的颗粒形态在扫描电子显微镜下仍可保持其原始形态，但与未经处理的淀粉颗粒相比，冷水可溶性淀粉的粒径略有膨胀。在原淀粉转化为冷水可溶性淀粉的过程中，直链淀粉是维持淀粉颗粒完整的主要成分，而溶胀过程则是由支链淀粉反应所致。因此，支链淀粉与直链淀粉的比例大小对冷水可溶性淀粉的水溶性产生很大的影响。

乙醇-碱法制备的冷水可溶性淀粉表面会出现凹陷和破损皱缩，这种表观形态的形成通常与化学溶剂的影响有关。在乙醇碱法的变性过程中，淀粉颗粒在碱液的作用下开始膨胀，但乙醇环境的存在缓解了淀粉颗粒的过度裂解。最终，在干燥时，淀粉颗粒内部的水分子和乙醇分子蒸发，导致淀粉颗粒表现出不同程度的收缩和凹陷。

经过乙醇-碱法改性后，玉米冷水可溶性淀粉的黏度有所增加，冻融稳定性也提高了，同时偏光十字消失。普通玉米和高直链淀粉的晶体会转变成 V 型晶体，而糯玉米的晶体会变成无定形晶体。马铃薯经过乙醇-碱法处理的颗粒状冷水可溶性淀粉晶型从 B 型转变为 V 型，差式扫描量热分析中没有吸热峰，失去了结晶结构，淀粉凝胶性能下降，淀粉颗粒中心会出现凹坑[12]。

6.5.3　冷水可溶性淀粉的应用

冷水可溶性淀粉较原淀粉结构发生了较大改变，导致其淀粉性质也发生了较大的变化，这些性质的变化也赋予了冷水可溶性淀粉广泛的应用。其颗粒状形态拥有优良的性能，颗粒状可溶性淀粉在常温常压下冷水中的反应过程易于控制，且产品质量检验也更容易进行。因此，冷水可溶性淀粉被广泛应用于食品、饮料、医药、发酵等领域[13]。

1. 颗粒状冷水可溶性淀粉在食品工业中的应用

颗粒状冷水可溶性淀粉在食品工业中具有广泛的应用。不同加工方法生产的颗粒状冷水可溶性淀粉形状不同，因此其应用方向也不同。采用化学法制备的变性淀粉，通过添加化学改良剂来实现。这种变性淀粉可溶于冷水，具有快速溶解、高黏度和稳定的淀粉糊化液等优点，但在食品应用上存在安全隐患。相比之下，通过酶法生产的变性淀粉则无须添加其他物质，在食品安全方面具有显著优势。

1）颗粒状冷水可溶性淀粉在方便食品中的应用

颗粒状冷水可溶性淀粉广泛应用于方便食品中。它可以直接在冷水中溶解，复水后的糊状物与原淀粉制成的糊状物基本相同。淀粉糊具有良好的增稠性、透明性和冻融稳定性。使用颗粒状冷水可溶性淀粉可以为食品赋予新的口感，同时也减少了加工过程中加热糊化等不必要的消耗。例如，在制作布丁时，添加颗粒状冷水可溶性淀粉可以改善布丁的口感。使用颗粒状冷水可溶性淀粉配制的布丁粉可以直接与冷牛奶混合食用，它具有润滑、均匀和光泽的特点，与使用交联淀粉制备的产品具有相同的口感和黏度。此外，添加颗粒状冷水可溶性淀粉也可以控制糖的结晶速度[14]。

2）颗粒状冷水可溶性淀粉在饮料中的应用

颗粒状冷水可溶性淀粉是一种常用于饮料和食品生产中的添加剂。它可以与香料混合作为乳液和浊度剂的稳定剂，提高饮料产品的口感。此外，颗粒状马铃薯冷水可溶性淀粉也常用于生产奶昔、酸奶饮料、乳饮料以及低脂肪、低热量的乳制品。它能够生成润滑的奶油结构，提供丰富的奶油香味，使得食品具有细腻的风味。

3）颗粒状冷水可溶性淀粉在馅料及果蔬制品中的应用

在制造馅料和水果制品的工业生产中，颗粒状冷水可溶性淀粉基于良好的冻融稳定性可以作为稳定剂和增稠剂使用。例如，可以制作稳定的水果辅料和规模冷加工生产馅料。颗粒状玉米冷水可溶性淀粉制成的凝胶也可用于食品馅料的生产中，如做成甜点的填充物等。

4）颗粒状冷水可溶性淀粉在冷冻食品中的应用

颗粒状冷水可溶性淀粉因其稳定的淀粉糊性质、优异的凝胶能力、低黏度和不易糊化等特点，在冷冻食品生产中广泛应用。由于具有冻融稳定性好和黏度低等性质，添加颗粒状冷水可溶性淀粉可以防止食品在储藏过程中失去水分，改善产品的形状和口感及外观。添加颗粒状冷水可溶性淀粉可改善冷冻制品的黏度、品质等，特别适用于各种冷加工调味品的生产，如汁、酱等。

5）颗粒状冷水可溶性淀粉在宠物食品中的应用

宠物食品中可使用颗粒状冷水可溶性淀粉，以维持动物饲料在储藏过程中的品质，如饲料颗粒的密度和组织结构等。

6）颗粒状冷水可溶性淀粉在果蔬保鲜中的应用

在果蔬保鲜领域中，可利用颗粒状冷水可溶性淀粉生产 V 型淀粉以包埋乙烯气体。由于其形成的单螺旋结构容易与有机物形成复合物，因此可采用乙醇-碱法以高直链玉米淀粉为原料，在制备过程中包埋乙烯气体，包埋的乙烯气体浓度可达 23.6%。这种方法有助于保鲜果蔬并延长其保鲜期。

7）颗粒状冷水可溶性淀粉在食品中的应用

添加颗粒状冷水可溶性淀粉可以调节食品表面的水分含量。在一般的加热过程中，食品由于水分蒸发而使口感相对较差。而在微波食品加工中，加入颗粒状冷水可溶性淀粉能够显著改善食品的品质。它可以增加口感，提高持水能力，还可以增加热稳定性。由于颗粒状冷水可溶性淀粉的黏度较低，在微波食品加工中，这种特性可以加速食品的加工速度。例如，可以使用微波辅助来制作蛋糕等。

2. 颗粒状冷水可溶性淀粉在医药领域中的应用

颗粒状冷水可溶性淀粉是一种在药品中具有多种作用的重要成分。它不仅可以起到结合剂的作用，有助于保持药品成分的完整性和可消化性，还可以平衡药品中的各种成分，降低其他添加剂对药品的副作用。新型西药片中的主药、冷水溶胀淀粉、润滑剂和矫味剂等成分组合，加入颗粒状冷水可溶性淀粉后，可以提高药片的成型强度，并使其具有易消化和易崩解的特点。使用马铃薯淀粉制备的颗粒状冷水可溶性淀粉包埋布洛芬，可以在体外模拟胃液中缓慢释放。在一项研究中，使用普通玉米淀粉、蜡质玉米淀粉和高直链玉米淀粉为原料制备的颗粒状冷水可溶性淀粉包埋除草剂阿特拉津，包埋率都高于 85%。这些发现表明，颗粒状冷水可溶性淀粉是一种非常有前途的药物成分，可以在药品制造和加工中发挥重要作用[12]。

3. 颗粒状冷水可溶性淀粉在其他领域中的应用

颗粒状冷水可溶性淀粉不仅在医药行业中有应用，还在农业、纺织、造纸和化妆品等领域也有广泛的应用。这种淀粉具有较强的持水能力，在化妆品工业中可以代替滑石粉，例如，颗粒状冷水可溶性淀粉被应用于新型爽身粉的制作，这种爽身粉具有较强的吸水性能和更好的亲肤性。在造纸加工中，使用颗粒状冷水可溶性淀粉可以解决环境污染问题。在纺织工业中，这种淀粉作为纤维织物的上浆剂，可以提高浆纱强度、经纱的强度和纤维的织造性。在建筑加工中，颗粒状冷水可溶性淀粉可以提高油漆的持水性。此外，颗粒状冷水可溶性淀粉也可以应用于石油钻井和铸造工业中，提高蓄水性和胶黏力。在铸造工业中，这种淀粉作为铸型砂芯胶黏剂，具有冷水溶解性好、不易产生气泡和制品表面光滑等优点。

参 考 文 献

[1] 申瑞玲，刘晓芸，董吉林,等. 抗性淀粉制备及性质和结构研究进展[J]. 粮食与油脂，2013,(1)：5-8.

[2] Ma Z, Boye J I. Research advances on structural characterization of resistant starch and its structure-physiological function relationship: A review[J]. Critical Reviews in Food Science & Nutrition, 2016, 58(7):1059-1083.

[3] 景悦，王文星，杨留枝，等. 抗性淀粉和聚葡萄糖对馒头品质的影响[J]. 食品工业科技，2020, 41(7)：76-81.

[4] Birt D F, Boylston T, Hendrich S, et al. Resistant starch: Promise for improving human health[J]. Advances in Nutrition, 2013, 4(6)：587-601.

[5] 缪铭. 慢消化淀粉的特性及形成机理研究[D]. 无锡：江南大学, 2009.
[6] Lehmann U, Robin F. Slowly digestible starch-its structure and health implications: A review[J]. Trends in Food Science and Technology, 2007, 18(7): 346-355.
[7] Miao M, Jiang B, Cui S W, et al. Slowly digestible starch-A review[J]. Critical Reviews in Food Science and Nutrition, 2015, 55(12): 1642-1657.
[8] Rafkin-Mervis L E, Marks J B. The science of diabetic snack bars: A review[J]. Clinical Diabetes, 2001, 19: 4-12.
[9] 杨世雄，高飞虎，张玲，等. 预糊化淀粉在食品中应用的研究进展[J]. 中国粮油学报，2022, 37(8): 314-320.
[10] 陶锦鸿，郑铁松. 变性淀粉在面制品中的应用[J]. 食品工业科技, 2009(10): 339-342.
[11] Qin Y, Wang J P, Qiu C, et al. Effects of degree of polymerization on size, crystal structure, and digestibility of debranched starch nanoparticles and their enhanced antioxidant and antibacterial activities of curcumin[J]. ACS Sustainable Chemical Engineering, 2019, 7: 8499-8511.
[12] Chen J, Jane J. Properties of granular cold-water-soluble starches prepared by alcoholic- alkaline treatments [J]. Cereal Chemistry, 1994, 71(6): 623-626.
[13] Shi L, Fu X, Huang Q, et al. Single helix in V-type starch carrier determines the encapsulation capacity of ethylene[J]. Carbohydrate Polymers, 2017, 174: 798-803.
[14] 王恺，丁琳. 颗粒冷水可溶亲脂性玉米淀粉的制备及性质研究[J]. 食品研究与开发，2021, 42(5): 148-152.

第 7 章

改性淀粉的性质和结构

由于淀粉具有不溶于冷水、抗剪切性差、耐水性差以及缺乏熔融流动性等缺点，其难以单独作为一种材料使用，需要对其进行物理/化学改性来增强某些性能或形成新的物化特性。20 世纪 40 年代人们就已经开始对淀粉进行酯化、醛化、氧化、交联等处理以获得各种淀粉衍生物（也称变性淀粉）。早期的变性反应通常在淀粉糊中进行，根据处理方式可分为：物理变性、化学变性、酶变性以及复合变性等。由于纺织、造纸、彩印以及食品等领域对改性淀粉的需求巨大，化学改性淀粉在 20 世纪已经获得了飞速的发展，许多生产变性淀粉的工厂如雨后春笋般建立起来。国内外已经有多部专著详细介绍了有关变性淀粉的制备、工艺以及在工业中的应用，本章将主要介绍淀粉改性的性质与结构和国内外最新研究进展。

7.1 改性淀粉的性质

7.1.1 理化特性

1. 物理变性淀粉

淀粉具有一定的可修饰性，在淀粉纳米粒颗粒制备过程中可以改变其理化性质，使其应用更加广泛。例如慢消化淀粉（SDS），是指可以在小肠中完全消化和吸收的淀粉，它主要是来自稻米、玉米和高粱等谷物的未经糊化的原始淀粉，因此它天然存在于一些食物中，其含量因食物而异[1]。

与天然淀粉相比，SDS 的结晶度、热处理后的吸热焓和膨胀系数都有所降低，黏附点增加，X 射线衍射图谱显示从 C 型变为 A 型。与使用传统淀粉相比，SDS 具有重要而独特的生理功能，如在葡萄糖压力下改善和维持血糖稳定性。SDS 目前正成为一项研究和开发活动项目。然而，关于 SDS 的报道和研究较少。确定 RDS、SDS 和 RS 的含量，对于加强淀粉的科学应用性和扩大淀粉在食品工业中的应用是很有必要的，具有重要的理论和实践意义[2]。用 SDS 进行湿法处理后，未发泡的淀粉和蜡质淀粉的消化率没有明显变化，SDS 的结构可以通过比较

SDS-RS 混合物和 RS 的性能来确定。差示扫描量热数据显示，SDS-RS 混合物的熔点、扩展点和热释放焓（ΔH）均高于 RS，但其结晶度较低。传统玉米淀粉和马铃薯淀粉的黏度在热处理后有所增加，但最大黏度下降；糊化温度 T 和热释放焓 ΔH 依次下降。

2. 化学变性淀粉

由于抗剪切性差、易热分解，天然淀粉的性质限制了其在食品工业中的应用。化学改性淀粉具有高黏度、强透明性、高剪切强度、耐酸碱、热稳定性好、凝聚性好和弱淬火等优点，可广泛用于食品工业中作为增稠剂、稳定剂、胶凝剂、填充剂、组织调节剂等。化学改性淀粉的功能特性在很大程度上取决于淀粉的种类、反应浓度、时间和取代程度等反应条件。

1）酸转化或酸变性淀粉

（1）碘亲和力。酸变性淀粉作用对碘亲和力的影响较小，随淀粉种类而异。酸解时，随着流度增加，热水中可溶解的淀粉量也增加。

（2）热悬浮液流动。由于酸变性的主要目的是降低淀粉浆液的黏度，所以经常使用热浆液流量测量来控制转化过程。流速是黏度的倒数，黏度越低，流速越高。在淀粉扩散过程中，淀粉细胞的数量扩大了几倍，颗粒数量的扩大伴随着颗粒内部成分的流出，形成一个三维网络。淀粉糊的特性受直链淀粉含量、颗粒大小、分子强度、蛋白质和脂类的影响。淀粉独特的黏度特性，取决于温度、浓度和剪切率，可以用黏度计和流变仪等仪器测量。化学变性会导致淀粉流变学和糊状物显著变化。适当的变性可以增加或减少淀粉糊的黏度。变性方法、反应条件和淀粉类型是决定淀粉糊的流变性和糊状特性的主要因素[3]。

（3）分子量。淀粉组分的分子量随着流动性的增加而降低。结果表明，除了从 20 种流动改性淀粉中分离出的线形组分的分子量异常增加外，其他所有组分分子量均下降。玉米淀粉的直链淀粉成分的 DP 值由 480 下降到 190，流度为 90；支链淀粉成分的 DP 值由 1450 下降到 210，流度为 90（表 7.1）。

表 7.1　酸转化作用对玉米淀粉的直链组分与支链组分的聚合度的影响

淀粉	直链组分 DP	支链组分 DP
未变性玉米	480	1450
流度为 10 的玉米	—	920
流度为 20 的玉米	525	625
流度为 40 的玉米	470	565
流度为 60 的玉米	425	525

续表

淀粉	直链组分 DP	支链组分 DP
流度为 80 的玉米	245	260
流度为 90 的玉米	190	210

（4）溶解度。在酸转化过程中，可溶于热水的淀粉量也随着流速的增加而增加。在高通量下，大量淀粉在转化温度下变得可溶，因此通过过滤、离心或干燥从悬浮液中分离淀粉可能很困难，并且产量可能会降低。由于这个原因，在常规酸处理中可以转化以获得颗粒状淀粉产品的淀粉量是有限的。因此，必须使用其他转化技术来获得较低黏度的产品。

（5）粒子表征。酸改性淀粉颗粒在室温下的显微镜观察与未改性淀粉相似，但是在水中加热时，性质就大不相同，它们往往不像天然淀粉那样膨胀，而是径向裂缝变宽，碎片破碎，由于淀粉的流动，碎片的数量增加了。

（6）薄膜强度。酸改性的淀粉特别适用于利用淀粉成膜特性的行业。由于它们的黏度比天然淀粉低得多，它们可以以更高的浓度制备和发泡，只吸收或蒸发少量的水，而且它们的薄膜干燥和固化得更快。此外，用酸变性的淀粉成膜比天然淀粉更厚。尽管酸改性玉米淀粉的内在黏度是天然淀粉的 1/6，但用这种淀粉层制成的薄膜强度仅略有降低。这种低热黏度，加上较高的浓度和较高的成膜强度，使酸变性淀粉特别适用于需要成膜和黏合的行业，如纸袋的制造。

2）酯化淀粉

对于酯化淀粉，国内的学者为防止核桃油氧化，以辛烯基琥珀酸酯化淀粉为壁材，采用喷雾干燥法对核桃油进行微胶囊化研究，以确定最佳生产工艺条件，并对产品进行了电镜观察[4]。朱卫红等使用两种辛烯基琥珀酸酯化淀粉 HI-CAP100 和 N-LOK 为壁材制备微胶囊化薄荷油并研究了这两种壁材的界面性质和乳化稳定性[3]。研究结果表明，HI-CAP100 不仅能有效地降低油/水界面的界面张力，而且能在油/水界面上形成具有良好黏弹性且界面黏度较高的界面膜，由其制备的乳状液具有很高的乳化稳定性。酯化淀粉的相关性能列举如下。

（1）低取代度淀粉酯（市售品）糊化温度低，絮凝力弱，黏度和透明度高，更易溶于水。

（2）高取代（DS＞17）淀粉酯具有良好的热塑性和疏水性，可作为可再生、可生物降解和环境友好的淀粉塑料。国外也通过淀粉酯化解决了环境问题[5]，淀粉是一种典型的天然球形多糖，不仅是生产碳材料的首选原料，也是研究热化学演变机制的模型聚合物。然而，直接热解导致强烈的发泡和低碳产量。研究人员研究了一种简单和环境友好的干燥策略，通过利用马来酰肼诱导的淀粉酯化开发碳微球来防止淀粉起泡。此外，还重点研究了施用酯对淀粉热解特性的影响。原料中酯基的形成通过促进不饱和化合物的积累和加速热解过程中水的去除来确保淀粉中间体的结构稳定性。同时，酯化和脱水反应大大减少了淀粉分子中的初级羟基，防止了左旋糖快速释放，很好地保留了淀粉的球形形状，并确保了高碳产量[6, 7]。

（3）醋酸淀粉主要用作食品工业的增稠剂，具有高黏度、高透明度、低酸败性和高保质期。然而，在实践中，往往需要复杂的变性过程（如交联、烷基化、预胶化等）。例如，交联淀粉乙酸盐可以承受低 pH 值、高蠕变、高温和低温，可用于罐头、冷冻和烘焙产品。在造纸工业中，醋酸淀粉主要用作表面黏合剂，以改善纸张的可印刷性，使其更小、更均匀，并提高其表面强度、耐磨性和耐油性。在纺织工业中，它被用于线的上浆，因为它能形成一个良好的薄膜。由于淀粉的高电势抗性和亲水性，即削弱了淀粉的“可逆性”，因此添加磷酸酯基团可以防止淀粉再结晶。

（4）淀粉磷酸盐在食品工业中经常被用作黏合剂、增稠剂、乳化剂和稳定剂。由于磷酸盐淀粉与未改性的淀粉相比是阴离子衍生物，它的铺展点较低，在冷水中膨胀，取代度为 0.07，膨胀程度与水的硬度有关。淀粉的磷酸盐替代程度应进一步提高，因为淀粉分子之间的交联反应会减少淀粉在水中的膨胀。

3）醚化淀粉

（1）羟烷基淀粉主要用于造纸和纤维工业。由于羟乙基的引入，淀粉分子的亲水性增加，淀粉糊化温度降低，热膨胀较快，浆料的透明度和黏度高，回生作用较弱。用于处理印刷纸表面的软膜，可以防止油墨渗透，使油墨光亮均匀，也可以减少油墨消耗，提高经济效益。此外，还可用作纸板的黏合剂、造纸工业的内添剂和表面黏合剂。

（2）高取代的羟烷基淀粉醚在纺织工业中非常有价值。替代程度越高，成膜效果越好，与纤维素的亲和力越强，与聚乙烯醇（PVA）的兼容性越好，越容易释放。

阳离子淀粉主要应用于造纸工业，作为一种重要的化学添加剂，它能够提升纸张的多项物理性能。具体来说，阳离子淀粉可以增强纸张的抗断裂性、抗拉强度、抗弯强度以及纤维强度。此外，它还能改善颜料和填料（如黏土、二氧化钛等）的保留性能，从而减少这些材料在生产过程中对环境造成的污染。阳离子淀粉溶液对阴离子染料或颜料具有良好的吸附作用，这有助于提高印刷标记的深度和固定性。简而言之，阳离子淀粉在造纸过程中起到了增强纸张性能和提高生产效率的双重作用。阳离子淀粉对无机或带负电荷的有机悬浮液有很好的絮凝性能。当作为絮凝剂使用时，阳离子淀粉可加速污泥沉降，并提高沉降污泥的密度。作为缓解钻井液失水的药剂，其分子链上的阳离子基团对钻井液中的黏土有很强的静电吸附作用，因此能有效防止黏土和钻井残留物溶解和分散，具有良好的防滑性能。

（3）由于其良好的成膜性、黏度稳定性和与纤维中聚乙烯醇的良好兼容性，阳离子淀粉经常被用作纺织经纱的黏合剂和染料固定剂。在中国，阳离子淀粉也可作为服装的整理剂。它可以被添加到洗涤剂中，以提高织物在洗涤和干燥后的强度和防滑性，并可作为非溶剂使用。阳离子淀粉还可以作为印刷阴离子染料的黏合剂，以及作为羊毛染色的防腐剂。阳离子淀粉也可以作为增塑剂。当用作醚化剂时，溴丙烷在碱性条件下与直链淀粉反应，产生高度取代的醚化改性淀粉。当取代度为 2.0 时，醚化淀粉的玻璃化转变温度为 73℃，表明是热塑性产品；当取代度为 3.0 时，醚化淀粉的玻璃化转变温度进一步下降到 27℃，熔点为 186℃。随着淀粉醚的烷基链长度增加（C_6 和 C_{12}），淀粉醚可以热成型，有望作为可降解塑料使用。当长碳链（C_6 和 C_{12}）被添加到淀粉中时，羟丙基醚薄膜的抗拉强度取决于淀粉类型，通常约为 4.6 MPa，剪切延伸率小于 5.0%。虽然这种方法可以生产淀粉糊，但其机械性能非常差，不符合实际使用的要求。

4）氧化淀粉

（1）白度增加。由于原淀粉的蛋白质和色素等有色物质在氧化过程中被氧化，产品的白度明显增加，而且随着氧化程度的增加而增加。

（2）热黏度。随着氧化程度的增加，糊化温度降低，达到热黏最高值的温度降低，热黏最高值也降低，热黏稳定性增加，回生作用减弱，冷黏降低。例如，氧化木薯淀粉的黏度可降至 2～4 mPa·s，其黏度 3 h 稳定性可达 90%左右。

（3）良好的成膜性能。氧化淀粉由于具有羧基，强度高、透明度高、成膜后的一致性好，而原淀粉很脆，成膜后连续透明性差。

（4）提高糊液的稳定性。由于羧基的存在，氧化淀粉糊冷却后不易凝胶，仍保持良好的流动性、透明度和较强的附着力，这种性质随着氧化态的增加而增加。

（5）颗粒表征。与天然淀粉相似，氧化淀粉颗粒仍具有偏振十字，X 射线图谱没有变化，表明氧化反应发生在颗粒的无定形区域，并保持连续着色特性。淀粉颗粒明显变质，氧化粉体表面被侵蚀，说明氧化反应主要发生在颗粒表面。

（6）糊化温度低。氧化淀粉的糊化温度低于天然淀粉，但低氧化态淀粉的糊化温度基本不变。随着次氯酸钠用量增加，氧化淀粉糊化温度降低，木薯氧化淀粉糊化温度下降较快。

（7）透明度。氧化淀粉的透光率随着次氯酸钠剂量的增加而增加，玉米淀粉线性增加，木薯淀粉的透光率迅速增加，达到平衡值后，次氯酸钠剂量基本不增加。

（8）膏体附着力。氧化淀粉的黏附强度随着氧化程度的增加而增加。木薯氧化淀粉的黏合强度迅速增加，当有效氯为 3%时达到很高的值，黏合强度增加略高于 3%。木薯氧化淀粉的结合强度高于玉米氧化淀粉，尤其是对氧化态较低的产品。

5）交联淀粉

交联剂的种类在很大程度上决定了变性淀粉的功能特性，交联处理的目的是增加淀粉分子链之间的互联或内部强度，使淀粉具有耐蒸煮性、耐酸性和抗剪性。交联淀粉一般经过酯化反应形成酯化交联淀粉。酯化交联淀粉的反应主要发生在淀粉颗粒的无定形区，颗粒形貌和偏光十字保持不变[8]。

（1）黏度。交联淀粉的化学键比氢键强得多，这增加了颗粒的结构强度，防止了膨胀、开裂和黏度的损失。随着交联程度的增加，淀粉分子之间的化学键数量也增加。大约 100 个脱水葡萄糖单位（AGU）被交联时，几乎完全抑制了颗粒在沸水中的膨胀。与天然淀粉相比，改性复合淀粉具有更高的黏度和糊化稳定性，但改性的顺序会影响改性复合淀粉的特性。交联丙烯淀粉比天然淀粉具有更高的剪切强度和热稳定性，而交联丙烯淀粉的糊化点和黏度比交联丙烯淀粉低，表明这两种类型具有不同的交联部位。淀粉改性剂对淀粉复合体的反应效率因淀粉类型而异，交联的丙基淀粉比交联的丙基玉米淀粉具有更高的黏度。

（2）抗剪性。用环氧氯丙烷得到的交联淀粉醚化学稳定性高，耐酸、碱，剪切力强，不易被酶降解；由三氯氧磷和三偏磷酸钠制得的交联无机淀粉酯，耐酸性强，耐碱性弱。快速混合产生一种剪切力，可迅速分解淀粉颗粒并降低黏度。交联提高了抗剪切性，交联淀粉糊的黏度对热、酸和剪切具有很高的稳定性。其稳定性因交联化学键而异。环氧氯丙烷以醚键交联，具有很高的化学稳定性，得到的交联淀粉对酸、碱、剪切和酶具有很高的稳定性。三偏磷酸钠以无机酯键交联，酸稳定性高，碱稳定性低，中等碱度可水解。

（3）冷冻稳定性和冻融稳定性。交联淀粉具有较高的冷冻稳定性和冻融稳定性。

（4）淀粉颗粒膨胀。淀粉颗粒遇水溶胀，小部分溶于水，交联可抑制淀粉溶胀，降低在热水中的溶解度。随着交联度的增加，这种影响更大。交联度低的淀粉比天然淀粉具有更高的糊化温度和黏度。如果继续加热，黏度继续增加。冷却后黏度远高于纯淀粉糊。

（5）薄膜性能。在加热牛奶淀粉的初期，淀粉膜抗拉强度优异的主要原因是基于分子分散的直链淀粉，但随着加热的继续，固体颗粒分解成碎片，释放出支链淀粉，使抗拉强度减弱。通过交联达到的强度可以降低水溶性并保持膜强度恒定，这是因为交联保持了溶胀颗粒的完整性。

6）接枝改性淀粉

淀粉与乙烯基单体的共聚物。淀粉与乙烯基单体接枝共聚物的黏度、动态力学性能和流变性能与附着在淀粉骨架上的乙烯基单体的含量有关。该聚合物含有更多的亲水链段，这些链段能够更好地分散在水相中，并且由于其较高的黏度而具有较高的膨胀度。与天然淀粉相比，接枝共聚物具有更好的热稳定性。此外，接枝共聚物的玻璃化转变温度低于天然淀粉。淀粉-乙烯基单体接枝共聚物常用作高分子絮凝剂、高吸水材料、织物整理剂、造纸助滤剂、药物载体等。其中淀粉与丙烯腈、丙烯酸、丙烯酰胺接枝聚合，广泛应用于农林园艺、治沙绿化、自然保护、医药、日用化工等领域，具有明显的经济效益和社会效益。

淀粉-聚丙烯腈接枝共聚物。其侧链具有氰基，为疏水基团，只有皂化后才变成亲水基团，如酰氨基或羧酸基团（羧酸盐基团），具有很强的亲水性。一般来说，用粒状淀粉制成的淀粉-聚丙烯腈接枝聚合物的吸水能力低至其质量的1/20～1/200，而用糊化淀粉制成的接枝聚合物的吸水率大大提高。另外，由于淀粉-聚丙烯腈接枝共聚物是皂化后的高分子电解质，离子强度影响其吸收容量和在NaCl中的吸收。

淀粉-脂肪族聚酯接枝共聚物。由于淀粉和脂肪族聚酯都具有良好的生物降解性和生物相容性，这两种物质的接枝共聚物被用于生物医学和环保材料领域，应用潜力很大。与均聚物相比，接枝共聚物的晶序比均聚物差，结晶度较低。此外，仅在较高的结晶温度下，共聚物的结晶速率高于均聚物的结晶速率。接枝共聚物的热稳定性与接枝侧链的长度有关。接枝侧链越长，接枝侧链的聚合度越高，接枝共聚物的热稳定性就越高。淀粉-脂肪族聚酯与蒙脱石（closite 15A）复合制成纳米复合材料，可提高材料的热稳定性。葡聚糖-*g*-聚乳酸体外降解试验结果表明，降解主要发生在聚乳酸（PLA）侧链。与具有相似初始黏度的线形聚乳酸相比，接枝共聚物的质量损失明显更快。葡聚糖与聚乳酸低聚物接枝共聚，在室温下形成水凝胶。水凝胶的储能模量在加热至80℃后显著下降，但在冷却至20℃后恢复，表明水凝胶是通过物理交联形成的。此外，可以通过调节取代度、接枝链的聚合度和含水量来控制水凝胶的性能。物理交联也可以通过具有相反手性的聚合物的对映体络合发生，从而形成水凝胶。由于葡聚糖和聚乳酸具有良好的生物降解性和生物相容性，水凝胶有望用作药物包封的载体。当脂肪族聚酯用作可降解塑料制品时，价格较高。与淀粉混合是降低成本的有效方法，但淀粉与脂肪族聚酯的相容性较差，很难制备出性能更好的共混物。因此，可以在混合物中加入淀粉-*g*-脂肪族聚酯作为增容剂，以提高共混体系的相容性。当将左旋聚乳酸-淀粉接枝共聚物（St-*g*-PLLA）作为增容剂添加到PLLA/淀粉体系中时，发现随着St-*g*-PLLA的含量从2%增加到10%，混合系统的屈服强度、抗拉强度和断裂伸长率增加，但当St-*g*-PLLA含量为20%时，这些值又开始下降。

从混合物体系的拉伸样条截面SEM图片（图7.1）可以看出，PLLA/淀粉体系界面的附着力很差，淀粉颗粒与PLLA基体的界面清晰，如图7.1（a）和（c）

所示，而当添加 2% St-*g*-PLLA 时，淀粉颗粒很好地分散在 PLLA 基质中并被 PLLA 包覆。将接枝淀粉-聚己内酯（PCL）共聚物加入到良好界面相容性的淀粉/PCL 共混体系中，得到了类似的结果。其通过提高界面相容性有效地提高了混合物的生物降解性和拉伸性能。在淀粉/PCL 共混体系中，只需添加 3%的淀粉-*g*-PCL，材料的抗拉强度从 4.4 MPa 提高到 15 MPa，断裂伸长率也从 4.2%提高到 8.1%。相容效果由接枝共聚物的结构决定。一般来说，接枝侧链越长、侧链越多的淀粉接枝共聚物相容性越好，因此可以使共混物的力学性能显著改善。淀粉接枝脂肪族聚酯共聚物具有良好的生物相容性、完全的生物降解性和两亲性，是一种具有良好应用前景的长效药用基质材料。

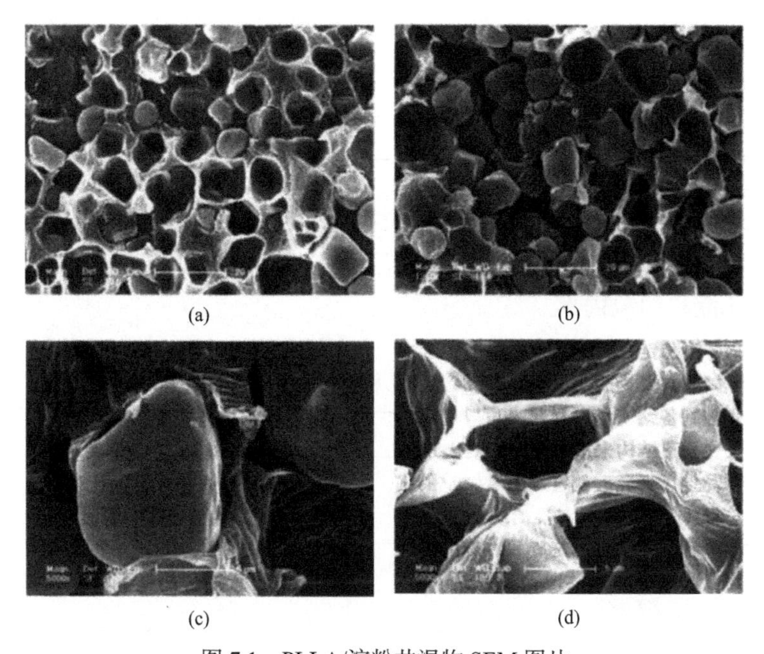

图 7.1　PLLA/淀粉共混物 SEM 图片

（a）单一的 PLLA/淀粉共混物（1∶1）；（b）PLLA/淀粉/2% St-*g*-PLLA；（c）PLLA/淀粉共混物（1∶1）放大图；（d）PLLA/淀粉共混物（1∶2）放大图

3. 酶法变性（生物变性）淀粉

1）多孔淀粉

多孔淀粉的吸水率、吸油率明显高于玉米淀粉（表 7.2），这说明经酶解处理后的淀粉在其表面形成了较多的孔洞，具有较大的比表面积、比孔容，可以吸附更多的目的物质。

表 7.2 淀粉的吸水率、吸油率比较

种类	吸水率/%	吸油率/%
玉米淀粉	51.2	37.5
多孔淀粉	135.0	80.0

表 7.3 说明，多孔淀粉的堆积密度小于玉米淀粉的堆积密度，这是由于原淀粉经酶解后形成更多的孔洞，从而造成淀粉颗粒的质量减少。

表 7.3 淀粉堆积密度的比较

种类	堆积密度/（g/mL）
玉米淀粉	0.79
多孔淀粉	0.6

由表 7.4 的数据可知，除 65℃、75℃时，多孔淀粉的溶解率和膨胀度明显大于玉米淀粉，是因为淀粉颗粒在酶解过程中结构受到一定程度破坏，水分子易进入多孔淀粉颗粒内部。

表 7.4 淀粉溶解率、膨胀度的比较

项目		65℃	75℃	85℃	90℃	95℃
溶解率（%）	玉米淀粉	12.2	12.2	9.47	13.12	26.76
	多孔淀粉	5.5	11.2	13.3	18.42	27.01
膨胀度（%）	玉米淀粉	11.4	11.3	19.02	21.5	31.07
	多孔淀粉	17.9	21.1	21.24	25.7	46.93

多孔淀粉经过酶解作用后其结构变得疏松，水分子易进入淀粉内部发生糊化；而且水解后得到多孔淀粉的链长度变短，抵抗剪切和搅拌能力下降，糊的黏度稳定性下降。

多孔淀粉的析水率、透光度均高于玉米淀粉，这是由于多孔淀粉的持水能力变差，析水率增大，所以冻融稳定性变小了，又因为多孔淀粉更易形成均匀的水合体系，它的透光度增加了。而沉降体积减小是因为多孔淀粉的颗粒结构在一定程度上受到破坏，淀粉链的长度减小，这不仅使淀粉的稳定性减小，而且使淀粉分子更容易重新取向排列回生。

2）抗性淀粉

从表 7.5 可以看出，两种抗性淀粉的平均聚合度和相对分子质量远低于普通玉米淀粉，而高直链玉米抗性淀粉的平均聚合度和相对分子质量较普通玉米抗性淀粉的高。玉米抗性淀粉是由直链淀粉含量高的玉米淀粉制成，在抗性淀粉的形成中，直链淀粉主要参与老化过程。普通玉米淀粉的直链淀粉含量低，在老化过程中，支链淀粉的侧链也参与了老化过程。即普通玉米的部分抗性淀粉是由普通玉米淀粉的支链淀粉侧链形成的（显然这种抗性淀粉在普通玉米淀粉中的比例高于高直链淀粉），在玉米抗性淀粉中支链淀粉的侧链较短，这决定了普通玉米抗性淀粉的平均聚合度和相对分子质量低于高直链玉米抗性淀粉。

表 7.5　实验样品的平均聚合度和相对分子质量

指标	普通玉米淀粉	普通玉米抗性淀粉	高直链玉米抗性淀粉
平均聚合度	382.4	34.2	43.7
相对分子质量	61948.8	5540.4	7079.4

从表 7.6 中可以看出，两种玉米抗性淀粉的吸湿率低于普通玉米淀粉，说明抗性淀粉具有低持水性。这是因为不同抗性淀粉分子的羟基以氢键相连，闲置的羟基数减少，从而使其吸收水分的能力降低。

表 7.6　实验样品的吸湿率

指标	普通玉米淀粉	普通玉米抗性淀粉	高直链玉米抗性淀粉
吸湿率/%	15.2	10.3	10.1

7.1.2　功能特性

1. 抗性淀粉

1）对体重的控制

RS 对体重的控制作用主要在于两个方面：一个是 RS 可以增加脂质排泄，减少热量消耗；另一个是 RS 本身几乎不含热量。RS 含量高的食物在小肠内部分消化吸收，葡萄糖利用率低，未消化的部分可以进入大肠。它通常可以被大肠中的细菌完全发酵，产生可吸收的短链脂肪酸，如乙酸、丁酸等。

一些研究表明，此类食物中 12%的能量来自于在结肠中发酵的短链脂肪酸。分别给予动物 10.3 g 和 0.86 g RS 一周，由于大肠的高发酵能力，两组的能量值基本相同，这表明 RS 是缓慢而完全吸收的。另一项研究表明，RS 在体内产生的热量不到淀粉热量的 1/10，因此 RS 被认为是低能量或无能量的，是一种很有前途的减肥食品的原材料。

2）促进无机盐吸收

近年来的动物试验表明，由于RS的发酵，在盲肠和大肠中产生大量的SCFA，降低了肠道的pH值，从而提高了矿物质的吸收和利用。休伯特等的研究表明，RS能促进大鼠盲肠对镁、钙的吸收，RS促进镁、钙吸收的能力是DS的3～5倍，它被肠道细菌发酵以降低肠道的pH值，这有助于镁和钙成为容易通过上皮细胞吸收到人体中的可溶性物质。此外，最近的研究表明，RS具有除铅作用，可促进体内有毒元素铅的释放。

3）对肠道疾病的预防

RS可以原样通过小肠进入大肠，在大肠中发酵产生短链脂肪酸和其他产物。RS是一种多糖类物质，通常被视为具有功能性的纤维，对人体健康有益，但与传统纤维有所不同。RS在大肠发酵的产物主要是一些气体和短链脂肪酸。气体能使大便变松、变大，对预防便秘、阑尾炎、痔疮等肠道疾病非常重要；短链脂肪酸可以降低肠道pH值，抑制肿瘤细胞生长和增殖，改变某些癌基因或其产物的表达，导致肿瘤细胞分化并形成与正常细胞相似的表型。因此，RS对结肠癌有很好的预防作用。

在过去的十年中，研究人员在口服再生碳水化合物（ORC）溶液中添加了大米或RS作为基质，以降低ORC的渗透压，从而提高口服再生碳水化合物疗法（ORT）对婴儿腹泻的效果。自20世纪70年代以来，这种疗法一直是世界卫生组织（WHO）推荐用于治疗婴幼儿腹泻的标准方法。

2. 慢消化淀粉

1）体重、肥胖控制

长期营养不良是单纯性肥胖的主要原因，肥胖不仅与较高的死亡率相关，还可并发高血压、心脏病、糖尿病和动脉粥样硬化。研究表明，低GI的SDS在胃肠道中被缓慢消化吸收，缓慢释放能量，产生持久的饱腹感，有助于控制肥胖，保持适当的体重；高GI的普通淀粉被完全消化，单位时间产生的能量高，身体很快得到满足。对于肥胖者或想要预防肥胖者，选择含有SDS的食物有助于控制体重和预防肥胖。

2）脂质代谢和心脑血管疾病

食用低GI膳食降低血甘油三酯、胆固醇水平，减少总脂肪组织，且在总体重不变的情况下增加肌肉含量，SDS降低胆固醇的作用主要是通过增加肝低密度脂蛋白（LDL）受体的水平，LDL颗粒中三酰甘油的数量减少，使LDL胆固醇和脂蛋白浓度降低，极低密度脂蛋白（VLDL）和高密度脂蛋白（HLD）则无明显改变。大量流行病学研究还表明，低GI饮食可以缓解高血糖和高胰岛素症状，降低冠心病、微血管并发症等发病率，这说明SDS具有改善血脂成分、胰岛素水平、血栓因子及内皮细胞功能等作用。

3）对疾病的预防

糖尿病是一种慢性内分泌代谢疾病，其病理生理学是胰岛素分泌绝对或相对缺乏，导致以碳水化合物为主的代谢紊乱，分为 1 型糖尿病和 2 型糖尿病。SDS 作为低 GI 食物，在消化道内停留时间长，释放缓慢，葡萄糖进入血液后，峰值较低，下降速度较慢。与普通淀粉相比，产生的葡萄糖可调节胰岛素分泌。SDS 轻微影响餐后胰岛素分泌（减少尿 C 肽），从而调节机体血糖水平，维持胰岛素作用，提高胰岛素敏感性，预防高胰岛素血症和胰岛素抵抗等代谢综合征。因此，SDS 可以有效改善餐后血糖负荷，控制糖尿病和胰岛素依赖患者的病情，成为糖尿病患者的新食品。

高 GI 的食物在小肠内是完全可消化吸收的，大肠缺乏必要的运动，从而减少了蠕动和转运，容易引起便秘，还会促进肠道疾病的发展，如结肠癌。低 GI 食物通常在肠道内难以消化，不仅能改善肠蠕动，促进粪便和肠道毒素排出，还能降低肠道疾病和结肠癌的发病率。

3. 酯化淀粉

1）低黏度的淀粉辛烯基琥珀酸酯

由于其良好的生物学特性，它可以用作微囊壁材料。研究表明，食用辛烯基丁二酸酐改性淀粉后，与生淀粉相比，体内的血糖水平明显降低，可减轻肠胃负担，防止血糖过高。研究发现，淀粉辛烯基琥珀酸酯对异恒温酸脱支酶和支链淀粉脱支酶具有高度抗性和分解代谢能力。

2）淀粉磺酸酯

淀粉磺酸盐广泛用作纸张和织物的施胶剂以及油田钻井泥浆的防水剂。最近的研究表明，当淀粉磺酸盐的取代度大于 2 时，还具有抗人类免疫缺陷病毒（HIV）生理活性。

4. 醚化淀粉

羟乙基淀粉不仅水溶性好，溶解稳定性好，而且比纯淀粉增加了体内半衰期，几乎没有致敏风险，不与药物发生相互作用。羟乙基淀粉注入人体后，在血清 α-淀粉酶的作用下，分子量不断降低，最后通过肾小球排出体外。但是，如果羟乙基淀粉的分子量太高（450000），则取代度太高（DS=0.7）。羟乙基淀粉在人体内代谢非常缓慢，重复给药后，此类大分子在血浆中蓄积，使用中等分子量（200000）和中等取代度（DS=05）羟乙基淀粉，因为它可以被破坏，在较短的时间内向下/代谢成小分子并从肾脏等器官排出，更适合血浆置换，更适合多次注射。

此外，羟乙基淀粉由于其生物耐受性、可降解性和合适的体内循环，也可用作药物释放载体。在 *N*, *N*-二环己基碳酰亚胺（DCC）和二甲氨基吡啶（DMA）存在下，用月桂酸、棕榈酸和硬脂酸酯化羟乙基淀粉，可以制备两亲淀粉衍生物。此类淀粉衍生物在水溶液中组装成粒径为 20～30 nm 的胶束和粒径为 250～350 nm 的聚合物囊泡，可作为药物释放载体修饰改性叶酸（其末端羧基），被添加到反相胶束法制备的核壳结构的羟乙基淀粉微胶囊（大小 275 nm）中，发现能特异性识别 HeLa 癌细胞和 A549 细胞，可用于靶向给药（图 7.2）。

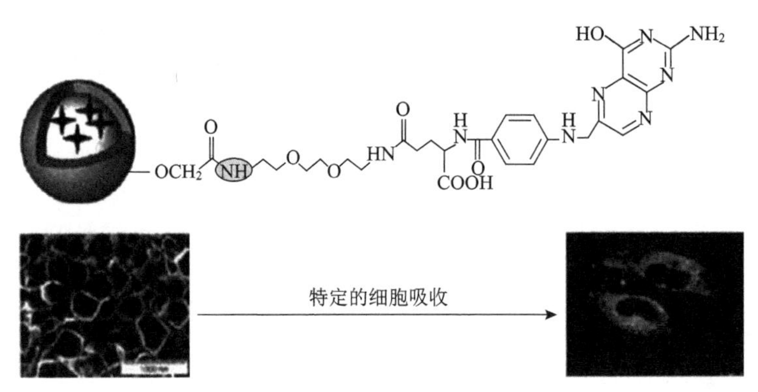

图 7.2　连接了叶酸的羧乙基淀粉微胶囊

由于其优异的性能和低成本，羧甲基淀粉已被用于许多行业。目前，羧甲基淀粉在食品工业中可用作增稠剂、稳定剂、防腐剂和改良剂；用于冰淇淋、果汁或乳奶饮料时，羧甲基淀粉比海藻酸钠和羧甲基纤维素具有更大的增稠效果和稳定性，可防止乳蛋白结块，延长保质期，不易变质。在纺织工业中，羧甲基淀粉可以代替羧甲基纤维素（CMC）作为涤棉混纺纱的浆料，也可以代替海藻酸钠和聚乙烯醇使其耐油耐水。高黏度羧甲基淀粉在医学中也用作崩解剂和血浆容量增强剂。用作钻井泥浆降滤失剂的羧甲基淀粉具有优异的降滤失性能、耐盐性和一定的耐钙盐性。

5. 交联淀粉

1）交联淀粉作为碱性纺织印花浆料、印刷油墨、炭饼的黏结剂、干电池的电解质保留剂，高度交联的淀粉受热不糊化，并且具有较好的流动性，适合作为医用外科手术手套、乳胶套等乳胶制品的润滑剂，它在灭菌蒸煮过程中不糊化，涂在乳胶制品表面有很好的滑腻感，并且由于对人体无害、无刺激，将逐步取代以往使用的滑石粉。

2）交联淀粉还可以作为色拉调味汁的增稠剂

在食品工业中，交联淀粉在强酸条件下仍能保持黏度，具有良好的储存稳定性，被广泛用于罐头汤料、酱料、调料、婴儿食品、水果馅料、布丁和烘焙食品调料。交联淀粉在常压下加热膨胀但不破裂。在造纸中具有良好的施胶效果，具有较高的机械剪切阻力。它是一种广泛用于瓦楞纸板和纸板制品的黏合剂。除交联淀粉羧甲基化外，还可用于重金属离子的吸附，对 Cu^{2+}、Pb^{2+}、Cd^{2+}、Hg^{2+}等离子具有良好的吸附性能。

7.1.3　加工特性

1. 增稠作用

改性淀粉在高温、高剪切和低 pH 条件下保持高黏度稳定性，从而保持其增稠能力。许多食品需要在较高温度下加工或杀菌，天然淀粉分子在高温下容易解聚成小分子，黏度降低，失去增稠能力。食物的机械混合和泵送会产生剪切力。由于有机酸（如酸性饮料）的存在，一些食物可以分解天然淀粉分子，系统呈微酸性。如果使用稳定化淀粉，则可以消除上述缺陷，使食品在高酸度、高温、长期加热、强烈搅拌或均质的条件下具有良好的稳定性，其适用于各种食品。此外，变性处理可使淀粉在常温或低温储存过程中难以再生，以防止食物回生或水沉淀。储存过程中，食物中的淀粉分子通过氢键发生分子间重排和缩合，导致分子脱水收缩。固体食物凝固，甚至水析出，液体食物呈现上下分层、浑浊现象，发生变形，而淀粉分子之间形成亲水基团，可以提高亲水性。

2. 乳化作用

一般来说，乳化剂是必须含有亲水基团和亲油基团的表面活性剂。乳化剂可使食品体系成为均匀稳定的分散体，或改善食品组织的结构、口感和外观，使食品的色、香、味相结合，提高产品品质和产品的储藏性能。

食品改性淀粉，如羧甲基淀粉、磷酸淀粉、辛烯基琥珀酸淀粉等具有乳化作用。其中，羧甲基淀粉为高分子电解质，具有一定的表面活性，可用作增稠剂。辛烯基琥珀酸淀粉是一种由淀粉分子上的羟基与辛烯基琥珀酸酐发生酯化反应而制成的改性淀粉。它具有许多优良的特性，如增稠、乳化、稳定和持水等，因此在食品、医药、化妆品和造纸等领域得到了广泛的应用。

3. 胶凝作用

变性淀粉分子中含有大量的醇羟基和一定数量的羧基、磷酸基等基团。基团的氧原子、糖苷键的氧原子和磷酸基团的磷原子含有 sp^3 杂化轨道。轨道中的孤对电子可以通过静电引力与水中部分带正电的氢形成氢键。强大的氢键力可以充分拉伸变性淀粉的分子链，并且可以暴露出各种亲水基团。每个极性基团和极性水分子通过氢键或偶极力相互约束，形成内层水膜，内层水与外层水相连，汇聚大量的水。最终的变性淀粉大分子以氢键为节点，形成网络或三维结构，水被困在网络中，失去流动性，形成凝胶状实体。

食品中用作胶凝剂的改性淀粉主要有交联淀粉、酸解淀粉和氧化淀粉。用淀粉磷酸二酯代替昂贵的明胶制作果冻，其凝胶状结构、质地和口感与明胶产品无异，长期存放也不会出现老化现象。淀粉磷酸二酯用于生产冰淇淋，冰淇淋的膨胀度与明胶制品相当，其他感官特性也相似，使用淀粉磷酸二酯可以缩短陈化时间，从而缩短生产周期。

4. 代替脂肪

淀粉经酸水解、酶解、氧化糊精化、交联等方法变性，经混合等多种物理方法加工后，可以获得模仿脂肪的感官特性，如油腻和光滑的感官。如果将玉米淀粉用酸处理并干燥至含水量为 7%，则所得的白色粉状改性淀粉可用作脂肪替代品，并由该粉末制成 20%和 25%的悬浮液在 37.5～51.7℃和 552 kPa 下均质化可以生产出具有牛奶般流变特性和脂肪般口感及质地的光滑奶油，但提供的热量仅为脂肪的 1/9。改性淀粉基脂肪替代品可用于人造黄油、沙拉酱、果酱、馅料、蛋黄酱、香肠馅料、意大利面、冷冻甜点等食品，但不太适合用于饼干等低水分食品。

5. 载体作用

食品改性淀粉的载体功能可分为环糊精的络合、微囊壁材的成膜作用和微孔淀粉的吸附作用。环糊精（CD）是一种由芽孢杆菌产生的环状糊精糖基转移酶作用下生成的一系列环状低聚糖的总称，它作用于淀粉、线形糊精或其他聚糖，形成由多个 D-葡萄糖通过 α-1, 4-糖苷键连接而成的环。环糊精分子具有独特的环空间结构，这种结构稳定，不易受酶、酸、碱、热等作用分解，其环状空腔具有疏水性，可与有机分子形成稳定的包合络合物。在食品工业中使用环糊精可稳定产品成分，避免氧化、还原、热分解和蒸发，掩盖苦味和异味物质，改善食物口感，去除胆固醇，防止水分吸收、溶解，使液体食物变成固体。例如，去除蛋制品和乳制品中的胆固醇；用于蛋白质产品除臭，如鱼和肉；调制香料粉、果汁粉和红茶粉；用于硬糖、饼干等。

6. 其他

淀粉还可以改善食品的外观，增加其光泽度。天然淀粉在用于食品生产时由于不是亲水性的，不能很好地结合水分子，整个食品系统的透光率就会很低，食品会变得暗淡。变性淀粉分子周围吸附了大量质地均匀的水分子或盐类，使食品具有高透明度或诱人的光泽。变性淀粉可以改善食品加工性能。基于淀粉形成凝胶的能力，酸处理淀粉用于制造糖粉，因为它不仅容易凝胶化，而且黏度较低且更容易在高固体含量下使用。

7.2　改性淀粉的结构

变性淀粉的最大特点是能通过各种变性手段，使淀粉的颗粒结构或分子结构发生改变，从而使淀粉的物理性能，如淀粉的糊化特性、水中的分散性、黏度、黏结性能、糊的透明度、凝胶化能力、成膜性等发生一系列变化，以适应应用领域对其性能的不同要求。它的作用主要有以下几方面：一是可以改善产品的加工性能，如现代食品加工的高温杀菌要求淀粉糊化后能耐高温，纺织工业中浆纱过程要求淀粉具有高浓度、低黏度；二是可以提高产品的质量，如肉制品中添加变性淀粉时，不仅口感优于原淀粉，同时，储藏性能也远优于原淀粉；三是扩大淀粉的用途，在许多不能使用淀粉的领域，使用变性淀粉具有很好的效果，如用羟乙基淀粉、羟丙基淀粉代替血浆，用高交联淀粉替代滑石粉作为乳胶手套润滑剂。

7.2.1　晶体结构

物质的结晶度影响材料的物理性质。结晶度测定方法包括密度法、傅里叶变换红外光谱（FTIR）法、核磁共振法、差热分析法、分离法、计算机峰提取法或近似全电导光空间积分强度法，结晶度的测定在聚合物材料的研究中是有利的。

淀粉的结晶结构与分子结构和形成条件有重要关系，最终影响其使用性能，因此，研究淀粉晶体结构或淀粉晶体结构改性技术，以及研究淀粉链结构，都直接关系到淀粉及其科学理论的发展。淀粉颗粒在自然界中以半结晶状态存在，具有结晶和无定形两种结构。淀粉分子中直链淀粉和支链淀粉的短链部分形成双螺旋结构，双螺旋的分子链位于特定的空间。在晶格的影响下，利用分子间的相互作用力，在淀粉颗粒中形成各种多晶型。X 射线衍射（XRD）分析表明，淀粉的晶体结构主要分为 A、B、C 和 V 四种类型，其中 C 型由 A 型和 B 型两种类型组成，淀粉-脂肪-醇复合物通常为 V 型。不同类型和来源的淀粉晶体的形态和结晶程度是不同的，不同的改性技术对淀粉晶体的形态和结晶程度的影响是不同的。目前，偏光显微镜和 X 射线衍射是研究淀粉晶体结构的常用方法，偏光显微镜主要用于淀粉晶体结构的定性分析。虽然 X 射线衍射技术可以定量分析晶体结构，然而，在研究淀粉等多晶体系时，会出现一个难题，即结晶度难以量化。红外光谱对分子构象和螺旋结构的变化非常敏感，因此可以使用定量红外光谱研究淀粉的晶体结构[7]。

X 射线衍射实验方法是一种常用的结构分析方法，采用粉末状晶体或多晶体为试样的 X 射线衍射均称为粉末法，由于粉末晶体有无数取向，因此当一定波长 X 射线入射时，总会有晶粒的晶面与 X 射线夹角 θ 满足衍射条件，产生衍射环。换言之，只有 X 射线入射到面间距为 d 的原子面网，并满足 Bragg 条件的特定 θ 角（$2d\sin\theta=n$）时，才会引起 n 次反射，此时底片上每个圆环代表一个面网（hkl），衍射圆环轨迹为以入射 X 射线为轴以 2θ 为半顶角的圆锥（图 7.3），由此，θ 角表达如下：

$$\theta=1/2\tan^{-1}(x/l) \tag{7-1}$$

式中，x 为衍射环半径；l 为样品至底片间距离。

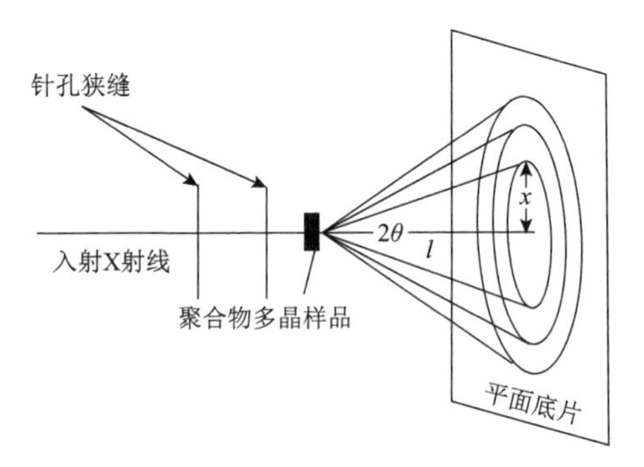

图 7.3 平面底片（平板）照相法

7.2.2 外貌形态

玉米抗性淀粉颗粒失去了原淀粉的圆形及多角形颗粒结构，形成了不规则的形状。这是因为抗性淀粉形成的实质是直链淀粉的老化。在玉米抗性淀粉的制备过程中，玉米淀粉首先发生糊化作用，淀粉颗粒结构被破坏，直链淀粉溶出并在老化过程中形成了直链淀粉晶体，在扫描电子显微镜图中表现为不规则的颗粒结构。

某些改性淀粉在外观上与普通淀粉非常相似，但另一些淀粉恰恰相反，是因为这些改性淀粉都具有一个共同的特征：两条或者两条以上相同支链的直线形化合物。因为每条支链都不含羧基（—COOH）而不反应。有的改性玉米淀粉比普通玉米淀粉脆嫩些，是由于改性玉米淀粉内部存在着特殊结构，即结晶区和糊化区是分开的。这将削弱淀粉分子间的相互排斥作用，形成韧性更好的新产物。改性淀粉含有大量亲水性基团与疏水性基团且相距较远，故无法像普通淀粉一样均匀分布在颗粒表面；而分子间作用力很弱，难以将其打破，不同类型、性能、用途改性淀粉形貌特征各不相同。

7.2.3　分子结构

将淀粉粉末放置在傅里叶红外光谱附件表面并通过压头挤压使其与晶体表面密切接触，可以测定该淀粉的分子结构。改性淀粉就是天然淀粉经适当的化学处理后引入一定的化学基团，改变分子结构和理化性质，形成淀粉衍生物。淀粉属于多糖类物质，未改性淀粉结构一般为直链淀粉与支链淀粉 2 种，为聚合多糖类物质。一般由于淀粉的水溶性较差，所以常使用改性淀粉（水溶性淀粉）进行改性。

改性淀粉是以天然蛋白质、碳水化合物、无机盐为主要原料，经接枝反应在特定条件下所形成的变性物质。改性淀粉分子结构的主要组成是：淀粉-羟基衍生物。其对纤维素亲和力强，因此可在纤维内部插入其本身极性基团而构成交联网络。结构特性是含官能团多、功能多。例如，羧基可以与金属离子生成络合物，作为螯合剂或者稳定剂；羟基可以改善淀粉溶解性、流动性，提高糊化温度。直链和支链上有氢键或者离子键，增强淀粉分子的结合力，溶解性好、分散性好，与其他高分子材料相容性好。

淀粉自身具有较多的羟基基团，使得淀粉能溶解于水或者有机溶剂。其包含有一种或者多种亲水性基团，具有较强的吸湿性能，拥有特殊的三维网状网络结构，富含活性基团（羧基、羟基、羰基等），可以和金属离子生成络合物或者螯合键而成为新的功能材料，从而被广泛应用。

7.3　改性淀粉的分析技术

现代实验分析技术通过使用各种现代分析仪器来检测物质的组成和结构，除此之外，还涉及微观与宏观间的结构性质关系，以反映相关结构的变化规律。淀粉作为一种重要的食物成分，也在工业中发挥着重要作用。其与相应的副产品目前已经涉足各个行业，在食品、造纸、纺织、化工、制药等领域展现着独特的价值。随着淀粉深加工技术的不断发展，淀粉作为一种可再生资源的重要性与日俱增。

在传统层面对淀粉进行相关研究使用的测量方法，已经不能满足其在各个领域中应用的需求。利用计算机技术发展的现代分析技术的实际场景应用，使这类分析仪器具备更加全面的功能和更细致的精度。随着其使用范围的逐渐扩大，该技术也在淀粉研究中使用，让淀粉研究得以进一步发展（涉及各种相关水解产物及其化学副产物）。在整个淀粉研究领域内，现代分析技术的应用主要表现在淀粉的组成和微观结构、淀粉及各种副产物的化学结构、淀粉及各种水解产物的平均分子量分布、淀粉各种聚集态的结构和性质、淀粉及其副产物的热力学性质（表 7.7）。

表 7.7　淀粉中常用的分析方法

分析方法	分析原理	图谱表示	信息反映
扫描电子显微镜（SEM）	电子束与样品表面相作用产生可利用的二次电子	二次电子放大成像	淀粉表面微观形貌结构
傅里叶红外吸收光谱（FTIR）	红外光能量介入引起分子共振，进而造成能级跃迁	吸收光能量随频率的变化	谱图吸收峰位置、积分面积和形状，以此分析涉及的基团或化学键变化
紫外-可见吸收光谱	吸收能量，引发电子能级跃迁	吸收光能量随波长的变化	吸收峰位置、积分面积和形状，分析出不同的电子结构
核磁共振（NMR）	具有核磁矩的原子核在磁场影响下吸收射频能量，进而发生能级跃迁	吸收电磁波能量随化学位移的变化	峰的化学位移、积分面积等，分析出相应的核数目、所处化学环境及空间构型
高效液相色谱（HPLC）	各组分在流动、固定相之间按照不同的分配系数被分离	各组分相对浓度随柱保留时间的变化	峰的保留时间与组分性质相关，峰面积和组分含量有关
凝胶色谱法	样品通过凝胶柱时，按分子大小进行分离	各组分相对浓度随保留时间的不同出现相应的变化	淀粉的平均分子量及其分布
X 射线衍射法	样品受 X 射线照射时，其结晶部分产生 X 射线衍射	衍射强度随 2θ 角度的变化	衍射位置和强度，分析结晶情况
差热分析（DTA）	样品与参比物处于不同温度环境时出现的差值	温度差随环境温度或时间的变化	淀粉的各种相转变温度
差示扫描量热法（DSC）	样品与参比物处于同一控温环境时，维持温差为零所需的热量变化	热量变化率随环境温度或时间的变化	淀粉的各种相转变温度
热重法（TG）	在控温环境中质量变化	质量分数随温度的变化	淀粉含水量及结合水类型

7.3.1　微观分析技术在淀粉研究中的应用

改性淀粉颗粒和颗粒残留物的微观结构分析对于更好地理解淀粉和淀粉糊的行为是非常重要的。普通光学显微镜常用于研究各种植物源淀粉的特征形态、颗粒大小和粒度分布[8]。近年来，共聚焦扫描激光显微镜（CSLM）作为一种先进的光学显微镜工具被用于山药组织中淀粉颗粒的观察。CSLM 的优点是不需要稀释就可以观察到淀粉糊和其他真实的淀粉体系，这一特性在对相分离淀粉体系进行成像时具有重要的价值，因为稀释会影响结构域结构或改变淀粉颗粒的溶胀程度。然而传统光学显微镜必须进行稀释观察，导致物体失焦而成像模糊。同时，光学显微镜的最小分辨率约为 0.1 mm，因此，淀粉颗粒的亚显微结构不能用其探索。

目前，关于淀粉颗粒结构的表面微观形貌结构信息，通常利用电子显微镜 TEM 或 SEM 得到。与光学显微镜相比，SEM 的景深是其的几百倍，所成的像呈现三维的特点；此外，SEM 分辨率和放大倍数都更高，信息结果更便于观察，几乎和直接用肉眼观察到的物体相似。

利用 SEM 观察天然淀粉和酯化淀粉，显微照片如图 7.4 所示。图 7.4（a）为天然玉米淀粉，颗粒呈多边形，边缘清晰，表面光滑。在之前的报道中，对天然玉米淀粉也有类似的观察。酯化淀粉水解后产生的淀粉颗粒在外观呈现上一般没有太大差异，但与自然界其他一些天然淀粉的淀粉制品颗粒相比，酯化或沉淀水解后生成的淀粉颗粒的表面结构出现或产生了一种轻微外形上的变化，表面有突起和气孔，观察到的结果与以往报道的辛烯基琥珀酸酯化淀粉相似。在图 7.4（b）中，出现了少量的颗粒碎片，这说明酯化反应优先发生在淀粉颗粒的外部，然后才发生在内部[9]。

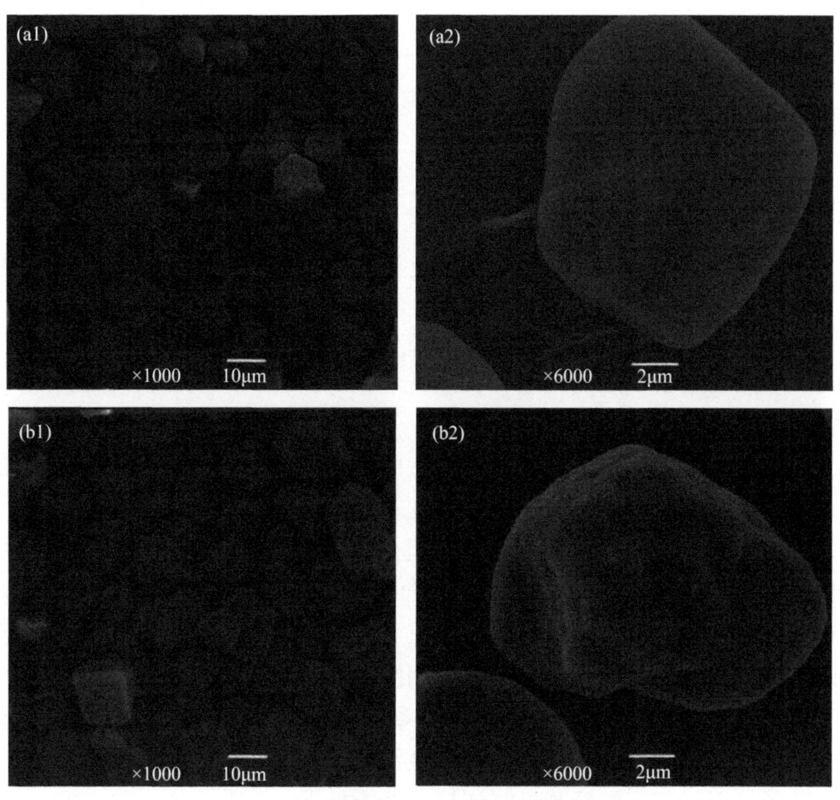

图 7.4　天然淀粉和酯化淀粉的 SEM 图

（a）天然淀粉；（b）酯化淀粉

7.3.2　光谱分析技术在淀粉研究中的应用

光谱分析技术总体上分为吸收、发散、发射三种，具体又可以分为红外光谱、紫外-可见光谱、荧光光谱和拉曼光谱等。其中红外光谱和紫外-可见光谱分析在本节重点介绍。

1. 红外光谱

这种分析方法在实际应用中较为常见，在对淀粉多糖等各种有机高分子物质进行分析时，是一种十分重要的分析研究工具。作用原理之一就是通过分析有机化合物分子中可能涉及的有机官能团及其在可见光中红外区的选择性辐射吸收情况，对其微观结构、官能团类型进行定性分析，以此达到对各种淀粉副产物进行准确的结构分析的目的。利用这种方法还可以对其各种水解物的化学键构型进行确定[10]。表 7.8 所示为红外光谱中常见基团特征吸收频率。

表 7.8　红外光谱中常见基团特征吸收频率

特征吸收频率/cm^{-1}	常见基团	特征吸收频率/cm^{-1}	常见基团
4000～3000	O—H 伸缩振动	1500～1300	C—H 面内弯曲振动
3300～2700	C—H 伸缩振动	1300～1000	C—O 伸缩振动 C—C 骨架振动
1900～1650	C═O 伸缩振动	1000～650	C—H 面外弯曲振动

在利用这种分析方法进行研究时的注意事项如下。

（1）样品要具备一定的纯度，在制备过程中反应试剂残留会对分析结果产生影响。

（2）分析谱图时要参考其他分析方法的结果，因为淀粉及各种副产物的分子链中常有大量重复单元，导致谱图相似度较高。

这种分析方法虽然目前应用较多，但在淀粉研究中应用时间还较短，主要用于变性淀粉反应的研究以及淀粉糖中分子结构的鉴别。

1）改性淀粉反应过程的研究

改性淀粉是一种将原淀粉采用物理、化学等方法进一步处理得到的淀粉种类。处理方法也多种多样，如预糊化、酸解、氧化、酯化、醚化、交联、接枝共聚等，可以引入化学基团（官能团）来生产改性淀粉。在这种方式下，使用红外光谱可判断出基团是否与相应的羟基良好连接，例子如下。

比较原淀粉和十二烯基琥珀酸淀粉钠的红外光谱图，发现后者的碳氧双键的吸收峰出现在 1715 cm^{-1} 位置，而前者在这个位置没有明显吸收峰。这说明二者间发生了酯化反应，相应酯链与羟基相连成功。

在原淀粉和聚丙烯酯接枝淀粉红外光谱图中显示，后者相比前者多了一个强峰，位置在 2250 cm^{-1} 处，这是一种典型伸缩振动特征峰，它的出现表明两者在结构上已经出现了明显不同。

2）淀粉水解产物的分子结构鉴别

红外吸收光谱可以帮助研究淀粉水解产物（主要为淀粉糖）的结构，并可以确定出相应分子涉及的构型以及不同样品的化学结构上的差异。

有研究者制备了一种新型麦芽低聚糖——麦芽四糖的样品，将其红外光谱图和日本食品化工（株式会社）生产的麦芽四糖产品的红外光谱图以及标准红外图谱中的麦芽三糖（标样）的红外光谱图（麦芽四糖因属新产品，目前尚无标准红外光谱图）进行比较[11]。在 3200～3600 cm^{-1} 处可见到较为典型的—OH 伸缩振动吸收峰，主要表现为较宽且方向性较强的特征峰；而在 2900 cm^{-1} 处则出现较为明显的溶剂石蜡油吸收峰，特点则表现为尖锐峰；1580～1640 cm^{-1} 位置上出现了另一个中强吸收峰，表示为一个 C—H 键的弯曲或振动的吸收峰，同时也是说明存在吡喃糖苷键构型图；1350～1480 cm^{-1} 的位置出现的吸收峰为—CH_2 键的吸收峰；1000～1200 cm^{-1} 峰为 C—O 键的吸收峰，也是 α-1,4-糖苷键特征吸收峰；890 cm^{-1} 处并未出现明显峰，说明不存在 β-糖苷键。综上可认为，自制麦芽四糖样品和日本麦芽四糖样品以及麦芽三糖标样的红外图谱非常接近，说明分子结构类型基本相同。

2. 紫外-可见光谱

带有共轭烯烃及芳香族基团的高分子化合物由于在紫外光区都具备强光谱吸收的特点，因此利用这种分析方法可以对相应的官能团进行鉴定。但到现在为止，这种新研究方法被人们广泛用来进一步分析由金属碘化合物与直链淀粉衍生物等物质形成的各种复合物，通过相应的实验结果来初步确定研究结论涉及的各种物质的碳链长度或分子尺寸[12]。直链淀粉通常也呈螺旋态，大约 6 个葡萄糖单位组成一个螺旋，当两者发生接触时，每圈吸附 1 分子碘进入其内部。表 7.9 为淀粉-碘复合物的生色反应以及最大吸收波长。

表 7.9 淀粉-碘复合物的生色反应、最大吸收波长

DPn（链长）	螺旋数	色调	λ_{max} 范围	DPn（链长）	螺旋数	色调	λ_{max} 范围
$n>48$	8	蓝	580～595	31	5	红	480～500
$48>n>42$	7	蓝紫	560～580	12	2	浅棕	400～480
$42>n>30$	6	紫红	500～560	9 以下	1.5	无色	无

7.3.3　色谱分析技术在淀粉研究中的应用

根据各种不同方法的分析原理，色谱分析技术分为气相色谱、高效液相色谱（HPLC）、离子交换色谱、凝胶渗透色谱（GPC）等。而目前在淀粉的分析系统中，最常用到的主要是 HPLC 和 GPC。

1. 高效液相色谱

HPLC 可以很好地应用在相关产品的定量与定性方面。淀粉糖通过进行一定温度的水解过程可以得到各种淀粉糖浆，其组分主要由葡萄糖、麦芽糖、麦芽低聚糖和麦芽糊精等组成，其涉及的含量比例不同，最终形成的淀粉糖种类也不尽相同。例如，液体葡萄糖和高麦芽糖浆都属于淀粉糖，但组成成分不同，前者主要含葡萄糖、麦芽糖，而后者含麦芽糖和麦芽三糖。这两种糖类是无法根据传统的 DE 值测定区分的，但是采用 HPLC 的方法就可以完成区分，并对其进行相应的定量分析[13]。

2. 凝胶渗透色谱

GPC 法可以很好地测定物质的分子量分布情况[14]。由于淀粉是高分子化合物，其分子量非常大，而分子量不同，其对应的物理化学性质也会有所差异。因此可以采用 GPC 法对其分子量进行检测，进一步得出其性质，进而控制淀粉的降解程度。

7.3.4　核磁共振技术在淀粉研究中的应用

核磁共振（NMR）法是在磁场作用下，吸收特定频率电磁波而发生能级跃迁的过程。分析计算纵向位移速率、横向弛豫、自旋频率、自旋回波率、自由感应强度和衰减率等关键物理参数，并以此指标作为定量描述高分子结构、性质、演变和分子光学性质变化情况的标准。其具备很多独特的优点，如不损坏样品、样品制备简洁、测速快、精度高等[15]。随着相关分离技术理论的快速发展，其原理已经逐步在各种淀粉类物质提取研究技术中被人们广泛应用。

核磁共振现象来源于原子核的自旋角动量在外加磁场作用下的进动。将原子核置于外加磁场中，若原子核磁矩与外加磁场方向不同，原子核磁矩会绕外磁场方向旋转，称为进动。进动具有能量，也具有一定的频率。原子核进动的频率由外加磁场的强度和原子核本身的性质决定。根据量子力学原理：原子核磁矩的方向只能在磁量子数之间跳跃，而不能平滑地变化，这样就形成了一系列的能级。当原子核在外加磁场中接受其他来源的能量输入后，就会发生能级跃迁，也就是原子核磁矩与外加磁场的夹角会发生变化。这种能级跃迁是获取核磁共振信号的基础。根据物理学原理，当外加射场的频率与原子核自旋进动的频率相同的时候，射场的能量才能够有效地被原子核吸收，为能级跃迁提供助力，因此某种特定的原子核，在给定的外加磁场中，只吸收某一特定频率射场提供的能量，这样就形成了一个核磁共振信号。在核磁共振图谱中，可以用自旋-晶格弛豫时间 T_1 和自旋-自旋弛豫时间 T_2 来形容磁化强度恢复到平衡状态的过程。由弛豫时间的差异可以看出核磁共振图谱的差异。NMR 信号是发射出的电磁射线的物理现象，与核的密度成一定的比例。利用 NMR 反映淀粉样品的化学结构、分子或原子的扩散系数、反应速率、化学变化以及其他性质[16, 17]。

目前，NMR 利用化学位移、裂分常数、弛豫时间等来获得有机物的结构信息已成为常规测试手段。核磁共振用于淀粉颗粒结构的研究的主要原理是淀粉颗粒的结晶区和无定形区在 NMR 图谱上的化学位移和弛豫时间不同。利用单脉冲-魔角旋转 NMR 技术研究小麦淀粉颗粒的结构，小麦淀粉颗粒中直链淀粉-脂肪络合物的质子旋转弛豫时间明显短于结晶淀粉，这就提供了分析淀粉结构组成的基础。研究表明，小麦淀粉颗粒是由三种不同的组分构成：双螺旋淀粉链形成的高度结晶区域、链淀粉-脂复合物构成的类似固态物质的区域、完全的无定形区域。NMR 还可应用于淀粉的凝沉，淀粉的凝沉是指淀粉糊化后分子从无序到有序的过程，采用低分辨率的 NMR 来研究淀粉体系的凝沉：T_2 对分子的流动非常敏感，固态物质的 T_2 值与液态物料的 T_2 值具有数量级的差别，利用这种原理可以区分处于液态和凝沉状态的淀粉分子。

7.3.5　X 射线衍射技术在淀粉研究中的应用

淀粉以及淀粉的各种副产物的成分组成、化学结构及分子量分布等可通过前面所述的光谱分析、色谱分析进行研究，而涉及的结晶性分析则需要通过 X 射线衍射（XRD）进行研究。

1. 基本原理

淀粉一般是由很多种外形尺寸的淀粉颗粒集合体组成的，这些微粉颗粒体结构大多具有形状尺寸不完全统一的特点，但在常温环境下其内部晶格中某些部分往往同时具有两种以上微型淀粉结晶结构状态。X 射线衍射技术基于 X 射线与晶体中规则排列的原子相互作用。当单色 X 射线入射到晶体时，晶体中规则排列的原子间距与 X 射线的波长处于相同数量级，导致不同原子散射的 X 射线相互干涉，在某些特殊方向上产生强 X 射线衍射效应。衍射线的空间分布方位和强度与晶体结构密切相关，每种晶体所产生的衍射花样都反映出该晶体内部的原子分配规律。

2. 应用实例

1）判别淀粉的结晶类型和品种

通过某一淀粉与标样的 XRD 谱图的对比，可以得出相应的晶型，并据此对其进行相应的定性分析。例如，在对马铃薯的研究实验中，通过对比不同生长期的 XRD 谱图能够分析出在其内部淀粉晶型一直保持为 B 型。

2）判别物理化学处理过程对晶型的影响

由于制备工艺的不同，淀粉在变性生产中的淀粉晶型出现不同的变化。例如，淀粉与丙烯腈发生接枝共聚反应生成淀粉丙烯腈接枝共聚物（SPAN）及 SPAN 皂化后生成 HSPAN。玉米淀粉为典型的 A 型结构，但在 SPAN 产物中接枝率的影响下，本身具备的 A 型特征峰会消失，涉及的微晶结构被破坏，最终造成与纯丙烯腈的 XRD 衍射峰类似。当 SPAN 皂化成 HSPAN 时，微结晶结构已被完全破坏，因此最终形成的 HSPAN 属于非晶结构。

7.3.6 热分析技术在淀粉研究中的应用

在相关研究中，常用的热分析法有差热分析（DTA）、差示扫描量热分析（DSC）和热重分析（TGA）。在这几种方法中，淀粉研究领域最常见的主要是 DSC。利用 DSC 来分析大分子淀粉与蛋白质，研究结果显示脱脂淀粉的糊化温度比未脱脂的高，并且油脂会引起相应的基线波动变化[18]。通过 DSC 分析了在不同的情况下马铃薯淀粉与大米淀粉的相关性质影响，研究显示，含水程度越高，其发生糊化的相关温度参数就会越高，并且不同种类的淀粉在糊化时涉及的水分含量也不同[19]。即使含水量相同但种类不同，其对应的糊化温度也会出现一定的差异。不同含水量且糊化程度不同，对其老化的影响也会有所不同，并且与马铃薯相比，含水量这一因素对大米淀粉的影响更加明显。采用 DTA 法对大米中淀粉老化情况展开研究。研究结果显示，其老化结束的温度、峰温、起始温度都较低，但温差随着陈化时间不断提升，因此通过对温差进行分析可以得出大米淀粉的老化情况[20]。进而再将利用 DSC 技术所获得的结果进行详细对比。对比结果表明，两种方法所得到的结果差异并不突出，只是 DTA 法比 DSC 法所得结果略高。可见，DTA 技术也可用于评定淀粉的老化程度。

在进行淀粉的热分析时应注意以下几个常见问题。

1. 控制升温速度

升温速度改变会造成测试中曲线移动，过快或过慢都会导致两种方法的转变温度以及 TG 曲线出现一定的偏移。过快时，甚至还会造成相邻差热峰重叠，影响峰面积的定量测定。速度过慢，容易导致相关热谱图的变化不显著，进而对淀粉中相转变温度的测定造成一定的阻碍。因此，在实际测量过程中需要根据淀粉样品的性质，选择合适的升温速度，这样才能得到准确的结果。

2. 防止淀粉氧化

暴露在空气中的样品可能会出现被氧化的现象，所以需要在氮气气氛下进行分析，必要时还可以采用氦气进行气氛保护。淀粉的热谱图能够准确表现其在温度变化过程中的变化过程情况。尤其是涉及的相转变过程，如结晶、熔融等。现代淀粉科学借用合成高分子理论，认为淀粉的糊化与回生可视为淀粉在增塑剂（水）存在时的结晶熔融与再结晶过程，其中涉及玻璃态与高弹态之间转变以及重要的玻璃化转变温度 T_g 等。因此，淀粉的热谱图对淀粉体系的热学力学性能以及淀粉分子链段间的有序结构变化的研究有较好帮助。

7.4　智能化技术在淀粉改性中的应用

7.4.1　快速检测传感器的制备

常见的导电水凝胶在众多研究中展现出了良好的应用前景，特别是在未来实现可穿戴人机交互方面。但其机械强度低、耐低温、不可回收等缺点，造成资源浪费，严重阻碍了其应用。因此，淀粉生物基水凝胶引起了人们的极大关注。淀粉是最丰富的生物可降解生物聚合物。而淀粉生物基水凝胶通常韧性低、脆性高、抗冻性差。因此，为了解决这些问题，Lu 等研究人员将甘油和 $CaCl_2$ 同时引入淀粉/聚乙烯醇（PVA）水凝胶中，以改善其机械、导热和导电性能，并通过 X 射线衍射、差示扫描量热法和电化学阻抗谱分析，揭示了甘油和 $CaCl_2$ 对其结晶度、力学性能、热性能和导电性能的影响[21]。对淀粉/聚乙烯醇/甘油/$CaCl_2$ 有机水凝胶的热塑性和修复性能进行了评价。由于甘油和 $CaCl_2$ 的作用，淀粉与聚乙烯醇的相容性提高，制备的有机水凝胶具有良好的机械柔韧性，还具有良好的抗冻性能和长期的室温稳定性。此外，PVA 与淀粉、甘油和水之间形成丰富的氢键，这类化学键让有机水凝胶在拉伸性能和热塑性方面变得更加优异。基于淀粉/聚乙烯醇/甘油/$CaCl_2$ 有机水凝胶组装了柔性全固态超级电容器和应变传感器，并对相应的性能进行了具体的研究。经实际操作发现，该超级电容器比电容在 1 mA/cm^2 的电流密度下，展现出 107.2 mF/cm^2 的效果。不仅如此，依赖其本身的灵敏度也可应用到人体检测中。

硼的去除成本高，效率也不一样，因此早期测定硼的浓度有助于识别潜在的污染源，减轻补救处理的压力，或确保有效的硼浓度。传统的检测方法如原子吸收光谱法，以及各种分光光度法依赖于昂贵和笨重的仪器，不仅导致研究成本增多，整个研究过程也较为烦琐。这些方法无法达到实际应用中快速检测的要求。近年来，以木薯淀粉为底物，开发了用于检测食物中福尔马林含量的传感器。研究人员首次开发了一种基于木薯淀粉膜中姜黄素纳米颗粒的传感器，其可很好地应用到硼的实际检测中[22]。通过姜黄素对其进行显色测定的方法，因灵敏度高、可靠性好而被广泛应用于水和废水中硼浓度的测定。在这项研究中，姜黄素被包裹在木薯淀粉薄膜中作为绿色比色试剂，与硼反应产生玫瑰花青素复合物。木薯淀粉因其成膜特性、生物可降解性、成本低、可再生性而被选为天然高分子基质。它可以被微生物或酶水解为葡萄糖，然后代谢为二氧化碳和水，再通过植物的光合作用转化为淀粉。

7.4.2 智能化生产技术的研发

全球对淀粉的变性产品制造中，所涉及的方法都是传统的湿法生产。用到的相关设备也没有独特性，均为普通的化工领域的制造设备。因此在实际的产品生产制造流程中，会出现很多不可避免的问题，如整个工艺流程复杂、产品的生产周期较长、制造过程涉及的成本较高、副产物对环境造成影响等。随着相关科技工艺的进步，最近几年采用干法生产这类产品的新型设备层出不穷，但这些设备体型仍很大，且内部的热源依旧是传统设备那样的热传导方式，这就导致其耗电较多，以及反应不均匀。为此，通过改变传热、传质的方式，提供更准确、更理想的工艺条件，大大缩短反应时间，克服传统生产变性淀粉工艺过程中的问题具有重要意义。

随着智能化技术的发展与普及，其在改性淀粉产品的制造方面也逐渐开始实际应用。该技术涉及一种将计算机、通信、图形显示技术融合的智能化控制系统。其内部结构主要部件主要是由一组可编辑逻辑控制器（PLC）、仪表控制台和一组强电控制柜共同组成的，三者之间相互串联作用，可共同构成一个三级冗余式现场管理及监控设备系统。其中只有后者可能会直接执行手动操作或执行前者给出的程序指令，以此方法来直接对运行现场的设备系统进行相应程序的自动控制，让其直接进行单机操作或连锁运行；前者用相关程序对设备进行有效控制，同时收集相关的状态信息；智能仪表的作用多表现在采集现场的相关数据上。计算机会直接针对整个生产操作流程、工艺参数、设备状态信息和事故报警系统信息等进行实时直观的三维动态显示；同时还可以收集使用者的信息并反馈到 PLC 上，对其进行控制。这样的工作模式在生产时能对所需设备进行方便的组合、改动和增减，最大程度满足了需要。

用国际上先进的集散电气控制系统，根据生产工艺流程和现场信号对设备进行单机控制和工序控制，具有集中监控、现场操作、手动控制和自动监控功能。

（1）电气控制系统采用统一的设计思想，按总体要求进行标准化、规范化设计。主要使用 PLC，以及相应的工业领域的控制型计算机。PLC 可以对点数进行有效控制，电控柜数量、模拟量控制回路数等根据具体要求确定。控制回路简洁耐用，尽量减少故障环节，便于维修。

（2）根据工艺流程的要求，实现设备运行和故障处理的自动控制，满足相关工艺连锁要求。

（3）主要工艺设备装有电流表以便于设备操作和设备运行状况指示，大功率电机考虑设备运行平稳，采用星三角降压运动。

（4）电机动力线采用四芯 KVV 电力电缆，控制电线多芯 KVV 控制电缆，采用电缆桥架明敷设，桥架至电机及其他设备则采用钢管或金属软管敷设，美观简洁，维护方便，用电安全。

（5）安全措施：应用多项安全措施来保证安全生产。采用经过隔离变压器的直流电源，有效提高了电控系统的抗干扰能力。使用电机专用保护开关和供电断路器，出现电机和线路故障，如短路、过载，均能迅速切断控制回路和主回路，并有声、光报警指示。设有紧急停止开关，用于在紧急状态下立即切断控制回路停止全线工艺设备运行，有效防止事故发生。

7.4.3　改性数学模型的构建

科研人员经过多年来的不断研究，在气流干燥、脉动燃烧喷雾干燥、旋风分离器等方面有了很大的成果。现如今，相关科学领域是通过以下几种物理方法理论和技术模型对气质-水固两相流动结构和流体传热及传质机制进行分析研究的。

气相湍流模型：主要应用涉及直接模拟、离散涡模型、大涡模型和统观等。在该理论研究及方法领域多年内曾多次重复使用验证过 k-ε 方程模型、数学表面模型（DSM）、代数应力流和热流模型等。因其构建方式不同进而合适的应用范围也有所差异。使用直接模拟的方法的优势在于简单易操作，然而涉及的计算量较大，因此无法将其与离散涡模型、大涡模型、混沌动力学研究有效结合。

固相模型：也称分散相模型，自 1960 年至今，其经过不断发展，形成了多种具有代表性的模型种类，如表 7.10 所示。其在发展初期，属于一种单颗粒模型。特点是结构简单，目前已经基本不适用。然而它对了解颗粒运动的一些基本特点，如颗粒弛豫时间、终端速度等概念，以及在此模型基础上基于追随理论提出的颗粒湍流扩散系数的概念等有一定的帮助。20 世纪 70 年代后期首次提出了小滑移模型，此模型在欧拉坐标系内考察颗粒运动。到了 80 年代初，出现了单体流体计算法来对流体力学数值进行模拟计算。在发展到两相流后，有研究又提出了单流体或无滑移模型。随着颗粒相关动力学理论领域范围内应用的相关科学技术不断深入发展，出现了新的计算模型。其主要围绕颗粒来进行研究，深入探究其对流体质量、动量和能量的相关影响。这类模型不需要考虑由湍流脉动引起的扩散对其颗粒所产生的影响，这一点与随机轨道模型正好相反。近几年流行起来的双流体模型也是一种双向耦合模型，其应用领域日渐扩大。由于这些模型都是建立在 *N-S* 方程上的计算，因此也被称为 RANS 模拟。

表 7.10 两相流动的分散模型

模型名称	处理方法	相间耦合	相间滑移	坐标系	颗粒湍流脉动
单颗粒动力学模型	离散体系	单向	有	拉氏	无（扩散冻结）
小滑移拟流体模型	连续介质	单向	无	欧式	扩散=滑移
无滑移拟流体模型	连续介质	部分的双向	滑移=扩散	欧式	有（扩散平衡）
颗粒轨道模型	连续介质	双向	有	拉氏	确定轨道模型或随机轨道模型
双流体模型	离散体系	双向	有	欧式	有
颗粒欧拉模型	连续介质	双向	有	欧式	有（颗粒温度）

参 考 文 献

[1] 缪铭, 江波, 张涛, 等. 慢消化淀粉的研究与分析[J]. 食品与发酵工业, 2007(3): 85-90.

[2] 张二娟, 何小维. 湿热处理蜡质玉米淀粉消化性研究[J]. 粮食与油脂, 2009(6): 20-22.

[3] 朱卫红, 许时婴, 江波. 微胶囊壁材辛烯基琥珀酸酯化淀粉的界面性质和乳化稳定性[J].食品科学, 2006(12): 79-84.

[4] 李艳, 郝艳宾, 王克建, 等. 利用辛烯基琥珀酸酯化淀粉进行核桃油微胶囊化的研究[J].食品工业科技, 2006(4): 120-122.

[5] Song M X. Insights into the thermochemical evolution of maleic anhydride-initiated esterified starch to construct hard carbon microspheres for lithium-ion batteries[J]. Journal of Energy Chemistry, 2022, 66: 448-458.

[6] 黄立新, 周家华, 周俊侠, 等. 酯化交联淀粉反应及性质的研究[J]. 无锡轻工大学学报：食品与生物技术, 2001(1): 6-10.

[7] 陈玲, 黄嫣然, 李晓玺, 等. 红外光谱在研究改性淀粉结晶结构中的应用[J]. 中国农业科学, 2007(12): 2821-2826.

[8] Chang F, He X, Huang Q. The physicochemical properties of swelled maize starch granules complexed with lauric acid[J]. Food Hydrocolloids, 2013, 32(2): 365-372.

[9] Gao Y, Wang L, Yue X, et al. Physicochemical properties of lipase-catalyzed laurylation of corn starch[J]. Starch-Stärke, 2014, 66(5-6): 450-456.

[10] Nieto-Ortega B, Arroyo J J, Walk C, et al. Near infrared reflectance spectroscopy as a tool to predict non-starch polysaccharide composition and starch digestibility profiles in common

monogastric cereal feed ingredients[J]. Animal Feed Science and Technology, 2022, 285: 115214.

[11] 周青梅, 郭立芸, 林智平. 近红外光谱法测定麦芽中的β-葡聚糖[J]. 食品与发酵工业, 2013, 39(10): 223-226.

[12] Roudsari S T, Rad-Moghadam K, Hosseinjani-Pirdehi H. Dual complex of amylose with iodine and magnetite nano-crystallites: Enhanced superparamagnetic and catalytic performance for synthesis of spiro-oxindoles[J]. Applied Organometallic Chemistry, 2019, 33(8): e4993.

[13] Djaoud K, Arkoub-Djermoune L, Remini H, et al. Syrup from common date variety(*Phoenix dactylifera* L.): Optimization of sugars extraction and their quantification by high performance liquid chromatography[J]. Current Nutrition & Food Science, 2019,15: 1-13.

[14] Wang B, Gao W, Kang X, et al. Structural changes in corn starch granules treated at different temperatures[J]. Food Hydrocolloids, 2021, 118: 106760.

[15] 吴磊, 何小维, 黄强, 等. 核磁共振(NMR)术在淀粉研究中的应用[J]. 食品工业科技, 2008(4): 317-320.

[16] 秦维. 不同制备方法对慈姑抗性淀粉结构及相关功能的影响[D]. 镇江: 江苏大学, 2020.

[17] Noman W H. Solid state NMR sudies on the structural andcon foma tonal properties of natural maize starches[J]. Carbonydrate Polymers, 1998, 36: 285-292.

[18] 张慧, 洪雁, 顾正彪, 等. 3 种谷物全粉中淀粉的消化性及影响因素[J]. 食品与发酵工业, 2012, 38(11): 26-31.

[19] 周国燕, 胡琦玮, 李红卫. 水分含量对淀粉糊化和老化特性影响的差示扫描量热法研究[J]. 食品科学, 2009, 30(19): 89-92.

[20] 田耀旗. 淀粉回生及其控制研究[D]. 无锡: 江南大学, 2011.

[21] Lu J, Gu J, Hu O, et al. Highly tough, freezing-tolerant, healable and thermoplastic starch/poly(vinyl alcohol) organohydrogels for flexible electronic devices[J]. Journal of Materials Chemistry A, 2021, (34): 18406-18420.

[22] Boonkanon C, Phatthanawiwat K, Wongniramaikul W, et al. Curcumin nanoparticle doped starch thin film as a green colorimetric sensor for detection of boron[J]. Spectrochimica Acta Part A: Molecular and Biomolecular Spectroscopy, 2020, 224: 11735.